"十二五"职业教育国家规划教材
经全国职业教育教材审定委员会审定

数控机床装调维修技术与实训

主　编　王桂莲
副主编　荆荣霞　许鹏飞　纪汝杰
参　编　张　静　于　振　姜　龙　王振星　陈建昆
　　　　贺永禄　黄成玉　朱来发　刘先勇　管益辉
主　审　于万成

机械工业出版社
CHINA MACHINE PRESS

本书是经全国职业教育教材审定委员会审定的"十二五"职业教育国家规划教材,是根据教育部于2014年公布的《中等职业学校数控技术应用专业教学标准》,并按照最新国家《数控机床装调工》职业资格考核标准和有关的行业、企业标准编写的。

本书采用基于工作过程导向的理实一体化模式编写,对教学方法和教学过程进行了详细的设计。全书内容包括认识数控机床与电气控制图、数控系统(FANUC 0i – D系统)装调与维修、数控机床主轴系统的连接、调试与维修、进给伺服系统的连接、调试与维修、数控机床机械部件的拆装与维护、验收数控机床、全国技能大赛试题和设备及维修仿真软件简介。

本书可作为中等职业学校、技工院校数控技术应用等专业理实一体化教材和参加《数控机床装调工》中级考试的考证用书,也可作为机械工人的培训教材。

为便于教学,本书配套有电子教案、助教课件等教学资源,选择本书作为教材的教师可来电(010 – 88379193)索取,或登录 www.cmpedu.com 网站,注册、免费下载。

图书在版编目(CIP)数据

数控机床装调维修技术与实训/王桂莲主编 . —北京:机械工业出版社,2015. 9(2018. 1重印)
"十二五"职业教育国家规划教材
ISBN 978-7-111-51695-8

Ⅰ. ①数… Ⅱ. ①王… Ⅲ. ①数控机床 – 安装 – 职业教育 – 教材 ②数控机床 – 调试方法 – 职业教育 – 教材 ③数控机床 – 维修 – 高等职业教育 – 教材 Ⅳ. ①TG659

中国版本图书馆 CIP 数据核字(2015)第 228687 号

机械工业出版社(北京市百万庄大街22 号 邮政编码100037)
策划编辑:汪光灿 责任编辑:王莉娜
责任校对:肖 琳 封面设计:张 静
责任印制:李 洋
三河市国英印务有限公司印刷
2018 年 1 月第 1 版第 2 次印刷
184mm×260mm·18. 5 印张·454 千字
标准书号:ISBN 978-7-111-51695-8
定价:45. 00 元

前　言

本书是根据教育部《关于中等职业教育专业技能课教材选题立项的函》（教职成司[2012] 95号）编写的"十二五"职业教育国家规划教材，是根据教育部于2014年公布的《中等职业学校数控技术应用专业教学标准》、最新国家《数控机床装调工》职业资格考核标准和有关的行业、企业标准以及全国数控专业课程标准编写的。本书采用基于工作过程导向的理实一体化模式编写，对于教学方法和教学过程进行了详细的设计，并对全国职业院校学生和教师技能大赛的模式、内容及设备进行了介绍，将技能大赛成果引入到了教材中。

编写本书的指导思想：紧扣标准；注重实践，本书的内容具有生产性、实践性，能有效提升数控维修人员的实际操作水平；书中的内容和案例新颖，能反映数控技术的发展。本书主要特点如下。

1. 按照职业技能形成的过程设计模块和任务。本书由七个模块组成，每个模块又分为若干个任务，每个任务都由学习目标、任务准备、知识储备、任务实施、教学评价和知识加油站环节组成。

2. 按照相应职业岗位（群）的能力要求，强调理论实践一体化，突出"做中学、做中教"的职业教育教学特色。

3. 以培养技能为宗旨，在实训教学环节中注重培养学生的动手能力、分析问题和解决问题的能力，以适应数控技术快速发展带来的职业岗位变化，为学生的可持续发展奠定基础。

4. 任务实施中重视安全文明生产、规范操作、职业道德等职业素质的形成，以及节约能源、节省原材料与爱护工具设备、保护环境等意识与观念的树立。

5. 任务的考核与评价坚持结果性评价和过程性评价相结合，定量评价和定性评价相结合，且每个任务都有评价表。

本书建议学时分配见下表。

学 时 分 配

序号	模块	任务	建议学时
模块一	认识数控机床与电气控制图	认识数控机床	5
		认识数控机床常用元器件	5
		数控机床电气原理图	10
模块二	数控系统（FANUC 0i－D系列）装调与维修	数控系统的组成	8
		FANUC 0i－D数控系统接口连接与调试	8
		FANUC 0i－D数控系统参数的设置与调试	8
		FANUC 0i－D数控系统数据输入输出和备份	8
		数控系统的维修	8

序号	模块	任务	建议学时
模块三	数控机床主轴系统的连接、调试与维修	数控机床主轴变频系统的调试与维修	10
		FANUC 系统主轴伺服系统的连接与参数调试	12
		主轴伺服系统的故障诊断与排除	10
模块四	进给伺服系统的连接、调试与维修	进给伺服驱动系统及其连接	8
		进给伺服驱动系统的参数设定	12
		伺服系统故障诊断与排除	12
		位置检测装置的调试与维护	8
模块五	数控机床机械部件的拆装与维护	主传动系统机械结构的拆装与维护	12
		进给传动系统机械结构的拆装与维护	12
模块六	验收数控机床		10
模块七	全国技能大赛试题和设备及维修仿真软件简介		12
合计			178

　　本书由山东省轻工工程学校王桂莲任主编，济南电子工程学校荆荣霞、青岛工贸职业学校许鹏飞、青岛市职业教育公共实训基地纪汝杰任副主编。参加编写的还有烟台工程职业技术学院张静、天津大学于振、青岛市职业教育公共实训基地姜龙和王振星、北京工业技师学院陈建昆、陕西佳县第一职业中学贺永禄、重庆市彭水县职业教育中心黄成玉、福建厦门集美轻工业学校朱来发、广东省河源市高级技工学校刘先勇和青岛南车集团四方车辆厂管益辉工程师。本书由青岛工贸职业学校于万成主审，他并对本书的教学方法和教学设计等进行了有效的指导，在此表示感谢。

　　本书经全国职业教育教材审定委员会审定，评审专家对本书提出了宝贵的建议，在此对他们表示衷心的感谢！在本书的编写过程中，参阅了有关文献资料、全国技能大赛组和浙江天煌公司提供的试题以及浙江天煌和亚龙公司、北京斐克公司提供的设备和软件介绍等，同时得到了浙江天煌公司姚建平总经理的大力支持，在此一并表示衷心的感谢！

　　限于编者的水平，本书难免有不妥之处，恳请读者批评指正。

编　者

目　录

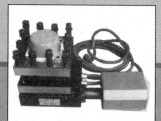

模块一

认识数控机床与电气控制图

任务一　认识数控机床

学习目标

【职业知识目标】

➲ 掌握数控机床的组成。

➲ 熟悉数控机床的常见类型。

【职业技能目标】

➲ 能辨别数控机床的类型。

➲ 能说明数控机床各部分的名称。

【职业素养目标】

➲ 在学习过程中体现小组团结协作的意识和爱岗敬业的精神。

➲ 培养学生的综合职业素养、认真负责的工作态度、较强的语言表达能力和动手能力。

➲ 培养 7S 或 10S 管理理念。

任务准备

1. 工作对象（设备）

各种类型的数控机床若干。

2. 工具和学习材料

教师准备好学生要填写的考核表格（表 1-1）。

表1-1　学生填写的考核表格

序号	姓名	项目任务名称	评价			总成绩
			自我评价	同学互评	教师评价	
1						
2						
3						

3. 教学方法

应用模拟工厂生产实际的教学模式进行项目教学，对数控机床进行分组识别并熟悉其组成。

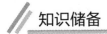 知识储备

一、数控机床的类型

1. 按工艺用途分类

常用的数控机床有数控车床、数控铣床、数控镗床、数控磨床、数控钻床、数控齿轮加工机床和数控雕刻机等。

2. 按运动方式分类

（1）点位控制数控机床　其数控装置精确地控制刀具相对于工件从一个坐标点到另一个坐标点的定位精度。数控机床的点位控制系统控制刀具相对于工件定位点的坐标位置，而对定位移动的轨迹并无要求，因为刀具在定位移动过程中不进行切削加工，如数控钻床和数控镗床等。

（2）二维轮廓控制机床　此类数控机床不仅要具有准确的定位功能，而且要求从一点到另一点按直线运动进行切削加工。其路线一般由与各轴线平行的直线段组成，运动时的速度是可以控制的，对于不同的刀具和工件，可以选择不同的切削用量，如数控车床和数控铣床等。

（3）三维轮廓控制机床　此类机床又称为连续控制或多坐标联动数控机床，其数控系统控制几个坐标轴同时协调运动（即坐标轴联动），使工件相对于刀具按程序规定的轨迹和速度运动，进行连续切削加工。这类数控机床不仅能控制机床移动部件的起点与终点坐标，而且能按需要严格控制刀具的移动轨迹，以加工任意斜率的直线、圆弧、抛物线及其他函数关系的曲线或曲面。

数控系统控制几个坐标按需要的函数关系同时协调运功，称为坐标联动。数控机床按照联动轴数分为2轴联动数控机床、2.5轴联动数控机床、3轴联动数控机床、4轴联动数控机床、5轴联动数控机床等。2.5轴联动是3根主要坐标控制轴（X、Y、Z）中，任意两轴联动，而另一轴是点位控制或点位直线控制。这一类数控机床包括数控车床、数控铣床、加工中心等用于加工曲线和曲面的机床。

3. 按控制方式分类

按伺服系统的控制类型分类，数控机床可分为开环控制系统、闭环控制系统和半闭环控制系统。

（1）开环控制系统 开环控制系统的工作原理如图 1-1 所示。其没有测量反馈装置，数控装置发出的指令信号流是单向的，控制指令直接通过步进驱动装置控制步进电动机的运转，然后通过机械传动系统（滚珠丝杠螺母副）转化为刀架或工作台的沿轨迹方向的位移，加工出形状、尺寸与精度符合要求的零件。

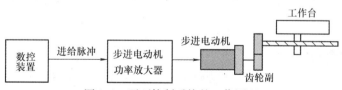

图 1-1　开环控制系统的工作原理

（2）半闭环控制系统 半闭环控制系统的工作原理如图 1-2 所示。其位置测量装置（编码器）安装在伺服电动机转动轴上或丝杠的端部，即反馈信号取自电动机轴或丝杠，而不是取自机床的最终运动部件。由于伺服电动机采样的是旋转角度而不是检测工作台的实际位置，故丝杠的螺距误差和齿轮或同步带轮等引起的误差都难以消除。半闭环控制系统环路内不包括或只包括少量机械传动环节，因此系统的控制性能较稳定。

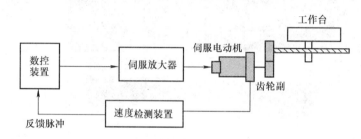

图 1-2　半闭环控制系统的工作原理

（3）闭环控制系统 闭环控制系统的工作原理如图 1-3 所示。闭环控制系统数控机床装有位置测量反馈装置（光栅尺），加工中直接安装在机床移动部件的位移测量装置上，随时测量机床移动部件的实际位移，并将测得的实际位移值反馈到 CNC 单元中，具有很高的位置控制精度。

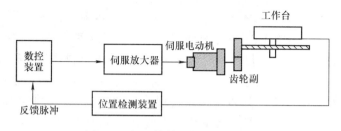

图 1-3　闭环控制系统的工作原理

>> 操作
提示
　　开环控制系统没有反馈环节，精度相对较低，应用的是步进电动机；半闭环控制系统具有反馈环节，反馈信号取自电动机轴或丝杠，而不是取自机床的最终运动部件，是速度反馈；全闭环控制系统具有位置测量反馈装置，且直接安装在机床移动部件上，是位置反馈。

课堂互动

1) 数控机床有哪些分类形式？各分为几种类型？
2) 按控制方式分类，数控机床的类型有哪些？它们之间的区别是什么？

二、数控机床的组成

数控机床一般由输入/输出设备、数控装置、主轴单元和进给伺服单元及检测装置、伺服驱动和反馈装置、辅助控制装置以及机床本体等部分组成，其中数控装置是数控系统的核心，如图 1-4 所示。

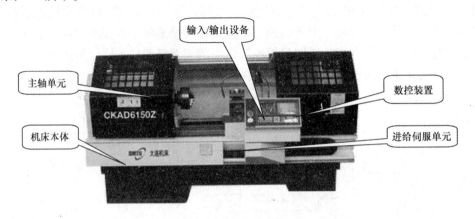

图 1-4　数控机床的组成

（1）输入/输出设备　信息传输是通过输入/输出设备进行的，其作用是进行数控加工或控制程序、加工与控制数据、机床参数以及坐标轴位置、检测开关的状态等数据的输入、输出。

（2）数控装置　数控装置是数控系统的核心，由输入/输出接口线路、控制器、运算器和存储器等部分组成。数控装置的作用是通过内部的逻辑电路或控制软件对输入装置输入的数据进行编译、运算和处理，并输出各种信息和指令，以控制机床各部分执行规定的动作。

（3）进给伺服单元　进给伺服单元由伺服放大器（也称驱动器）和执行机构及反馈装置等部分组成。在数控机床上，目前一般都采用交流伺服电动机作为执行机构，也有采用直流伺服电动机的，在先进的高速加工机床上，则使用直线电动机。检测装置为闭环（或半闭环）的数控机床的检测环节，其作用是通过现代化的测量元件如脉冲编码器、旋转变压器、感应同步器、光栅尺和磁尺等，将工作元件（如刀架或工作台等）的实际移动速度和位移量检测出来，反馈到伺服驱动装置或数控装置，并补偿进给速度或执行机构的运动误差，以提高运动机构的精度。

（4）机床本体　机床本体是数控机床的机械结构件，包括床身、箱体、立柱、导轨、工作台、进给机构和刀具交换机构等。

（5）辅助控制装置　辅助控制装置是介于数控装置和机床机械、液压部件之间的控制部件，由辅助运动装置、液压气动系统、润滑系统、冷却装置、排屑、防护系统等部分组成。其主要作用是接受数控装置输出的主轴转速、转向和启停指令，刀具选择交换指令，冷却、润滑装置的启停指令，工件和机床部件的松开、夹紧指令，工作台转位等辅助指令信号，以及机床上检测开关的状态等信号，经必要的编译、逻辑判断、功率放大后直接驱动相应的执行元件，带动机床机械部件、液压气动等辅助装置完成指令规定的动作。

课堂互动

1) 数控机床由哪几部分组成？

2) 数控机床各组成部分的作用是什么？

任务实施

一、熟悉 CKA6150 数控车床的组成

CKA6150 数控车床的基本组成如图 1-5 所示。

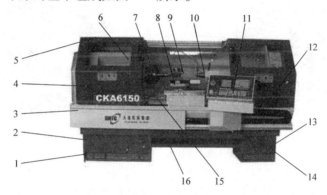

图 1-5　CKA6150 数控车床的基本组成

1—前床腿　2—主电动机　3—床身　4—主轴箱　5—电气柜　6—全封闭防护　7—卡盘　8—床鞍及横向驱动
9—刀架　10—尾座　11—操纵箱　12—集中润滑站　13—切削液箱　14—后床腿　15—纵向驱动　16—接屑盘

1. 床身

床身固定在前后床腿上，是整个机床的基础。在床身上安装机床的各部件，并使它们在工作时保持准确的位置。

CKA6150 数控车床的床身采用 HT300 材料进行整体铸造成形，床身导轨为一大山型导轨和一平导轨组合，供床鞍纵向移动用，使床鞍获得良好的导向性。另外，一小山型导轨和一平导轨供尾座移动用。导轨均采用中频感应淬火磨削工艺，淬硬层深 2～3mm，硬度达52HRC 以上，直接提高了导轨的使用寿命。前后床腿为整台机床的支承与基础，主电动机与切削液箱置于前后床腿内部。床身左端安装主轴箱，右端安装移动尾座。床身两导轨中间留有供排屑的通道，切屑可通过排屑通道排到前后床腿之间的接屑盘上。

2. 主轴箱

主轴箱固定在床身的左上部，其主要功能是支撑主轴，使主轴带动工件按规定转速旋转，以实现主运动。数控车床的主轴传动系统一般有四种形式，即传统主轴、变频主轴、伺

服主轴和电主轴。

3. 卡盘

液压卡盘是数控车床加工时夹紧工件的重要附件，一般回转类零件还可采用普通手动卡盘装夹，另外还有专用卡盘和弹簧卡盘等。

卡盘通常都配备有未经淬火的卡爪，即软爪。软爪分为内夹和外夹两种形式，卡盘闭合时夹紧工件的软爪为内夹式软爪，卡盘张开时撑紧工件的软爪为外夹式软爪。

4. 纵横向驱动装置

CKA6150 数控车床的进给系统采用伺服系统，经滚珠丝杠螺母副传动到滑板和刀架上实现进给。纵、横向驱动装置都由各自的伺服系统通过同步带驱动滚珠丝杠螺母副，实现纵向和横向的进给运动。

5. 刀架

数控车床的刀架用来夹持切削用刀具，并实现自动交换，适应不同工序的加工要求。CKA6150 数控车床配置的是立式四工位回转刀架（图1-6）或卧式六工位回转刀架（图1-7）。

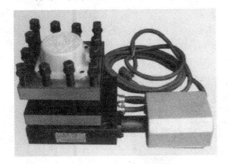

图1-6　立式四工位回转刀架

图1-7　卧式六工位回转刀架

6. 尾座

尾座安装在床身的尾座导轨上，可沿导轨做纵向移动并夹紧在需要的位置上。它的作用是利用套筒安装顶尖，用来支承较长工件的一端。尾座还可以相对于底座做横向位置调整，便于车削小锥度的长锥体。尾座套筒内也可以安装钻头、铰刀等孔加工工具。CKA6150 数控车床的尾座如图1-8 所示。

液压尾座的套筒移动由脚踏开关来控制，通过液压驱动实现动作，图1-9 所示为CKA6150 数控车床的液压尾座。尾座的顶紧、退回由一个三位四通电磁换向阀、一个单向阀和一个减压阀来控制。顶紧力的大小由减压阀来调节，压力随着加工的需要来调整。

图1-8　CKA6150 数控车床的尾座

图1-9　CKA6150 数控车床的液压尾座

7. 冷却及排屑系统

机床的冷却系统由冷却泵、出水管、回水管、开关与喷嘴等组成。冷却泵将切削液送到出水管，经喷嘴喷至切削区，然后流回切削液池，如此不断循环。

>> 操作提示 | 　必须定期清洗冷却池，更换切削液，以保证切削液的质量和良好的冷却效果。

CKA6150 数控车床的冷却装置安装在后床腿内，切削液由冷却泵经管路送至床鞍，再由床鞍至滑板，最终由刀架上的喷嘴喷出。机床配置的立式四工位刀架为内冷却刀架，如果喷嘴的方向不合适，可进行调整，但一定要在停机状态下进行。当机床采用卧式六工位回转刀架时，冷却系统为外循环，安装在床鞍舌部的冷却软管将切削液送至切削部位，切削液流量的大小可通过旋转安装在冷却支杆上的锥阀来进行控制。用过的切削液流回油盘，经油盘底部的过滤小孔再流回后床腿内。本机床所用的冷却泵为 AYB-25 三相电泵，切削液为乳化液，用户可根据加工件的不同要求，自行配制或选用不同牌号的乳化液。

数控车床应具有合适的排屑装置。

8. 润滑系统

数控车床的润滑系统主要包括机床导轨、尾座、滚珠丝杠及主轴箱等部位的润滑，其形式有电动间歇润滑和定量式集中润滑等。

CKA6150 数控车床的主轴箱单独配置了润滑油箱，润滑油箱设置在主轴箱下部左侧前床腿内，润滑油由齿轮泵送到主轴箱内的润滑分配器上，然后被分配到各个需要的润滑点处，最终通过主轴箱底端的回油管流回油箱，形成循环润滑系统。床鞍的横向和纵向导轨及滚珠丝杠的润滑由设置在机床右后部的集中润滑站完成，如图 1-10 所示，润滑油通过管路分配到各个润滑点。

纵、横向滚珠丝杠两端轴承采用 NBU 长效润滑脂润滑，平时不需要添加润滑脂，待机床大修时更换即可。尾座用配备的油枪以手动加油润滑方式在每个班次前进行润滑。

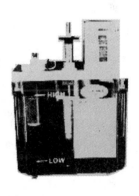

图 1-10　CKA6150 数控车床的集中润滑站

9. 防护装置

CKA6150 数控车床提供多种形式的安全防护装置，如卡盘防护、拉门互锁开关、后防护和防护门等。机床防护门可防止铁屑和切削液的飞溅，保护操作者的人身安全；防护门上安装有防弹玻璃，方便操作者观察工件的切削状态；系统操纵箱安装在右侧防护门前面，并可在 90° 范围内转动，方便操作。

卡盘防护罩与机床的控制电路有互锁功能，当沿顺时针方向转动卡盘防护罩时，卡盘防护罩打开，连锁的开关会切断机床的控制电路，将电动机的电源切断，即可进行卡盘、工件的装卸；当沿逆时针方向转动卡盘防护罩时，关闭卡盘防护罩至其固定销的位置，通过其他相应的操作，方可启动电动机。

二、熟悉数控铣床和加工中心的组成

1. 数控铣床的组成

数控铣床适合于各种箱体类和板类零件的加工。铣床基础件称为铣床大件，是床身、底座、立柱、横梁、滑座和工作台等的总称。铣床的其他零部件或固定在基础件上，或工作时在导轨上运动。其机械结构除基础部件外，还包括主传动系统；进给传动系统；实现工件回转、定位的装置和附件；实现某些部件动作和辅助功能的系统和装置，如液压、气动、润滑、冷却等系统和排屑、防护等装置；特殊功能装置，如刀具破损监视、精度检测和监控装置；为完成自动化控制功能的各种反馈信号检测装置。

数控铣床的加工能力很强，加工灵活，通用性强，最大特点是柔性高，即具有灵活、通用、万能的特点，可以加工不同形状的工件。数控铣床能够铣削加工各种平面、斜面轮廓和立体轮廓零件，如各种形状复杂的凸轮、样板、模具、叶片和螺旋桨等，配上相应的刀具还可进行钻、扩、铰、锪、镗孔和攻螺纹等加工。数控铣床的结构组成如图1-11所示。

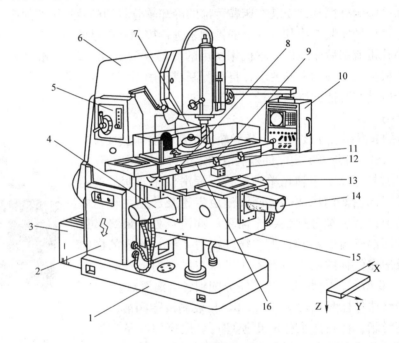

图1-11　数控铣床的结构组成

1—底座　2—强电柜　3—变压器箱　4—垂直升降进给伺服电动机　5—按钮板　6—床身　7—数控柜
8、11—保护开关　9—挡铁　10—操纵台　12—横向溜板　13—纵向进给伺服电动机
14—横向进给伺服电动机　15—升降台　16—纵向工作台

（1）主轴部件　主轴部件是铣削加工的功率输出部件，由主轴箱、主轴电动机、主轴和主轴轴承等零件组成。主轴的启、停和变换转速等动作均由数控系统控制，并通过装在主轴上的刀具参与切削运动。

（2）进给伺服系统　进给伺服系统由进给电动机和进给执行机构组成，按照程序设定的进给速度实现刀具和工件之间的相对运动，包括直线进给运动和旋转运动。

（3）控制系统　控制系统由CNC装置、可编程序控制器、伺服驱动装置以及操作面板等组成，是执行顺序控制动作和完成加工过程的控制中心。

（4）辅助装置　辅助装置包括润滑、冷却、排屑、防护、液压、气动和检测系统等。这些装置虽然不直接参与切削运动，但对数控铣床的加工效率、加工精度和可靠性起着保障作用，因此也是数控铣床中不可缺少的部分。

（5）机床基础件 机床基础件通常指底座、立柱和横梁等，它是整个机床的基础和框架。机床基础件主要承受机床的静载荷以及在加工时产生的切削负载，因此必须有足够的刚度。机床基础件可以是铸铁件，也可以是焊接而成的钢结构件，它们是机床中体积和质量最大的部件。

2. 加工中心的组成

加工中心的组成如图 1-12 所示。

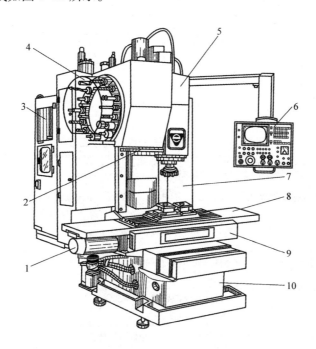

图 1-12 加工中心的组成

1—X 轴进给伺服电动机 2—换刀机械手 3—数控柜 4—盘式刀库 5—主轴箱
6—机床操作面板 7—驱动电源柜 8—工作台 9—滑座 10—床身

（1）基础部件 基础部件由床身、立柱和工作台等组成，是加工中心的基础结构，主要承受加工中心的静载荷以及在加工时产生的切削负载，因此必须要有足够的刚度。基础部件可以是铸铁件也可以是焊接而成的钢结构件，它们是加工中心体积和质量最大的部件。

（2）主轴部件 主轴部件由主轴箱、主轴电动机、主轴和主轴轴承等零件组成。主轴的启、停和变换转速、进给等动作均由数控系统控制，并且通过装在主轴上的刀具参与切削运动，是切削加工的功率输出部件。主轴是加工中心的关键部件，其结构优劣对加工中心的性能有很大的影响。

（3）伺服系统 伺服系统主要是进给传动系统，作用是把来自数控装置的信号转换为机床移动部件的运动，其性能是决定机床加工精度、表面质量和生产率的主要因素之一。加工中心普遍采用半闭环、闭环和混合环三种控制方式。

（4）数控系统（CNC） 加工中心的数控系统由 CNC 装置、可编程序控制器、伺服驱动装置以及操作面板等组成。数控系统是执行顺序控制动作和完成加工过程的控制中心。

（5）自动换刀系统（ATC） 自动换刀系统由刀库和机械手等部件组成。当需要换刀时，数控系统发出指令，由机械手（或通过其他方式）将刀具从刀库内取出并装入主轴孔中。根据刀库容量和存取刀具的不同，刀库可设计成多种形式。常见的形式有斗笠式刀库、圆盘式刀库、链式刀库和格子箱式刀库等。刀库除了储存刀具外，还需要将加工中所用的刀具依次送到换刀位置。刀库通常采用独立的传动装置。

（6）辅助装置　辅助装置包括润滑、冷却、排屑、防护、液压、气动和检测系统等。这些装置虽然不直接参与切削运动，但对加工中心的加工效率、加工精度和可靠性起着保障作用。

目前，加工中心的刀库容量越来越大，换刀时间越来越短，加工精度越来越高，功能不断增强，除了在数控铣床基础上发展起来的加工中心（铣镗加工中心）外，还出现了在数控车床基础上发展起来的车削加工中心。

教学评价 （表1-2）

表1-2　考核标准与成绩评定项目表

考核分类	考核项目	考核指标	配分	得分
职业素养	学习期间的出勤情况、着装情况、课堂纪律和工作态度等	不迟到、不早退、不旷课、不无故请假；着装整齐；遵守课堂纪律；在工作中劳动态度端正、精神面貌好、团结协作，遵守安全操作规程，无安全事故	15	
单项技能考核	数控车床的组成	视完成情况每项扣 1.5 ~ 2 分	15	
	数控铣床及加工中心的组成	视完成情况每项扣 3 ~ 5 分	20	
综合技能测试	学习中要注意的问题	过程科学合理，符合岗位规范	10	
	方法步骤	数控机床类型，数控车床和数控铣床及加工中心的组成	30	
	职业规范	符合安全文明规范，无安全事故发生	10	
考核结果	合格与否	60 分及以上为合格，小于 60 分为不合格		

知识加油站

10S 管理简介

1. 10S 管理内容

整理（SEIRI）、整顿（SEITON）、清扫（SEISO）、清洁（SEIKETSU）、素养（SHITSUKE）、安全（SAFETY）、节约（SAVING）、速度（SPEED）、服务（SERVICE）、坚持（SHIKOKU）因其日语的罗马拼音均以"S"开头，因此简称"10S"。

2. 现场管理 10S 简明概要

（1）整理（SEIRI）　将工作场所的所有物品分为必要与非必要的，除必要的留下外，其余都除掉。

（2）整顿（SEITON）　把需要的物品进行定位摆放并放置整齐，加以标示。

（3）清扫（SEISO）　将工作场所内看得见与看不见的地方打扫干净，对设备工具等进行保养，创造顺畅的工作环境。

（4）清洁（SEIKETSU）　维持上面 3S 的成果，使职工身处干净、卫生的环境，从而觉得无比自豪，产生无比的干劲。

（5）素养（SHITSUKE）　培养每位成员的良好习惯，以及按规则做事、积极主动、诚信工作和诚信做人的精神。

（6）安全（SAFETY）　保障员工的人身安全和生产的正常运行，做到"不伤害自己，不伤害他人，不被他人和机器伤害"，减少内部安全事故的发生。

（7）节约（SAVING）　减少库存，排除过剩生产，避免半成品、成品库存过多，压缩采购量，消除重复采购，降低生产成本。

（8）速度（SPEED）　选择合适的工作方式，充分发挥机器设备的作用，共享工作成果，集中精力，从而达到提高工作效率的目的。

（9）服务（SERVICE）　将服务意识与工厂企业文化完美结合起来，传达到每一个员工，使他们在日常的行为里潜移默化地体现出"为工厂，为他人"的自我服务意识。

（10）坚持（SHIKOKU）　属于工厂员工自我素质和修养的范畴，就是通过对工人的言传身教，使员工自觉树立在任何困难和挑战面前都永不放弃、坚持到底的顽强拼搏的工作意志。

练一练

1. CKA6150 数控车床由哪些主要部件组成？
2. 数控铣床和加工中心由哪些主要部件组成？
3. 10S 管理的内容是什么？

任务二　认识数控机床常用元器件

学习目标

【职业知识目标】

◎ 熟悉数控机床常用低压电器元器件的类型和结构。
◎ 掌握数控机床常用低压电器元器件的使用方法。

【职业技能目标】

◎ 能正确识别和选择数控机床常用电器元器件。
◎ 能正确使用数控机床常用电器元器件。

【职业素养目标】

◎ 在学习过程中体现团队合作意识和爱岗敬业的精神。
◎ 培养学生的综合职业能力、认真负责的工作态度、较强的语言表达能力和动手能力。
◎ 培养 7S 或 10S 的管理习惯和理念。

任务准备

1. 工作对象（设备）

刀开关、低压断路器、按钮、限位开关、熔断器、接触器、继电器等数控机床常用低压电器元件。

2. 工具和学习材料

螺钉旋具、尖嘴钳和万用表等。

教师准备好学生要填写的考核表格（表1-1）。

3. 教学方法

应用模拟工厂生产实际的教学模式进行项目教学；对数控机床常用低压电器元件进行简单的拆装、接线、检测、验证等工作。

知识储备

在数控机床中，主轴旋转、坐标轴进给、换刀装置、润滑系统等的执行元件都是电动机，对电动机的控制主要有电动机的启动、调速、制动等环节，这些控制是数控机床电气控制电路的基本环节，低压电器元件是组成这些基本环节的元件。只要掌握数控机床常用电器元件和基本控制环节，就能分析复杂数控机床的控制电路。

1. 开关电器

开关电器主要用于配电系统和电力拖动控制系统，用作电源的隔离、电气设备的保护和控制。

（1）刀开关　刀开关是结构最简单、应用最广泛的手动电器，如图1-13所示。一般刀开关由于触点分断速度慢，灭弧困难，仅用于切断小电流电路。

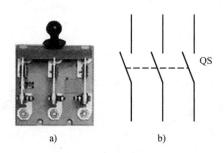

图1-13　不带熔断器式刀开关的实物图、
图形符号和文字符号

a）实物图　b）图形符号和文字符号

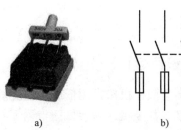

图1-14　带熔断器式刀开关的实物图、
图形符号和文字符号

a）实物图　b）图形符号和文字符号

刀开关由操作手柄、刀片、触点座和底板等组成，按照极数可分为单极、双极和三极开关；按照结构可分为平板式和条架式；按操作方式可分为直流手柄操作式、杠杆机构操作式、螺旋操作式和电动机构操作式。在机床上常用的三极开关额定电压一般为500V，额定电流有100A、200A、400A、600A和1000A 5种，常用HD（单头）和HS（双头）等系列型号。

刀开关的图形符号和文字符号如图1-14b所示，当用刀开关切断较大电流的电路，特别是切断直流电路时，为了使电弧迅速熄灭以保护开关，可采用带有快速断弧刀片的刀开关。刀开关的主要技术参数有额定电压、额定电流、通断能力、动态稳定电流、热稳定电流和机械寿命等。通常根据电源种类、电压等级、电动机容量、所需极数及工作环境来选择使用。用于控制不经常启停的小容量异步电动机时，其额定电流不小于电动机额定电流的 3 倍。

>> **操作提示**　　在安装刀开关时应注意手柄要向上，不得倒装或平装，避免其由于重力自动下落而引起误合闸。接线时，应将电源线接在上端、负载线接在下端，这样拉闸后刀片与电源隔离，可防止发生意外事故。

（2）低压断路器（自动空气断路器）　低压断路器是将控制和保护功能合为一体的电器。它常作为不频繁接通和断开电路的总电源开关或部分电路的电源开关。当电路发生过载、短路或失压等故障时，它能够自动切断电路，有效地保护串接在它后面的电气设备，应用十分广泛。

低压断路器的种类很多，根据其结构形式不同，可分为框架式（万能式）和塑料外壳式（装置式）；根据操作机构不同，可分为手动操作、电动操作和液压操作等类型；根据触点数目可分为单极、双极和三极开关；根据动作速度可分为延时动作、普通速度和快速动作等。

低压断路器主要由三个基本部分组成，即触点、灭弧系统和各种脱扣器。脱扣器包括过电流脱扣器、失压（欠电压）脱扣器、热脱扣器、分励脱扣器和自由脱扣器。

在选择低压断路器时，其额定电压和额定电流应不小于所控制电路的正常工作电压和电流；热脱扣器的整定电流与所控制的电动机的额定电流或负载电流一致；过电流脱扣器的整定电流应大于负载正常工作时的尖峰电流，对电动机负载而言，通常按照启动电流的 1.7 倍整定；欠电压脱扣器的额定电压和主电路的额定电压一致。同时，在选择低压断路器时还得根据设备的工作环境和使用条件来综合考虑。

低压断路器的实物图、图形符号和文字符号如图 1-15 所示。

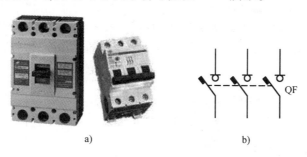

图 1-15　低压断路器的实物图、图形符号和文字符号
a）实物图　b）图形符号和文字符号

（3）控制按钮　控制按钮又称按钮，是一种手动（一般用手指）操作，短时接通或分断小电流的控制开关，主要用于远距离发布手动指令或信号，用以控制接触器、继电器等电磁装置，实现主电路的分合、功能转换或实现电气联锁，从而控制电动机或其他电气设备的运行。

常见控制按钮的额定电压为交流 380V 和直流 220V，额定电流为 5A。机床上常用的型号有 LA18、LA20、LA25 和 LAY3 等系列。其中 LA25 系列为通用型按钮的更新换代产品，采用组合式结构，可以根据需要任意组合其触点数目，最多可组成 6 个单元。选用控制按钮要考虑其使用场合，控制直流负载时，因熄灭直流电弧相对于交流更困难，所以在同样的工作电压下，直流工作电流应该小于交流工作电流，并根据具体控制方式和要求来选择控制按钮的结构形式、触点数目和按钮的颜色等。通常习惯用红色表示停止按钮，用绿色表示启动按钮，黑色按钮则用来表示其他控制信号。

控制按钮的实物图、内部结构及图形符号如图 1-16 所示。

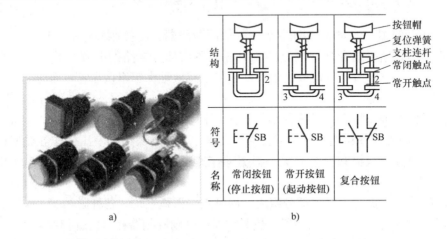

图 1-16　控制按钮的实物图、内部结构及图形符号
a）实物图　b）内部结构及图形符号

2. 熔断器

熔断器是指当电流超过规定值时，以本身产生的热量使熔体熔断，断开电路的一种电器。熔断器广泛应用于高低压配电系统和控制系统以及用电设备中，作为短路和过电流的保护器，是应用最普遍的保护器件之一。

熔断器主要由熔体（熔丝）和安装熔体的熔管（或熔座）两部分组成。熔体一般由熔点低、易于熔断、导电性良好的合金材料制成。熔断器的实物图、图形符号和文字符号如图 1-17 所示。

图 1-17　熔断器实物图、图形符号和文字符号
a）实物图　b）图形符号和文字符号

熔断器的类型及常用产品主要有瓷插（插入）式、螺旋式和密封管式三种。机床电气线路中常用的是 RL1 系列螺旋式熔断器及 RC1 系列插入式熔断器。选择熔断器主要是选择

熔断器的类型、额定电压、额定电流和熔体的额定电流，应根据线路要求和安装条件来选择熔断器的类型。

3. 热继电器

热继电器是用作电动机过载保护的自动电器，是利用电流的热效应原理实现对电动机的过载保护的。电动机在实际运行中发生过载，只要电动机绕组不超过允许温升，这种过载就是被允许的。但是过载时间太长，绕组温升超过允许值时，将会加剧绕组绝缘老化，缩短电动机的使用寿命，严重时甚至使电动机绕组烧毁。

热继电器主要由发热元件、双金属片和触点系统等组成。双金属片是热继电器的感测元件，由两种不同线膨胀系数的金属碾压而成，如图 1-18 所示。线膨胀系数大的称为主动层，线膨胀系数小的称为被动层。

热继电器的主要技术参数有额定电压、额定电流、相数、热元件编号及整定电流条件范围等。热继电器的实物图、图形符号和文字符号如图 1-19 所示。

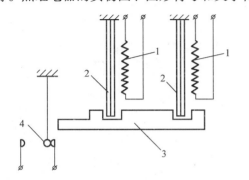

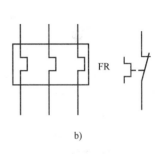

图 1-18　热继电器的组成结构
1—电阻丝　2—双金属片　3—动作机构　4—触点

图 1-19　热继电器的实物图、图形符号和文字符号
a）实物图　b）图形符号和文字符号

4. 继电器

继电器是一种根据电量参数（电压、电流）或非电量参数（时间、温度、速度、压力等）的变化自动接通或断开控制电路，以完成控制或保护任务的电器。它根据某种输入信号的变化接通或断开控制电路，实现自动控制和保护电力装置。

> **操作提示**　当输入量变化到高于继电器的吸合值或低于继电器的释放值时，继电器动作并产生输出。对于有触点继电器，其输出为触点闭合或断开；对于无触点式继电器，其输出发生阶跃变化，以此提供一定的逻辑变量。

继电器的种类繁多，按照输入信号可分为电压继电器、电流继电器、时间继电器、温度继电器、速度继电器和压力继电器等，按照工作原理可分为电磁式继电器、感应式继电器、电动式继电器、热继电器和电子式继电器等，按照输出形式可分为有触点继电器和无触点继电器；按照用途可分为控制继电器和保护继电器等。

中间继电器用于继电保护与自动控制系统，以增加触点的数量及容量，用于在控制电路中传递中间信号。中间继电器的实物图型号表示如图 1-20 所示。中间继电器主要依据被控电路的电压等级和触点数量、种类及容量来选用。机床上通常使用的型号有 JZ7 系列交流中间继电器和 JZ8 系列交直流中间继电器。

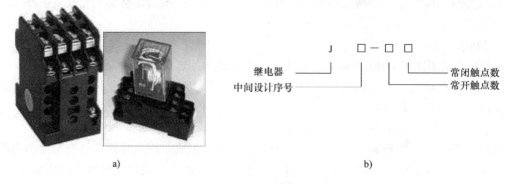

图 1-20　中间继电器实物图及型号表示
a）实物图　b）型号表示

继电器的图形符号和文字符号如图 1-21 所示。

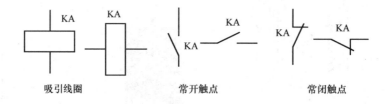

吸引线圈　　　　　　常开触点　　　　　　常闭触点

图 1-21　继电器的图形符号和文字符号

5. 接触器

接触器是一种用来频繁地接通或断开交直流主电路及大容量控制电路的自动切换电器，主要用于控制电动机、电热设备、电焊机和电容器组等。它不仅能实现远距离自动操作和欠电压释放保护功能，还能接通和切断电路，而且还具有低电压释放保护作用，同时具有控制容量大、工作可靠、操作频率高、使用寿命长等优点，因而在电力拖动系统自动控制电路中得到了最广泛的应用。接触器按其线圈通过的电流种类不同，分为交流接触器和直流接触器，如图 1-22 所示为交流接触器。

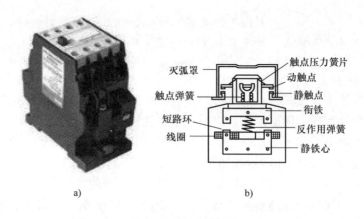

图 1-22　交流接触器
a）外形图　b）结构组成

交流接触器的型号表示如图 1-23 所示。

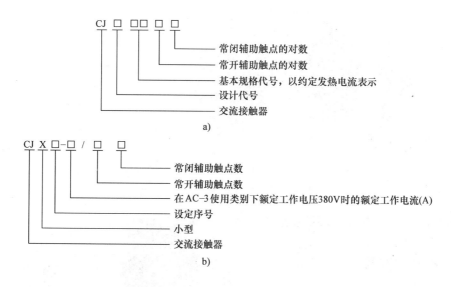

图 1-23 交流接触器型号表示

交流接触器的图形符号和文字符号如图 1-24 所示。

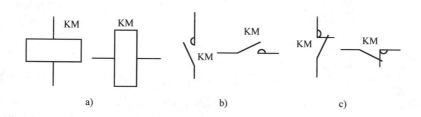

图 1-24 交流接触器的图形符号和文字符号

选择交流接触器时，主要考虑主触点的额定电压、额定电流、辅助触点的数量与种类、吸引线圈的电压等级和操作频率等。

6. 限位开关

限位开关也称位置开关、行程开关、终端开关，是根据运动部件位置而切换电路的自动控制电器，用来控制运动部件的运动方向、行程大小或位置保护。限位开关被广泛用于各类机床和起重机械以控制这些机械的行程。图 1-25 所示为限位开关的实物图及图形符号和文字符号。

限位开关有机械式和电子式两种，常见的机械式限位开关有按钮式和滑轮式两种。限位开关通常由操作机构、触点系统和外壳三部分组成。机床上常用的有 LX2、LX19、LXK3、LX32、LX33、JLXK1 等系列限位开关和 LXW—11、JLXW1—11 系列微动开关等。

7. 开关电源

开关电源被称作高效节能电源，因为其内部电路工作在高频开关状态，所以自身消耗的能量很低，电源效率可达 80% 左右，比普通线性稳压电源提高近一倍。图 1-26 所示为

图 1-25　限位开关的实物图及图形符号和文字符号

a）实物图　b）图形符号和文字符号

GZM – U40型开关电源的实物图及图形符号和文字符号。

8. 机床控制变压器

机床控制变压器适用于交流 50 ~ 60Hz、输入电压不超过 660V 的电路，作为各类机床、机械设备等一般电器的控制电源、步进电动机驱动器、局部照明及指示灯的电源，其实物图及图形符号和文字符号如图 1-27 所示。

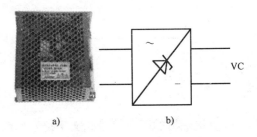

图 1-26　开关电源的图形符号和文字符号

a）实物图　b）图形符号和文字符号

9. 三相变压器

在现在普遍采用的三相交流系统中，三相电压的变换可用三台单相变压器实现，也可用一台三相变压器实现。从经济性和缩小安装体积等方面考虑，可优先选择三相变压器。在数控机床中，三相变压器主要是给伺服系统等供电。三相变压器的实物图及图形符号和文字符号（星形－三角形联结）如图 1-28 所示。

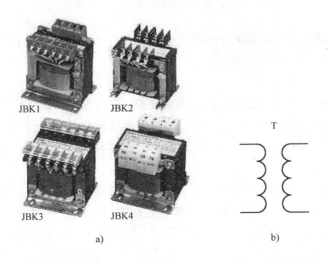

图 1-27　机床控制变压器的实物图及图形符号和文字符号

a）实物图　b）图形符号和文字符号

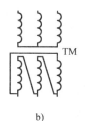

a) b)

图1-28 三相变压器的实物图及图形符号和文字符号
a）实物图　b）图形符号和文字符号

任务实施

1）识别各低压电器元件。
2）根据电器元件结构图，对各电器元件进行简单拆装，认识其结构。
3）测试和验证各电器元件的功能，并区分功能正常和异常的元件。

教学评价 （表1-3）

表1-3　考核标准与成绩评定表

考核分类	考核项目	考核指标	配分	得分
职业素养	学习期间的出勤情况、着装情况、课堂纪律和工作态度等	不迟到、不早退、不旷课、不无故请假；着装整齐；遵守课堂纪律；在工作中劳动态度端正、精神面貌好、团结协作，遵守安全操作规程，无安全事故	15	
单项技能考核	元件识别与测试	元件识别	5	
		说明结构	10	
		简单拆装	10	
		说明应用	10	
综合技能考核	功能测试	步骤完整，安排合理	15	
	操作要求	操作规范	25	
	职业规范	遵守安全文明规范，无安全事故发生	10	
考核结果	合格与否	60 分及以上为合格，小于 60 分为不合格		

知识加油站

数控维修常用工具及资料

合格的维修工具是进行数控机床维修的必备条件。数控机床是精密设备，维修不同的故障所需要的维修工具也不尽相同。

1. 常用测量仪器、仪表

（1）万用表　数控设备的维修涉及弱电和强电，维修中不但要用万用表测量电压、电流和电阻值，还要用它判断二极管、晶体管、晶闸管、电解电容等元器件的好坏，并测量晶体管的放大倍数和电容值。图 1-29 所示为万用表实物图。

（2）示波器　示波器用于检测信号的动态波形，如脉冲编码器和光栅的输出波形，伺服驱动、主轴驱动单元的各级输入、输出波形等；还用于检测开关电源、显示器的垂直、水平振荡与扫描电路的波形等。图1-30所示为示波器实物图。

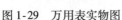

图1-29　万用表实物图

a)　　　　　　　　　　b)

图1-30　示波器实物图
a）数字式　b）模拟式

维修数控机床用的示波器通常选用频带宽为10～100MHz的双通道示波器。

（3）转速表　转速表用于测量与调整主轴的转速，以及调整系统及驱动器的参数，可以使编程的理想主轴转速与实际主轴转速相符。它是主轴维修与调整的测量工具之一，图1-31所示为其实物图。

a)　　　　　　　　　　b)

图1-31　转速表实物图

（4）相序表　相序表主要用于测量三相电源的相序，它是维修进给伺服驱动与主轴驱动的必要测量工具之一，图1-32所示为其实物图。

（5）常用的长度测量工具　长度测量工具（如千分表、百分表等）用于测量机床移动距离和反向间隙值等。通过测量可以大致判断机床的定位精度、重复定位精度和加工精度等。根据测量值可以调整数控系统的电子齿轮比和反向间隙等主要参数，以恢复机床精度。常用的长度测量工具是维修机械部件的主要检测工具之一。

图1-32　相序表实物图

2. 芯片级维修的常用仪器、仪表

（1）PLC 编程器　不少数控系统的 PLC 控制器必须使用专用的编程器才能进行编程、调试、监控和检查，如 SIEMENS 的 PG710、PG750、PG865 控制器等。这些编程器可以对 PLC 程序进行编辑和修改，监视输入和输出状态及定时器、移位寄存器的变化值；在运行状态下修改定时器和计数器的设定值；可强制内部输出，对定时器、计数器和位移寄存器进行置位和复位等；有些带图形功能的编程器还可显示 PLC 梯形图。图 1-33 所示为 PLC 编程器的实物图。

（2）IC 测试仪　IC 测试仪可用来离线快速测试集成电路的好坏，它是数控系统进行芯片级维修时的必要仪器，图 1-34 所示为其实物图。

（3）逻辑分析仪和脉冲信号笔（图 1-35 和图 1-36）　逻辑分析仪和脉冲信号笔是专门用于测量和显示多路数字信号的测试仪器，通常分为 8、16 和 64 个通道三种，即可同时显示 8 个、16 个或 64 个逻辑方波信号。与显示连续波形的通用示波器不同，逻辑分析仪显示各被测点的逻辑电平、二进制编码或存储器的内容。

3. 常用维修用器具

（1）电烙铁　电烙铁是最常用的焊接工具，一般应采用 30W 左右的尖头、带接地保护线的内热式电烙铁，最好使用恒温式电烙铁。图 1-37 所示为普通电烙铁和无线电烙铁。

（2）吸锡器　常用的是便携式手动吸锡器，也可采用电动吸锡器，如图 1-38 所示。

（3）扁平集成电路拔放台　扁平集成电路拔放台由防静电 SMD 片状元件、扁平集成电路热风拆焊台和可换多种喷嘴组成，如图 1-39 所示。

a)

b)

图 1-33　PLC 编程器实物图

a）普通型　b）紧凑型

图 1-34　IC 测试仪实物图

图 1-35　逻辑分析仪

图 1-36　脉冲信号笔

a)　　　　　　　　b)

图 1-37　电烙铁

a）普通电烙铁　b）无线电烙铁

a)　　　　　　　　b)

图 1-38　吸锡器

a）普通吸锡器　b）电动吸锡器

图 1-39　扁平集成电路拔放台

（4）旋具类　规格齐全的一字和十字螺钉旋具各一套。旋具宜采用树脂或塑料手柄。为了进行伺服驱动器的调整与装卸，还应配备无感螺钉旋具与六角旋具各一套。

（5）钳类工具　常用的钳类工具有平头钳、尖嘴钳、斜口钳、剥线钳、压线钳和镊子。

（6）扳手类　大、小活扳手，各种尺寸的内、外六角扳手各一套等。

（7）其他　剪刀、刷子、吹尘器、清洗盘、卷尺等。

4. 化学用品

松香、纯酒精、清洁触点用喷剂和润滑油等。

5. 常用的备件

进行数控系统的维修时，备件是必不可少的物质条件。要根据实际情况配备数控系统备件，通常一些易损的电气元件如各种规格的熔断器、熔丝、开关和电刷，还有易出故障的大功率模块和印制电路板等，均是应当配备的。

6. 诊断用技术资料

数控机床生产厂家必须向用户提供安装、使用与维修有关的技术资料，主要有数控机床电气使用说明书、数控机床电气原理图、数控机床电气连接图、数控机床结构简图、数控机床参数表、数控机床 PLC 控制程序、数控系统操作手册、数控系统编程手册、数控系统安装与维修手册、伺服驱动系统使用说明书和数控机床的技术资料等。用户必须认真阅读相关资料，并对照机床实物，做到心中有数，一旦机床发生故障，在进行分析的同时可查阅资料。

练一练

1. 数控机床常用的低压电器元件有哪些？
2. 低压断路器有哪些功能？其特点是什么？
3. 热继电器只能做电动机的长期过载保护而不能做短路保护，熔断器则相反，这是为什么？
4. 接触器和继电器有何异同？
5. 常用的维修数控机床的仪器和工具有哪些？

任务三 数控机床电气原理图

学习目标

【职业知识目标】

- 熟悉数控机床电气原理图的绘图规则。
- 掌握数控机床电气原理图的构成。
- 掌握数控机床电气原理图的识读方法和步骤。

【职业技能目标】

- 能认识数控机床电气原理图的基本结构。
- 会根据数控机床电气原理图分析其工作原理。

【职业素养目标】

- 在学习过程中体现团队合作意识和爱岗敬业的精神。
- 培养学生的综合职业能力、认真负责的工作态度、较强的语言表达能力和动手能力。
- 培养 7S 或 10S 的管理习惯和理念。

任务准备

1. 工作对象（设备）

CKA6140 数控车床及其他数控车床的电气原理图。

2. 工具和学习材料

电气制图国家标准、数控机床电气原理图若干。

教师准备好学生要填写的考核表格（表1-1）。

3. 教学方法

应用模拟工厂生产实际的教学模式进行项目教学，对数控机床电气原理图进行识读和分析。

知识储备

数控机床电气控制系统是由各种电器元件按照一定的要求连接而成的，为了便于系统的设计、安装、调试、使用和维护，将电气控制系统中各电器元件及其连接线路用一定的图形表示出来，这就是电气控制系统图。

电气控制系统图主要包括电气原理图、电气设备总装接线图、电气元件布置图与接线图，这里主要介绍电气原理图。

一、电气原理图的基本知识

1. 数控机床电气原理图的绘图规则

电力拖动控制系统由拖动机器的电动机和电气控制电路等组成。为了表达电气控制系统的设计意图，便于分析其工作原理及进行安装、调试和检修，必须采用统一的图形符号和文字符号来表达电气控制系统。

（1）电气控制线路的图形及文字符号　电气图示符号有图形符号、文字符号、回路标号以及坐标标示和文字标示。

1）图形符号。图形符号通常用于图样或其他文件，是表示设备或概念的图形、标记或字符。电气控制系统图中的图形符号必须按国家标准绘制。图形符号包括符号要素、一般符号和限定符号。

符号要素是一种具有确定意义的简单图形，它必须与其他图形组合才构成设备或概念的完整符号。如接触器常开主触点的符号就由接触器触点功能和常开触点符号组合而成。一般符号是用以表示一类产品和此类产品特征的简单符号，如电动机可用一个圆圈表示。限定符号是用于提供附加信息的、一种加在其他符号上的符号。

> **操作提示**
>
> 在电气系统图中使用图形符号时应注意以下问题。
>
> 1）符号的尺寸大小依国家标准可放大或缩小，但在同一张图样中，同一符号的尺寸应保持一致，各符号间及符号本身的比例应保持不变。
>
> 2）在不改变符号含义的前提下，可根据图面布置的需要旋转标准中示出的符号或使其成镜像位置，但文字和指示方向不得倒置。
>
> 3）大多数符号都可以加上补充说明标记。有些具体器件的符号可由设计者根据国家标准的符号要素、一般符号和限定符号进行组合。
>
> 4）国家标准未规定的图形符号，可根据实际需要，按突出特征、结构简单、便于识别的原则进行设计，但需要报国家标准局备案。采用其他来源的符号或代号时，必须在图解和文件上说明其含义。

2）文字符号。文字符号分为基本文字符号和辅助文字符号，适用于电气技术领域中技术文件的编制，也可标示在电气设备、装置和元件上或其近旁，以标明它们的名称、功能、状态和特征。

① 基本文字符号有单字母与双字母两种。单字母符号按拉丁字母顺序将各元件电气设备、装置和元器件划分为23大类，每一大类用一个专用单字母符号表示，如"C"表示电容器类，"R"表示电阻器类等。双字母符号由一个表示种类的单字母符号与另一个字母组成，且以单字母符号在前、另一字母在后的次序列出，如"F"表示保护器类，"FU"则表示熔断器，"FR"表示具有延时动作的限流保护器等。

② 辅助文字符号用以表示电气设备、装置和元器件以及电路的功能、状态和特征。如"RD"表示红色，"L"表示限制等。辅助文字符号也可以放在表示种类的单字母后边组成双字母符号，如"SP"表示压力传感器，"YB"表示电磁制动器等。为简化文字符号起见，若辅助文字符号由两个以上字母组成时，允许只采用其第一位字母进行组合，如"MS"表示同步电动机。辅助文字符号还可以单独使用，如"ON"表示接通，"PE"表示接地，"M"表示中间线等。

③ 补充文字符号的原则。在优先采用基本和辅助文字符号的前提下，可补充未列出的双字母文字符号和辅助文字符号。文字符号应按电气名词术语、国家标准或专业技术标准中规定的英文术语缩写而成。基本文字符号不得超过两位字母，辅助文字符号一般不超过三位字母。文字符号采用拉丁字母大写正体字。因拉丁字母中大写正体字"I"和"O"易与阿拉伯数字"1"和"0"混淆，因此不允许单独作为文字符号使用。

3）电路各接点标记。

① 三相交流电源引入线采用 L1、L2、L3 标记。

② 电源开关之后的三相交流电源主电路分别按 U、V、W 顺序标记。

③ 分级三相交流电源主电路采用三相文字代号 U、V、W 的前边加上阿拉伯数字 1、2、3 等来标记，如 1U、1V、1W；2U、2V、2W 等。

④ 各电动机分支电路各接点标记采用三相文字代号后面加数字表示，数字中的个位数表示电动机代号，十位数字表示该支路各接点的代号，如 U21 为第一相的第二个接点代号，以此类推。

⑤ 电动机绕组首端分别用 U、V、W 标记，尾端分别用 U′、V′、W′标记，双绕组中的点则用 1U、1V、1W 标记。

⑥ 控制电路采用阿拉伯数字编号，一般由三位或三位以下的数字组成，标注方法按"等电位"原则进行，在垂直绘制的电路中，标号顺序一般由上而下编号，凡是被线圈、绕组、触点或电阻、电容等元件所间隔的线段，都应标以不同的电路标号。

（2）电气控制线路的绘制　电气控制线路的表示方法有两种，一种是原理图，一种是安装图。这里重点介绍电气原理图。电气原理图是为了便于阅读和分析控制线路，采用简明、清晰、易懂的原则，根据电气控制线路的工作原理来绘制的。电气原理图中包括所有电器元件的导电部分和接线端子，但并不按照电器元件的实际布置来绘制。

1）绘制电气原理图的基本规则。

① 电气原理图用规定的图形符号、文字符号和回路标号绘制。

电气原理图中，所有电动机和电器元件等都应采用国家统一规定的图形符号和文字符号来表示。属于同一电器的线圈和触点，都要用同一文字符号表示。当使用相同类型的电器时，可在文字符号后加注阿拉伯数字序号来区分。

② 电气原理图分为主电路和辅助电路两部分。主电路就是从电源到电动机绕组的大电流通过的路径；辅助电路包括控制回路、照明电路、信号电路及保护电路等，由继电器的线圈和触点、接触器的线圈和触点、按钮、照明灯、信号灯、控制变压器等电器元件组成。

一般主电路用粗实线表示，画在左边（或上部）；辅助电路用细实线表示，画在右边（或下部）。动力电路的电源电路一般绘成水平线；受电的动力装置如电动机主电路用垂直线绘制在左侧，控制电路用垂直线绘制在右侧，主电路与控制电路一般应分开绘制。各电路元件采用平行展开画法，但同一电器的各元件采用同一文字符号标明。

③ 电气原理图中所有电器的触点都按没有通电或没有外力作用时的状态画出。如继电器和接触器的触点按线圈未通电时的状态画；按钮和行程开关的触点按不受外力作用时的状态画；控制器按手柄处于零位时的状态画等。

所有电路元件的图形符号均按电器未接通电源和没有受外力作用时的状态绘制。促使触点动作的外力方向必须是：当图形垂直放置时为从左向右，即在垂线左侧的触点为常开触点，在垂线右侧的触点为常闭触点；当图形水平放置时为从上向下，即在水平线下方的触点为常开触点，在水平线上方的触点为常闭触点。

④ 电气原理图中，各电器元件的导电部件如线圈和触点的位置，应根据便于阅读和分析的原则来安排，绘在它们完成作用的位置。同一电器元件的各个部件可以不画在一起。

⑤ 电气原理图中，有直接电联系的交叉导线的连接点，要用黑圆点表示。无直接电联系的交叉导线，交叉处不能画黑圆点。

⑥ 电气原理图中，具有循环运动的机械设备应在电气控制电路原理图上绘出工作循环图。转换开关、行程开关等应绘出动作程序及动作位置示意图。

⑦ 由若干元件组成的具有特定功能的环节，可用虚线框括起来，并标注出环节的主要作用，如速度调节器和电流继电器等。对于电路和元件完全相同并重复出现的环节，可以只绘出其中一个环节的完整电路，其余相同环节可用虚线方框表示，并标明该环节的文字符号或环节的名称。该环节与其他环节之间的连线可在虚线方框外面绘出。

⑧ 电气原理图的全部电动机和电器元件的型号、文字符号、用途、数量、额定技术数据，均应填写在元件明细表内。

2）图面区域的划分。图面分区时，竖边从上到下用拉丁字母、横边从左到右用阿拉伯数字分别编号，分区代号用该区域的字母和数字表示，如 B3、C5。

（3）符号位置的索引　在较复杂的电气原理图中，继电器和接触器线圈的文字符号下方要标注其触点位置的索引；而在触点文字符号下方标注其线圈位置的索引。接触器和继电器线圈与触点的从属关系，应用附图表示，即在电气原理图中相应线圈的下方，给出触点的图形符号，并在其下面注明相应的索引代号。有时也可

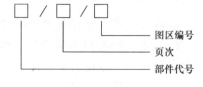

图 1-40　索引代号的组成

以采用省去触点图形符号的表示法。符号位置的索引用部件代号、页次和图区编号的组合索引法，其组成如图 1-40 所示。

（4）电气原理图中技术数据的标注　电气元件的技术数据除可在电气元件明细表中标

明外，也可用小号字体注在其图形符号的旁边。

2. 数控机床电气原理图

电气原理图包含各种导线的标号及规格、电动机功率、接触器的触点和线圈、继电器的触点、断路器和熔断器等，一般均标明了电器规格及参数。

课堂互动

1）数控机床电气原理图的绘图规则有哪些？

2）说明电气控制线路的图形及文字符号的画法、标注及作用。

二、常用数控机床电气控制线路

1. 自锁控制

图 1-41 所示为三相异步电动机单向全压启动、停止控制电路，主电路由断路器 QF，接触器 KM 的主触点和电动机构成，控制回路由停止按钮 SB1、启动按钮 SB2、接触器线圈 KM 和接触器线圈辅助常开触点 KM 组成。启动时，合上 QF，按下 SB2，则 KM 线圈通电，KM 主触点和辅助常开触点闭合。当松开 SB2 后，KM 线圈自身的辅助常开触点保持通电，此状态称为自锁。当按下停止按钮 SB1 时，KM 线圈断电释放，KM 主触点和辅助常开触点断开，控制回路解除自锁，电动机停止转动，松开 SB1 后控制回路也不能自行启动。当按下启动按钮 SB2 时，KM 吸合，接触器 KM 的辅助常开触点与启动按钮 SB2 并联，起到自锁作用。

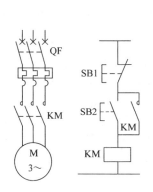

图 1-41　接触器自锁电路

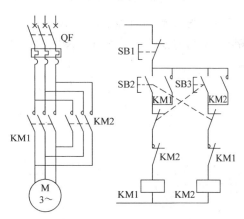

图 1-42　互锁控制电路

2. 互锁控制

生产中常需要电动机实现正反两个方向的转动，如数控机床主轴的正反转。由三相异步电动机的工作原理可知，只要将电动机接到三相电源中的任意两根连线对调，即可使电动机反转。

如图 1-42 所示，启动按钮 SB2、SB3 使用复合按钮，复合按钮的常闭触点用来断开转向相反的接触器线圈的通电回路，两个接触器的常闭触点 KM1、KM2 起互锁作用，即当一个接触器通电时,其常闭触点断开,使另一个接触线圈不能通电。当按下启动按钮 SB2 时,KM1 吸合。当按下启动按钮 SB3 时,KM2 吸合。KM1 和 KM2 是互锁的,不能同时通电吸合。按下停止按钮 SB1,KM1 和 KM2 断电。

3. 实现按顺序工作的联锁控制

生产实践中经常要求各种运动部件之间能够实现按顺序工作。例如车床主轴转动时要求油泵先给齿轮箱供油润滑,即要求保证油泵电动机启动后主电动机才允许启动。如图 1-43 所示,将油泵电动机接触器 KM1 常开触点串入主电动机接触器 KM2 的线圈电路中实现这一联锁。图 1-43 中 SB2 和 SB4 分别为油泵电动机的启动和停止按钮,SB3 和 SB5 分别为主轴电动机的启动和停止按钮。

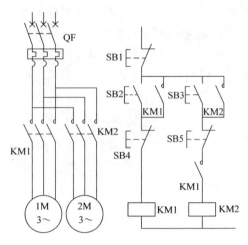

油泵电动机 主电动机

图 1-43　联锁控制电路

若 KM1 未吸合,即断电时,则 KM2 不能吸合;只有当 KM1 吸合后,KM2 才能吸合,从而实现顺序控制。KM2 启动后,按下 SB5 停止按钮,则 KM2 断电。当按下停止按钮 SB1 时,KM1、KM2 均断电。

4. 自动循环

车床车削螺纹时通过行程开关达到使刀架自动进刀、进给、退刀、返回等目的,图 1-44 所示为刀架的自动循环,要求刀架移动到位置 2 后退刀,然后自动退回位置 1。图 1-45 所示为刀架的自动循环控制电路,SQ1 和 SQ2 分别为位置 1 和位置 2 处的行程开关。

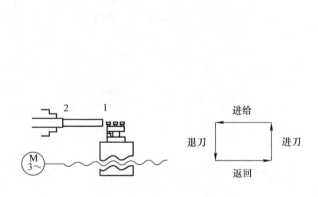

图 1-44　刀架的自动循环

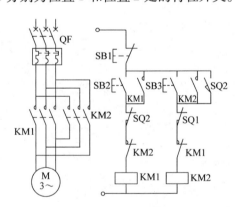

图 1-45　刀架的自动循环控制电路

当刀架在位置 1 时,SQ1 被压下,此时按下启动按钮 SB2,则 KM2 断电,KM1 吸合,刀架向位置 2 运动,SQ1 松开。当刀架运动到位置 2 时,SQ2 被压下,KM1 断电,KM2 吸合,刀架后退,SQ2 松开。当退到位置 1 时,刀架压下行程开关 SQ1,KM2 断电,刀架停止运动,从而实现循环控制。

任务实施

1. 数控机床电气控制线路应用示例

图 1-46 ~ 图 1-48 所示为某数控车床的部分电气原理图。

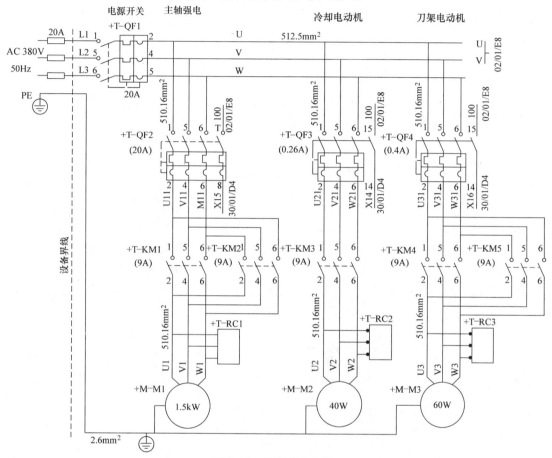

图 1-46　机床动力电路

图 1-46 所示为机床的动力电路，图中交流接触器 KM1 和 KM2 用来控制主轴电动机 M1 的正反转，断路器 QF2 作为主轴电动机的过载及短路保护；交流接触器 KM4 和 KM5 用来控制刀架电动机 M3 的正反转，断路器 QF3 作为冷却电动机的过载及短路保护；交流接触器 KM3 用来控制冷却电动机 M2 的启动和停止，断路器 QF4 作为刀架电动机的过载及短路保护。灭弧器 RC1 ~ RC3 用来保护交流接触器主触点，防止当主触点断开时，在动、静触点间产生强烈电弧，烧坏主触点。断路器 QF1 用来对整个动力电路进行过载及短路保护。

图 1-47 所示为机床的交流控制电路，图中交流接触器 KM1 的线圈和 KM2 的一对常闭辅助触点串接，交流接触器 KM2 的线圈和 KM1 的一对常闭辅助触点串接，从而实现主轴电动机正反向接触器间的互锁控制；交流接触器 KM4 的线圈和 KM5 的一对常闭辅助触点串接，交流接触器 KM5 的线圈和 KM4 的一对常闭辅助触点串接，从而实现刀架电动机正反向接触器间的互锁控制；交流接触器 KM3 的线圈用来控制 KM3 的主触点吸合。继电器 KA2 ~ KA6 的触点由可编程序控制器或数控装置 I/O 接口控制，用来控制交流接触器 KM1 ~ KM5 的线圈得电或断电。

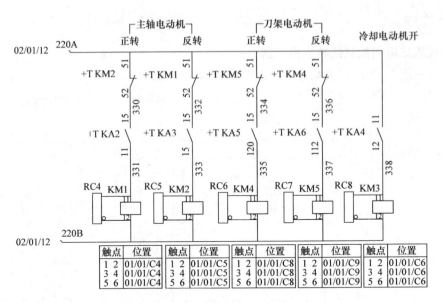

图 1-47　机床交流控制电路

图 1-48 所示为机床的电源电路，图中变压器 TC_1 的一次侧接三相 AC 380V，二次侧三组绕组分别提供 AC 220V、AC 24V 和 AC 110V 的电压，AC 220V 给开关电源供电，AC 24V 给工作灯供电，AC 110V 给电柜风扇供电，熔断器 FU1～FU3 用来对线路进行过载及短路保护。

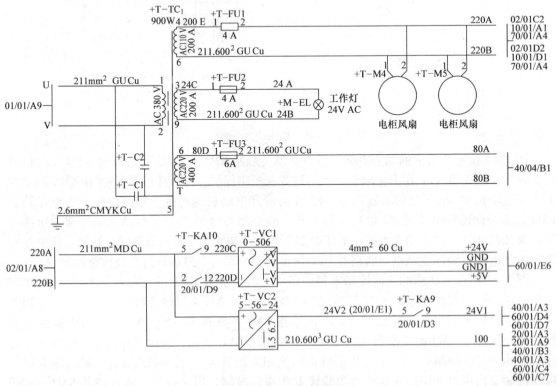

图 1-48　机床的电源电路

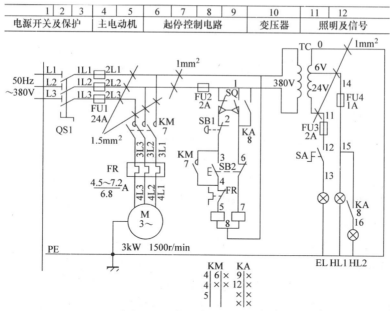

图 1-49　某机床电气原理图

2. 识读图 1-49 所示数控机床电气原理图

课堂互动

1. 常用数控机床电气控制线路有哪几种？

2. 以图 1-49 为例，说明解读数控机床电气原理图的方法与步骤。

教学评价 （表1-4）

表 1-4　考核标准与成绩评定项目表

考核分类	考核项目	考核指标	配分	得分
职业素养	学习期间的出勤情况、着装情况、课堂纪律和工作态度等	不迟到、不早退、不旷课、不无故请假；着装整齐；遵守课堂纪律；在工作中劳动态度端正、精神面貌好、团结协作，遵守安全操作规程，无安全事故	15	
单项技能考核	电气原理图画法规则	画法规则	15	
		区域划分	5	
		符号位置索引	5	
		数据标注	5	
综合技能考核	数控机床电气原理图识读	分析原理图功能，步骤完整，分析正确	20	
	操作要求	分析操作规范	25	
	职业规范	遵守安全文明规范，无安全事故发生	10	
考核结果	合格与否	60 分及以上为合格，小于 60 分为不合格		

知识加油站

数控机床维修人员的素质要求

为了迅速、准确地判断故障原因，并进行及时、有效的处理，恢复数控机床的动作、功能和精度，要求维修人员应具备以下基本素质。

1）态度要端正。应有高度的责任心和良好的职业道德。

2）较广的知识面。数控机床是集机械、电气、液压、气动等为一体的加工设备，组成机床的各部分之间具有密切的联系，其中任何一部分发生故障都有可能影响其他部分的正常工作。根据故障现象对真正的故障原因和故障部位尽快进行判断是维修机床的第一步，也是维修人员必须具备的素质。

3）具有一定的外语基础和专业外语基础。一个高素质的维修人员，要能对国内外多种数控机床进行维修。但国外数控系统的配套说明书和资料往往使用原文资料，数控系统的报警文本显示也以外语居多。为了能迅速根据说明书所提供的信息与系统的报警提示确认故障原因，加快维修进程，要求维修人员具备专业外语的阅读能力，以便分析、处理问题。

4）善于学习，勤于学习，善于思考。数控系统种类繁多，而且每种数控系统的说明书内容通常也很多，包括操作、编程、连接、安装调试、维护维修、PLC 编程等多种说明书，资料内容多，不勤于学习、不善于学习，很难将各种知识融会贯通。

5）较强的动手能力和实验技能。数控系统的维修离不开实际操作，所以首先要求维修人员能熟练操作机床，而且能进入一般操作者无法进入的特殊操作模式，如各种机床以及硬件设备参数的设定与调整，利用 PLC 编程器进行监控等，此外，为了判断故障原因，维修过程中可能还需要编制相应的加工程序，对机床进行必要的运行试验与工件的试切削；其次，还应该能熟练使用维修所必需的工具、仪器和仪表。

6）养成良好的工作习惯。这需要胆大心细，应做到目的明确、思路完整、操作细致，具体包括以下几点：动手前应仔细观察，找准切入点；动手过程中要做好记录，尤其是要对电器元件的安装位置、导线号、机床参数、调整值等做好明显的标记，以便恢复；维修完成后，应做好"收尾"工作，如将机床、系统的罩壳、紧固件安装到位，将电线、电缆整理整齐等。

练一练

1. 数控机床电气原理图的画法规则有哪些?
2. 识读常见数控机床电气控制线路图的方法有哪些? 步骤是什么?
3. 简述 CKA6140 数控车床电气控制原理。

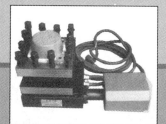

模块二

数控系统(FANUC 0i-D 系列)装调与维修

 学习目标

【职业知识目标】

- 熟悉数控系统的组成。
- 掌握数控装置的硬件结构和软件组成。
- 熟悉 FANUC 0i – D CNC 控制器的结构及功能模块，了解常见 FANUC 0i – D 系统配置。

【职业技能目标】

- 能知道数控系统的组成、数控装置的硬件结构和软件组成。
- 能知道 FANUC 0i – D 系统功能模块和 CNC 控制器，熟悉 FANUC 0i – D 系统配置。

【职业素养目标】

- 在学习过程中体现团结协作意识和爱岗敬业的精神。
- 培养学生的综合的职业素养、认真负责的工作态度、较强的语言表达能力和动手能力。
- 培养 7S 或 10S 的管理理念。

任务准备

1. 工作对象（设备）

FANUC 0i – D 数控系统。

2. 工具和学习材料

电笔和万用表等。

教师准备好学生要填写的考核表格（表 1-1）。

3. 教学方法

应用模拟工厂生产实际的教学模式，采用项目教学法、小组互动式教学法、讲授、演示教学法等进行教学。

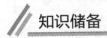

知识储备

一、数控系统的组成

数控系统是数控机床的核心，由硬件和软件共同作用来完成数控加工任务，通过系统控制软件配合系统硬件，合理地组织、管理数控系统的输入、数据处理、插补和输出信息，控制执行部件，使数控机床按照操作者的要求，有条不紊地进行自动加工。

1. 数控系统的基本组成

数控系统的硬件一般由输入/输出装置（I/O）、数控装置、驱动控制装置和机床电气逻辑控制电路四部分组成，如图 2-1 所示，其结构如图 2-2 所示。

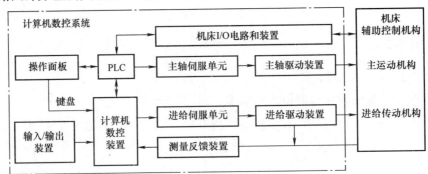

图 2-1　数控系统的基本组成示意图

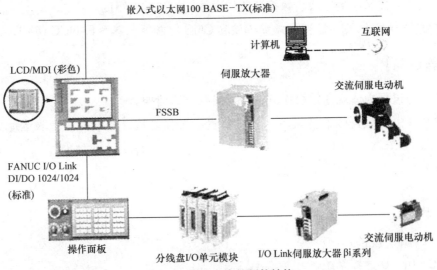

图 2-2　数控系统的硬件结构

（1）操作面板 操作面板是操作人员与机床数控系统进行信息交流的工具，由按钮、状态灯、按键系列（功能与计算机键盘类似）和显示器组成。数控系统一般采用集成式操作面板，分为三大区域，即显示区、NC 键盘区和机床控制面板（MCP）区。

（2）输入/输出装置 输入装置的作用是将程序载体上的数控代码变成相应的数字信号，传送并存入数控装置内。输出装置的作用是显示加工过程中必要的信息，如坐标值和报警信号等。磁盘驱动器、键盘和控制面板、CRT 显示器等都属于输入/输出装置。

（3）计算机数控装置（CNC） CNC 装置是计算机数控系统的核心，包括微处理器（CPU）、存储器、局部总线、外围逻辑电路及与 CNC 系统其他组成部分联系的接口及相应控制软件。CNC 装置根据输入的加工程序进行运动轨迹处理和机床输入/输出处理，然后输出控制命令到相应的执行部件，如伺服单元、驱动装置和 PLC 等，使其执行规定的、有序的动作。

（4）伺服单元 伺服单元分为主轴伺服单元和进给伺服单元，分别用来控制主轴电动机和进给电动机。伺服单元接收来自 CNC 装置的进给指令，这些指令经变换和放大后通过驱动装置转变成执行部件进给的速度、方向和位移。因此，伺服单元是数控装置与机床本体的联系环节，它把来自数控装置的微弱指令信号放大成控制驱动装置的大功率信号。根据接收指令的不同，伺服单元有脉冲单元和模拟单元之分；就其系统而言，伺服单元又有开环系统、半闭环系统和闭环系统之分。

（5）驱动装置 驱动装置将伺服单元的输出变为机械运动，驱动装置和伺服单元是数控装置与机床传动部件间的联系环节，有的带动工作台、有的带动刀具，通过几轴联动，使刀具相对于工件产生各种复杂的机械运动，加工出形状、尺寸与精度符合要求的零件。与伺服单元相对应，驱动装置包括步进电动机、直流伺服电动机和交流伺服电动机等。

伺服单元和进给驱动装置合称为进给伺服驱动系统，是数控机床的重要组成部分，包含机械、电子、电动机等各种部件，涉及强电与弱电的控制。数控机床伺服驱动装置又称为伺服系统，一般由驱动装置和执行元件两部分组成。驱动装置的作用是将指令脉冲信号转换为执行元件所需的信号，并满足执行元件的工作特性要求。执行元件的作用是将驱动装置的输出电信号转换为位移信号，带动机床工作台或刀架移动。

（6）可编程序控制器（PLC） 可编程序控制器（PLC）是一种专为工业环境设计的数字运算操作的电子系统。它采用可编程序的存储器，用来在其内部存储执行逻辑运算、控制、定时、计数和算术运算等操作的指令，并通过数字式、模拟式的输入和输出，控制各种类型的机械设备和生产过程。当 PLC 用于控制机床顺序动作时，称为 PMC（Programmable Machine Controller）模块。PMC 模块从 CNC 装置中接收来自操作面板和机床上的各行程开关、传感器、按钮、强电柜里的继电器以及主轴控制、刀库控制的有关信号，经处理后输出，控制相应器件的动作。PLC 主要控制一些开关量，如主轴的启动与停止、切削液的开与关、刀具的更换、工作台的夹紧与松开等，可通过可编程序控制器来实现对机床辅助功能 M、主轴速度功能 S 和换刀功能 T 的逻辑控制。在现代数控系统中，PLC 有内装式和外置式两种类型。

（7）测量反馈装置 测量反馈装置主要用于闭环和半闭环系统，通过直接或间接测量，检测出执行部件的实际位移量，然后将其反馈到数控装置，并与指令位移进行比较，如果有差值，就发出运动控制信号，控制数控机床的移动部件向消除该差值的方向移动。如此不断比较指令信号与反馈信号，然后进行控制，直到差值为0，运动停止。

常用测量反馈装置有旋转变压器、感应同步器、编码器、光栅和磁栅等。

2. 数控装置的软件组成

（1）数控系统的软件组成　数控装置通常由软件与硬件两大部分组成，软件在硬件支持下运行。软件由系统软件和应用软件组成。系统软件是为了实现CNC系统各项功能而编制的专用软件。在系统软件的控制下，CNC装置对输入的加工程序自动进行处理并发出相应的控制指令及进给控制信号。系统软件由管理软件和控制软件组成，如图2-3所示。管理软件承担零件加工程序的输入与输出、I/O处理、系统的显示、通信和故障诊断。控制软件则承担译码处理、刀具补偿、速度处理、插补运算、位置控制和开关量控制等工作。应用软件包括零件数控加工程序和其他辅助软件，如CAD/CAM软件。

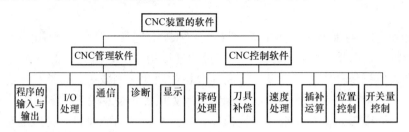

图2-3　数控系统的软件组成

（2）数控装置软件的特点　CNC系统是一个专用的实时多任务计算机系统，在系统软件中融合了当今计算机软件技术中的许多先进技术，其中最突出的是多任务并行处理和多重实时中断技术。

1）多任务并行处理技术如图2-4所示。

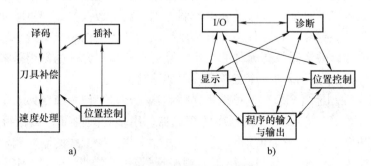

图2-4　多任务并行处理技术

多任务并行处理是数控装置为了在同一时刻或同一时间间隔内完成两个或两个以上任务的处理方法。在许多情况下，某些功能模块必须采用并行处理的方式同时运行。数控系统控制软件必须完成管理和控制两大任务，当数控系统工作在加工控制状态时，为了使操作人员能及时了解数控系统的工作状态，管理软件中的显示模块必须与控制软件同时运行。

2）多重实时中断。数控机床在加工零件的过程中，有些控制任务具有较强的实时性，要求在系统软件中能通过中断服务程序来完成。多重实时中断有以下几种类型。

① 外部中断。外部中断有外部监控（如紧急停止、限位开关到位等）和键盘及操作面

板输入中断。外部监控中断的实时性要求很高，通常把其放在较高的优先级上，而键盘和操作面板输入中断则放在较低的优先级上。

② 内部定时中断。内部定时中断主要有插补周期定时中断和位置采样定时中断。处理时，总是先处理位置控制中断，然后处理插补运算中断。

③ 硬件故障中断。它是各种硬件故障检测装置发出的中断，如存储器出错、定时器出错和插补运算超时等。

④ 程序性中断。它是程序中出现的各种异常情况的报警中断，如各种溢出和除零等。

（3）CNC 系统的软件结构　所谓软件结构是指系统软件的组织管理模式，即系统任务的划分方式、任务调度机制、任务间的信息交换机制以及系统集成方法等。CNC 系统最常用的软件结构有两种模式，即前后台型软件结构和中断型软件结构。

1）前后台型软件结构。前后台型软件结构适合于采用集中控制的单微处理器的 CNC 装置。在这种软件结构中，将 CNC 系统软件划分成两部分，即前台程序和后台程序。前台程序是一个实时中断服务程序，它承担了几乎全部的实时功能，可实现与机床动作直接相关的功能，如插补运算、位置控制、机床 I/O 控制和软硬件故障处理等实时性很强的任务，前台程序由不同优先级的实时中断服务程序处理。后台程序（或称背景程序）则完成显示、零件程序的输入/输出、人机界面管理（参数设置、程序编辑和文件管理等）和插补预处理（译码、刀具补偿处理和速度预处理）等弱实时性的任务，后台程序被安排在一个循环往复执行的程序环内。在后台程序运行的过程中，前台实时中断程序不断插入，而后台程序按一定的协议通过信息交换缓冲区向前台程序发送数据，同时前台程序向后台程序提供显示数据及系统运行状态。前、后台程序相互配合，共同完成零件加工任务。

前后台型软件结构中实时中断程序与后台程序的关系如图 2-5 所示。程序一经启动，经过一段初始化程序后便进入后台程序循环，同时开放定时中断，每隔一定的时间间隔发生一次中断，执行一次实时中断服务程序，执行完毕后返回后台程序，如此循环往复，共同完成数控加工的全部功能。前后台型软件结构的任务调度机制是优先抢占调度和顺序调度，前台程序的调度是优先抢占式，后台程序的调度是顺序调度式。

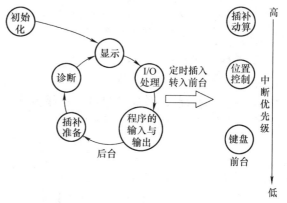

图 2-5　前后台型软件结构中实时中断程序与后台程序的关系

2）中断型软件结构。中断型软件结构没有前后台之分，其特点是除了初始化程序之外，整个系统软件的各种任务模块按轻重缓急分别安排在不同级别的中断服务程序中。整个软件就是一个大的中断系统，由中断管理系统（由硬件和软件组成）对各级中断服务程序按照中断优先级的高低实施调度管理，其结构如图 2-6 所示。中断型软件结构的任务调度机制是优先抢占调度，各级中断服务程序之间的信息交换是通过缓冲区来进行的。

3. 数控装置的硬件结构

（1）CNC 装置的硬件结构特点　CNC 装置按体系结构可分为专用体系结构和开放式体

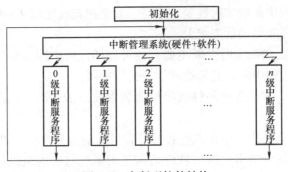

图 2-6   中断型软件结构

系结构两大类，专用体系结构的 CNC 装置硬件结构又可分为单微处理器结构和多微处理器结构两类。经济型 CNC 装置一般采用单微处理器结构，高级型 CNC 装置常采用多微处理器结构。CNC 装置采用了多微处理器结构，就能使数控机床向高速度、高精度和高智能的方向发展。

组成 CNC 系统的电路板有两种常见的结构，即大板式结构和模块化结构。大板式结构的特点是一个系统一般都有一块大板，称为主板，主板上装有主 CPU 和各轴的位置控制电路等；其他相关的子板（完成一定功能的电路板），如 ROM 板、零件程序存储器板和 PLC 板都直接插在主板上面，组成 CNC 系统的核心部分。

（2）CNC 装置的硬件结构   CNC 系统的硬件除具有一般计算机所具有的微处理器（CPU）、存储器和输入输出接口外，还具有数控机床要求的专用接口和部件，如手动数据输入（MDI）接口、显示（CRT）接口和位置控制器等。现代的 CNC 装置大都采用微处理器，按其硬件结构中 CPU 的多少可分为单微处理器结构、单微处理器加专用硬件结构和多微处理器结构三大类。

1）单微处理器结构。图 2-7 所示为单微处理器的结构，其所有的控制任务都由一个 CPU 借助比较简单的接口电路来完成。这类结构比较简单，容易实现且造价低，但由于受 CPU 运算速度的限制，系统不能同时处理多种控制任务，使控制功能不可能很强，故这类结构适用于功能比较简单的数控系统。

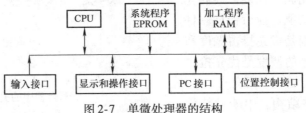

图 2-7   单微处理器的结构

2）单微处理器加专用硬件结构。图 2-8 所示为单微处理器加专用硬件的结构。它把计算简单但要求运算速度高的插补器和位置控制器做成专用的硬件（专用芯片），使 CPU 有更多的时间去处理其他任务。

3）多微处理器结构。图 2-9 所示为多微处理器的结构。其系统控制任务分别由几个 CPU 按功能分担，每个 CPU 都有独立的控制任务，有各自的控制程序，这样可以非常方便地扩充系统的硬件和软件，在修改某一部分功能时，对其他部分不会产生很大的影响。这类

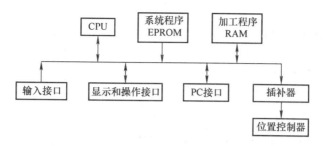

图2-8　单微处理器加专用硬件的结构

系统适用于完成比较复杂的控制任务，可满足各种数控设备的需要。此系统可能具有自动编程功能、图形显示功能和设备误差补偿功能等。目前，高性能的 CNC 数控系统均采用这种结构。

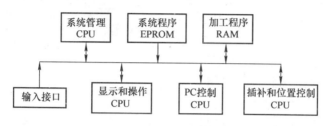

图2-9　多微处理器的结构

课堂互动

1）CNC 装置的组成是什么？

2）CNC 装置的软件和硬件结构有哪些类型？硬件结构的特点是什么？

二、FANUC 0i-D 数控系统

1. 认识 FANUC 0i-D 系统 CNC 控制器

FANUC 0i-D 系统的 CNC 控制器可分为 0i-D 系列和 0i Mate-D 系列两种类型。FANUC 0i-D 系列 CNC 控制器的外观如图2-10所示。

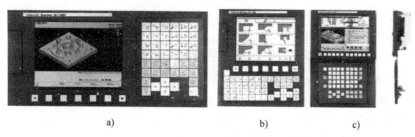

a)　　　　　　　　　　b)　　　　　　c)

图2-10　FANUC 0i-D 系统 CNC 控制器的外观

a）8.4in 水平安装彩色 LCD/MDI　b）8.4in 垂直安装彩色 LCD/MDI　c）10.4in 垂直安装彩色 LCD/MDI

FANUC 0i – D 系列 CNC 控制器由主 CPU、存储器、数字伺服轴控制卡、主板、显示卡、内置 PMC、LCD 显示器和 MDI 键盘等构成，0i – C/D 主控制系统已经把显示卡集成在主板上。

（1）主 CPU　负责整个系统的运算和中断控制等。

（2）存储器　包括 FLASH ROM、SRAM 和 DRAM。

FLASH ROM 存放着 FANUC 公司的系统软件和机床应用软件，主要包括插补控制软件、数字伺服软件、PMC 控制软件、PMC 应用软件（梯形图）、网络通信控制软件、图形显示软件和加工程序等，如图 2-11 所示。

SRAM 存放着机床制造商及用户数据，主要包括系统参数、用户宏程序、PMC 参数、刀具补偿及工件坐标系补偿数据和螺距误差补偿数据等。

图 2-11　存储器板

DRAM 作为工作存储器，在控制系统中起缓存作用。

（3）数字伺服轴控制卡　伺服控制中全数字的运算以及脉宽调制功能采用应用软件来完成，并打包装入 CNC 系统内（FLASH ROM），支撑伺服软件运行的硬件环境由 DSP 以及周边电路组成，这就是常说的数字伺服轴控制卡（简称轴卡），如图 2-12 所示。

（4）主板　主板包括 CPU 外围电路、I/O Link、数字主轴电路、模拟主轴电路、RS – 232C 数据输入输出电路、MDI 接口电路、高速输入信号和闪存卡接口电路等。

2. FANUC 0i – D 数控系统硬件的构成特点

FANUC 数控系统本体由主板、轴卡、FLASH ROM/SRAM 模块、LCD 显示和控制、风扇、电池以及电源等组成。轴卡和电源的位置如图 2-13a 所示，FLASH ROM/SRAM 模块的位置如图 2-13b 所示。

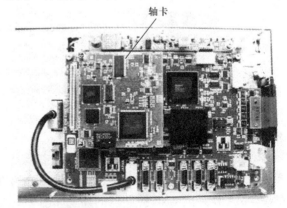

图 2-12　数字伺服轴控制卡

系统内部的电路板、控制卡等集成了大量的电路，一般出现问题时，建议直接更换相应的板卡，如需进行板级维修，可以向 FANUC 公司咨询。

3. CNC 控制器各接口的作用

CNC 控制器的背面接口和主板接口如图 2-14 所示，其功能见表 2-1。

4. 了解常见 FANUC 0i – D 系统配置

FANUC 0i Mate – D 和 FANUC 0i – D 在系统配置上有区别，FANUC 0i Mate – D 的功能是通过软件方式进行整体打包的，可以满足常规的使用，而 FANUC 0i – D 系统配置需要根据

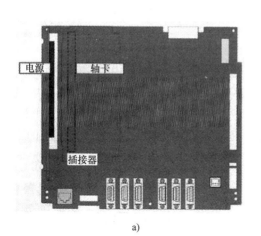

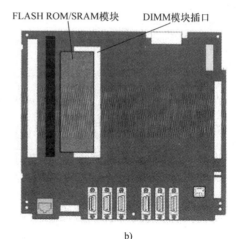

a)   b)

图 2-13　轴卡和 FLASH ROM/SRAM 模块在主轴板上的安装位置

a)轴卡和电源的位置　b)FLASH ROM/SRAM 模块的位置

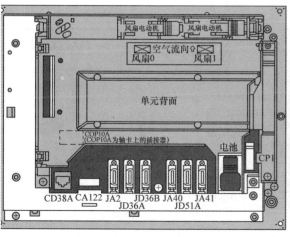

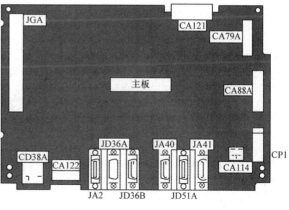

a)   b)

图 2-14　CNC 控制器的接口位置图

a)CNC 控制器的背面接口　b)CNC 控制器的主板接口

功能来选择。常见 FANUC 0i - D 系统配置如图 2-15 所示。

表 2-1　CNC 控制器接口的功能

接口名称	功　　　能
COP10A	系统轴卡与伺服放大器之间进行数据通信的接口
JA2	MDI 面板接口
JD36A	RS - 232C 串行口 1
JD36B	RS - 232C 串行口 2
JA40	主轴模拟输出口/高速 DI 点的输入口

（续）

接口名称	功 能
JD51A	I/O Link 接口，系统通过此接口与机床强电柜的 I/O 设备进行通信（包括机床操作面板），交换 I/O 号
JA41	串行主轴和主轴位置编码器的连接口，如果使用的是 FANUC 的主轴放大器，此接口与主轴放大器上的接口 JA7B 连接；若使用模拟主轴，此接口与主轴位置编码器连接
CP1	系统的直流 24V 电源的输入接口，如果机床开机系统黑屏，首先要查看此处是否有直流 24V 电源输入，如果直流 24V 电源输入正常，再检查系统熔断器。注意：此处要用 24V 稳压电源
JGA	扩展板接口
CA79A	视频信号接口
CA88A	PCMCIA 卡接口
CA122	软键接口
CA121	LCD 逆变器接口
CD38A	以太网接口

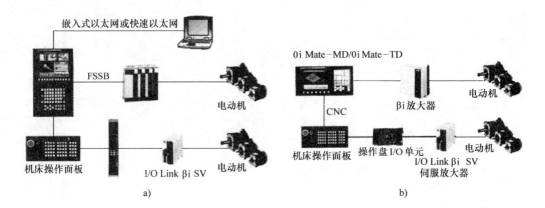

图 2-15　常见 FANUC 0i – D 系统配置

a）0i – MD – TD 系列单元配置图　b）0i Mate – MD/TD 系列单元配置图

5. 熟悉 FANUC 0i – D 系统功能模块

FANUC 0i – D 系统功能模块，如图 2-16 所示，其说明如下：

1）CNC 控制工作机的位置和速度，可用于加工、搬运和印刷机的控制等，运用范围十分广泛。CNC 控制软件由 FANUC 公司开发，于出厂前装入 CNC，机床生产厂和最终用户都不能修改 CNC 控制软件。使用宏执行程序和 C 语言程序执行程序时，可附加专用界面和循环加工。

2）PMC（Programmable Machine Controller）主要用于机床控制，是装在 CNC 内部的顺序控制器。

3）机床操作面板上的开关、指示灯和机床上的限位开关通过 I/O Link 与 FANUC CNC

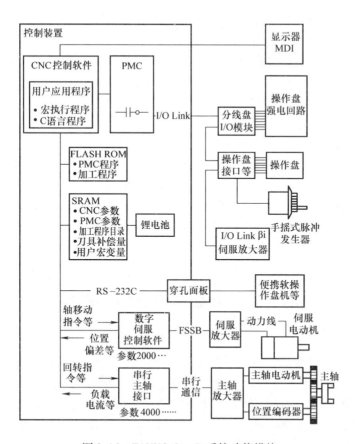

图 2-16　FANUC 0i – D 系统功能模块

控制器通信。根据机床的规格和使用目的，由机床生产厂家编制顺序程序。

4）PMC 程序和加工程序等都存储在快速只读存储器 FLASH ROM 中。通电时，BOOT 系统把这些程序传送到 DRAM（Dynamic RAM）中，并根据程序进行 CNC 处理，断电后 DRAM 中的数据全部消失。

5）CNC 考虑到了通用性，以便能在各种机床上使用。不同的机床有不同的进给轴的最高转速和轴名称等，可以在 CNC 参数中进行设定。此外，用户在使用过程中设定的刀具长度及半径补偿量等，以及在机床开发完成后修改的数据，均被保存在 SRAM 内。SRAM 采用锂电池作为后备电池，因此断电后其存储的数据不会丢失。

6）轴移动指令的加工程序记录在 FLASH ROM 中，但是加工程序目录记录在 SRAM 中。

7）CNC 控制软件读取 SRAM 内的加工程序目录并取出程序，经插补处理后把轴移动指令发给数字伺服控制软件进行处理。

8）数字伺服控制软件控制机床的位置、速度和电动机的电流，通常一个 CPU 控制 4 根轴。数字伺服控制软件运算的结果通过 FSSB 的伺服串行通信总线送到伺服放大器。伺服放大器对伺服电动机通电，驱动伺服电动机回转。

9）伺服电动机的轴上装有编码器，由编码器把电动机的移动量和转子角度送给数字伺服 CPU。

10）编码器有两种：断电后还能监视机床位置的是绝对式编码器，通电后检测移动量的是增量式编码器。

绝对式编码器——设定参考点（参考点也称机械原点，是机床上固定的基准点）完成后，接上电源即可知道机床位置，所以机床可以立即运转。

增量式编码器——为了使机床位置和 CNC 内部的机床坐标一致，每次接通电源后都要进行返回参考点操作。

11）手摇式脉冲发生器通过 I/O Link 进行连接。

12）SRAM 中存储的各种数据的输入和输出可以使用阅读机/穿孔机接口（相当于 RS -232C）或者存储卡进行。

13）使用阅读机/穿孔机接口时，为便于操作者连接或者脱开输入输出设备，应将该接口安置在机床操作面板附近，并设置名为穿孔面板的插接器。

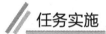 任务实施

FANUC 0i – D 数控系统硬件实操案例

1. 更换轴卡

>> 操作提示　　更换轴卡时，注意不要接触高压电路部分（该部分带有标记并配有绝缘盖）。如果取下盖板，接触该部分，就会触电。更换轴卡前，要对 SRAM 存储器中的内容（参数、程序等）进行备份，因为在更换过程中，会丢失 SRAM 存储器中的内容。

（1）拆卸轴卡的步骤

步骤1：将固定着轴卡的垫片（两处）的卡爪向外拉，拔出闩锁，如图 2-17a 所示。

步骤2：将轴卡向上方拉出，如图 2-17b 所示。

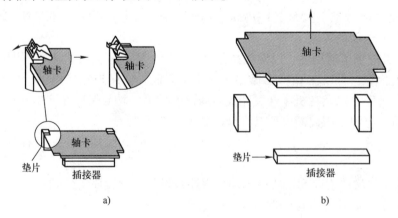

图 2-17　拆卸轴卡

（2）安装轴卡的步骤

步骤1：确认垫片已经被提起。

步骤2：为对准轴卡基板的安装位置，使垫片抵接于轴卡基板的垫片固定端面上，对好

位置，如图2-18所示。此时若将插接器一侧稍抬高但仅使垫片一侧下垂，则较容易使轴卡基板抵接于垫片并定好位置。

步骤3：在使轴卡基板与垫片对准的状态下，慢慢地下调插接器一侧，使插接器相互接触。

步骤4：若使轴卡基板沿着箭头方向稍向前、后移动，则较容易确定嵌合位置。

步骤5：慢慢地将轴卡基板的插接器一侧推进去。此时，应推压插接器背面附近的轴卡基板。插入插接器大约需要98N的力。若已用超过98N的力但仍然难以嵌合，位置偏离的可能性较大，这种情况会导致插接器破损，应重新进行定位操作。

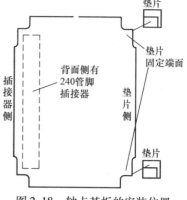

图2-18　轴卡基板的安装位置

>> **操作提示**　绝对不要按压集成电路等上面贴附的散热片，否则将导致其损坏。

步骤6：将垫片配件推压进去。

步骤7：确认垫片（4处）的卡爪已被拉向外侧并被锁定，将轴卡插入插接器，如图2-19所示。

步骤8：将垫片（4处）的卡爪向下按，固定轴卡，如图2-20所示。

图2-19　将轴卡插入插接器

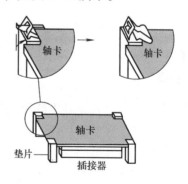

图2-20　固定轴卡

2. 更换存储卡

>> **操作提示**　打开机柜更换存储卡时，不要触到高压电路部分（该部分带有标记并配有绝缘盖），触摸不加盖板的高压电路会导致触电。更换存储卡前，要对SRAM存储器的内容（参数、程序等）进行备份。

（1）拆卸存储卡的步骤

步骤1：将插口的卡爪向外打开，如图2-21所示。

步骤2：向斜上方拔出存储卡，如图2-22所示。

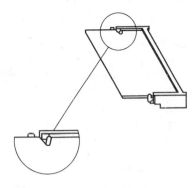

图2-21 打开卡爪

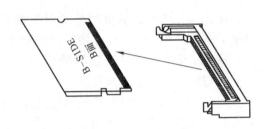

图2-22 向斜上方拔出存储卡

（2）安装存储卡的步骤

步骤1：B面向上，将存储卡斜着插入存储卡插口。

步骤2：放倒存储卡，直到将其锁紧，如图2-23所示。按压图2-23中虚线圆处即可将其放倒。

图2-23 放倒存储卡

3. 更换主板

>> 操作提示　　更换时不要触到高压电路。更换主板前，要对SRAM存储器的内容（参数、程序等）进行备份，因为在更换过程中，有可能丢失SRAM存储器中保存的数据。

步骤1：拧下固定壳体的两个螺钉，如图2-24中①所示（主板上连接有电缆时，应拆除电缆后再进行作业）。

步骤2：一边拆除闩锁在壳体上部两侧的基座金属板上的卡爪，一边拔出壳体。可以在壳体上安装着后面板、风扇、电池的状态下拔出，如图2-24a中②所示。

步骤3：将电缆从主板上的插接器、CA88A（PCMCIA卡接口插接器）、CA79A（视频信号接口插接器）、CA122（用于软键的插接器）上拔下，拧下固定主板的螺钉，如图2-24b所示。主板与逆变器通过插接器CA121直接连接。以向下错开主板的方式拆下主板。

步骤4：更换主板。

步骤5：对准壳体的螺钉以及闩锁的位置，慢慢地使主板嵌入。通过安装壳体，壳体上所附带的印制电路板即可与主板和插接器相互接合。一边确认插接器的接合状态，一边以不

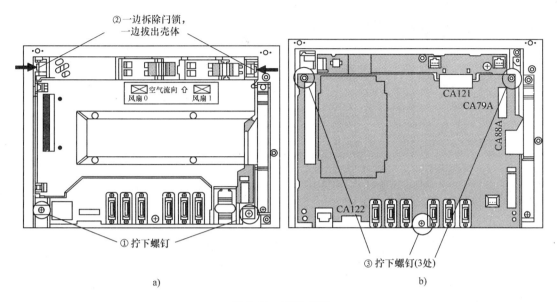

图 2-24　更换主板

a）系统壳体的拆卸　b）拧下固定主板的螺钉

施加过猛外力为原则按压盖板。

步骤 6：确认壳体的闩锁挂住以后，拧紧壳体的螺钉。轻轻按压风扇和电池，确认已经接合（若已经拆除了主板的电缆，应重新装设电缆）。

4. 印制电路板的更换要求

1）选项参数作为选项信息文件（文件名为"OPRM INF"）保存在 FLASH ROM 内。更换印制电路板之前，除了要备份 SRAM 数据和用户文件外，还需要备份选项信息文件，以备更换印制电路板时不慎损坏选项信息的恢复作业中使用。

2）在更换完印制电路板后，可根据需要执行 SRAM 数据和用户文件的恢复。

3）更换 FLASH ROM/SRAM 模块时，需要恢复存储在 FLASH ROM 中的选项信息文件。另外，在恢复完之后，通电时会产生报警"PS5523 选项认证等待状态"，应在有效期限内（报警发生后 30 日以内）向 FANUC 公司咨询，对选项参数进行认证操作（报警 PS5523 可以在有效期限内通过复位操作予以取消）。

4）由于更换了印制电路板，CNC 识别号有时会发生变化，需在 CNC 页面上确认 CNC 识别号，若与数据表的记载事项不同，还应修改数据表的记载事项。

 教学评价 （表2-2）

表 2-2　考核标准与成绩评定项目表

考核分类	考核项目	考核指标	配分	得分
职业素养	学习期间的出勤情况、着装情况、课堂纪律和工作态度等	不迟到、不早退、不旷课、不无故请假；着装整齐；遵守课堂纪律；在工作中劳动态度端正、精神面貌好、团结协作，遵守安全操作规程，无安全事故	15	

（续）

考核分类	考核项目	考核指标		配分	得分
单项技能考核	FANUC 0i – D 系统硬件的装拆	FANUC 0i – D 系统的轴卡	视安装步骤正确与否酌情扣分	10	
		FANUC 0i – D 系统存储卡	视安装步骤正确与否酌情扣分	10	
		FANUC 0i – D 系统主板	视安装步骤正确与否酌情扣分	10	
综合技能考核	进行 FANUC 0i – D CNC 控制器和系统功能模块的安装	安装过程科学合理，符合岗位规范		20	
	方法步骤	认识 FANUC 0i – D CNC 控制器的结构和系统功能模块的组成，能对 FANUC 0i – D 系统硬件进行装拆		25	
	职业规范	安全文明操作规范，无安全事故发生，及时保养、维护和清洁设备，不符合操作标准不得分		10	
考核结果	合格与否	60 分及以上为合格，小于 60 分为不合格			

知识加油站

数控系统电池的更换

　　一般数控机床使用如下两类电池：①安装在 CNC 控制单元内的锂电池。②外设电池盒，使用市面上出售的碱性干电池（一号）。

1. 锂电池的更换

　　步骤 1：先准备电池（备货规格为 A02B – 0309 – K102）。

　　步骤 2：接通机床电源，等待大约 30s 后再关断电源。

　　步骤 3：拔出位于 CNC 装置背面右下方的电池，如图 2-25 所示（抓住电池的闩锁部位，一边拆下电池盒中的卡爪，一边向上拔出）。

　　步骤 4：安装事先准备好的新电池，如图 2-26 所示，一直将卡爪按压到卡入电池盒内为

抓住此部分将其拔出

按压电池，直到卡爪卡入电池盒内，闩锁勾住壳体

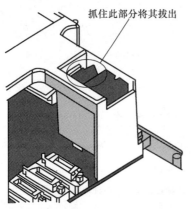

图 2-25　拔出电池

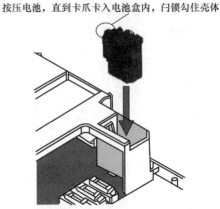

图 2-26　安装新电池

止，确认闩锁已经勾住壳体。

2. 更换电池的注意事项

偏置数据和系统参数都存储在控制单元的 SRAM 存储器中。SRAM 存储器由安装在控制单元上的锂电池供电，因此即使主电源断开，上述数据也不会丢失。锂电池是机床制造商在发货之前安装的，该电池可使 SRAM 存储器内保存的数据保持一年。

当电池电压下降时，显示页面会闪烁显示警告信息"BAT"，同时向 PMC 输出电池报警信号。出现电池报警信号后，应在 1~2 周内尽快更换电池。1~2 周只是一个大致标准，实际能够使用多久则因不同的系统配置而有所差异。如果电池电压进一步下降，则不能对 SRAM 存储器提供电源。在这种情况下不接通控制单元的外部电源，就会导致 SRAM 存储器中保存的数据丢失，系统警报器将发出报警。

>> 操作提示　　更换完电池后，需要清除 SRAM 存储器内的全部内容，然后重新输入数据。FANUC 公司建议用户，不管是否产生电池报警，每年都要更换一次电池。

1. 数控系统的硬件一般由哪几部分组成？
2. 数控系统的软件由哪几部分组成？
3. 数控装置软件的特点是什么？
4. CNC 系统最常用的硬件结构有几种模式？
5. CNC 装置的硬件结构按 CPU 多少分为哪几种？
6. FANUC 0i – D CNC 控制器的结构如何？FANUC 0i – D 系统功能模块组成是什么？
7. 怎样装拆 FANUC 0i – D 系统轴卡、存储卡、主板等硬件？

任务二　FANUC 0i – D 数控系统接口连接与调试

学习目标

【职业知识目标】

➡ 掌握 FANUC 0i –D 数控机床接口连接与调试方法。

【职业技能目标】

➡ 能正确连接与调试 FANUC 0i –D 数控系统。

【职业素养目标】

➡ 在学习过程中体现团结协作意识和爱岗敬业的精神。
➡ 培养学生的综合职业能力、认真负责的工作态度、较强的语言表达能力和动手能力。

⊖ 培养 7S 或 10S 的管理习惯和理念。

任务准备

1. 工作对象（设备）

FANUC 0i – D 数控系统。

2. 工具和学习材料

万用表和电笔等。

教师准备好学生要填写的考核表格（表 1-1）。

3. 教学方法

以小组合作方式，模拟工厂生产实际进行现场操作。

知识储备

FANUC 0i – D 数控系统的两种常见配置形式分别如图 2-27 和图 2-28 所示。FANUC 数控系统通常由 CNC 装置、计算机、机床操作面板、显示装置和 MDI 键盘、主轴模块、进给模块、主轴电动机和进给电动机等组成，也可根据系统控制要求由变频器直接驱动主轴电动机。

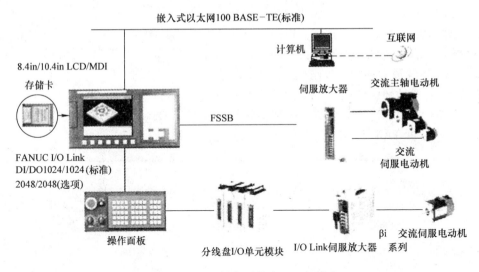

图 2-27　FANUC 数控系统常见配置形式一

FANUC 0i – D 系统电气控制模块主要有控制单元（主板）、电源模块、主轴模块和伺服模块等。

一、FANUC PMC 的构成

FANUC PMC 由内装 PMC 软件、接口电路、外围设备（接近开关、电磁阀和压力开关等）构成。连接系统与从属 I/O 接口设备的电缆为高速串行电缆，称为 I/O Link，它是 FANUC 专用 I/O 总线，其连接图如图 2-29 所示。另外，通过 I/O Link 可以连接 βis 系列伺服放大器和伺服电动机，作为 I/O Link 轴使用。通过 RS – 232C 或以太网，FANUC 系统可

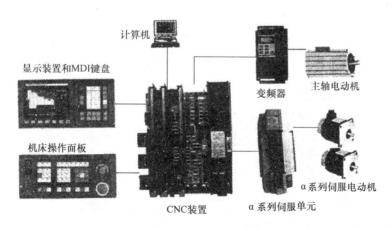

图 2-28　FANUC 数控系统常见配置形式二

以连接计算机，对 PMC 接口状态进行在线诊断、编辑和修改梯形图。

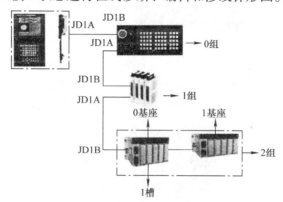

图 2-29　I/O Link 连接图

二、常用的 I/O 单元模块

在 FANUC 系统中，I/O 单元模块的种类很多，常用的见表 2-3。

表 2-3　常见的 I/O 单元模块

装置名	说明	手摇式脉冲发生连接	信号点数输入/输出
0i-D 系列 I/O 单元模块	最常用的 I/O 单元模块 （图）	有	96/64

（续）

装置名	说明	手摇式脉冲发生连接	信号点数输入/输出
机床操作面板单元模块	机床操作面板上带有矩阵开关和 LED 	有	96/64
操作盘 I/O 单元模块	带有机床操作盘接口的装置，0i-D 系统上常见 	有	48/32
分线盘 I/O 单元模块	一种分散型的 I/O 单元模块，能适应机床强电电路输入输出信号任意组合的要求，由基本单元和最多三块扩展单元组成 	有	96/64
I/O Link 轴单元模块	使用 βi 系列伺服放大器（带 I/O Link），可以通过 PMC 外部信号来控制伺服电动机进行定位 	无	128/128

三、FANUC 0i-D 系列 I/O 单元模块连接

FANUC 0i-D 系列 I/O 单元模块是 FANUC 系统的数控机床使用最为广泛的 I/O 单元模块，采用 4 个 50 芯插座连接的方式。4 个 50 芯插座分别为 CB104、CB105、CB106、CB107，输入点有 96 点，每个 50 芯插座中包含 24 点的输入点，这些输入点被分为 3 字节；输出点数为 64，每个 50 芯插座中包含 16 点的输出点，这些输出点被分为 2 字节。FANUC 0i-D 系列 I/O 单元模块示意图如图 2-30 所示。

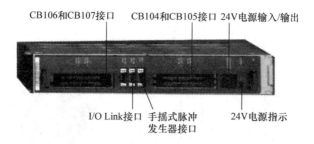

图2-30　FANUC 0i - D 系列 I/O 单元模块示意图

课堂互动

1）FANUC 0i - D 数控系统的常见配置形式有哪些?

2）FANUC PMC 由什么构成?

3）常用的 I/O 单元模块有哪些?

任务实施

一、连接数控机床常用 I/O 单元模块

1. FANUC 0i - D 系列 I/O 单元模块

FANUC 0i - D 系列 I/O 单元模块的连接如图2-31 所示,图中有 4 组 I/O 接口插槽,每组24/16 个输入/输出点,共96/64 个输入/输出点。可通过 I/O Link 电缆和主控器或者其他 I/O 设备连接这 4 组 I/O 接口插槽。

2. 连接操作盘用 I/O 单元模块

操作盘用 I/O 单元模块的连接如图2-32 所示,图中有两组 I/O 接口插槽,每组24/16 个输入/输出点,共48/32 个输入/输出点。可通过 I/O Link 电缆和主控器或者其他 I/O 设备连接这两组 I/O 接口插槽。

3. 连接标准机床操作面板

标准机床操作面板通过 I/O Link 电缆和控制单元相连接,标准机床操作面板的外观如图2-33 所示,其连接如图2-34 所示。

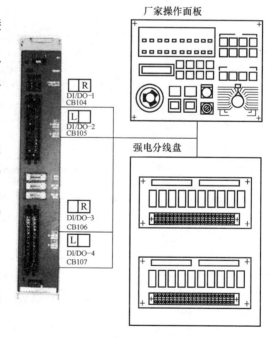

图2-31　FANUC 0i - D 系列 I/O 单元模块的连接

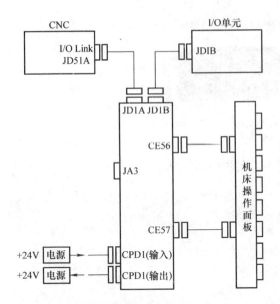

图 2-32　操作盘用 I/O 单元模块的连接

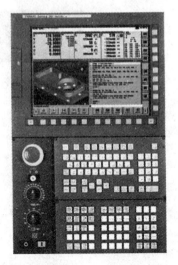

图 2-33　标准机床操作面板的外观

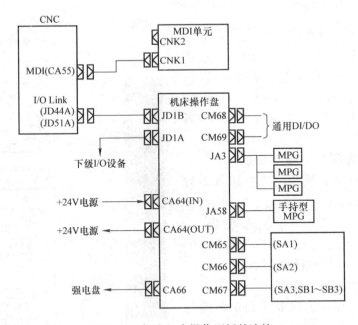

图 2-34　标准机床操作面板的连接

二、I/O 单元模块的连接

I/O 单元模块一般通过 I/O Link 进行连接。I/O Link 是由一台主控器和每个通道最多16 组的从控器组成的。I/O 单元模块连接示意图如图 2-35 所示。

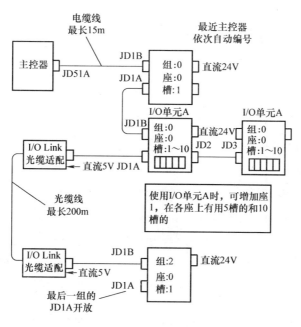

图 2-35 I/O 单元模块连接示意图

I/O Link 每个通道的 I/O 点数，输入、输出均为 1024 点。每组的最大 I/O 点数，输入、输出均为 256 点。在 I/O Link 上连接的各装置的 PMC 地址，可以在"地址分配"页面（MODULE）上任意分配。

选用 FANUC 0i – MD CNC 控制器，配置 αi 主轴电动机和 4 台伺服电动机，选配直线光栅，配置 I/O 模块等，其综合接线图如图 2-36 所示。

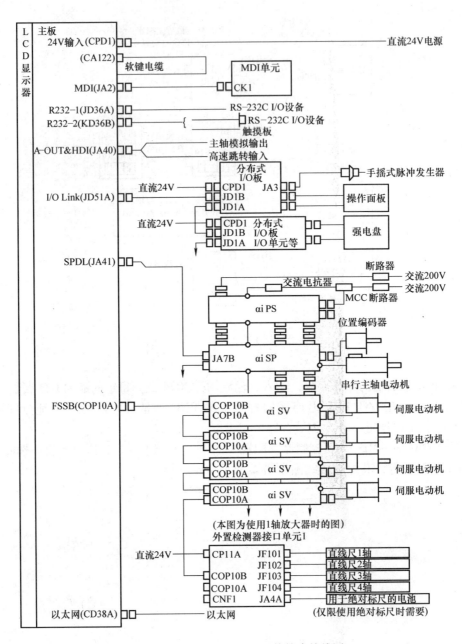

图 2-36 FANUC 0i－MD 系统综合接线图

教学评价（表2-4）

表2-4　考核标准与成绩评定项目表

考核分类	考核项目	考核指标	配分	得分
职业素养	学习期间的出勤情况、着装情况、课堂纪律和工作态度等	不迟到、不早退、不旷课、不无故请假；着装整齐；遵守课堂纪律；在工作中劳动态度端正、精神面貌好、团结协作，遵守安全操作规程，无安全事故	15	
单项技能考核	认识FANUC 0i-D系列I/O单元模块；操作面板与I/O单元模块的连接；I/O单元模块的连接	视认识FANUC 0i-D系列I/O单元模块的情况酌情扣分	10	
		视连接操作面板与I/O单元模块的情况酌情扣分	15	
		视I/O单元模块的连接情况酌情扣分	10	
综合技能考核	操作面板与I/O单元模块的连接及I/O单元模块的连接	操作过程科学合理，符合岗位规范	20	
	连接方法、步骤	按步骤进行操作面板与I/O单元模块的连接	20	
	职业规范	安全文明规范，无安全事故发生，及时保养、维护和清洁设备，不符合操作标准不得分	10	
考核结果	合格与否	60分及以上为合格，小于60分为不合格		

知识加油站

数控系统的日常保养和维护

不同数控机床的数控系统，其使用、维护方法在随机所带的说明书中一般都有明确的规定，应注意以下几点。

1）制定严格的设备管理制度，定岗、定人、定机，严禁无证人员随便开机。

2）制定数控系统的日常维护规章制度，根据各种部件的特点确定保养条例。

3）严格执行机床说明书中的通断电顺序。一般来讲，通电时先强电后弱电，先外围设备（如通信PC机）后数控系统；断电时与通电顺序相反。

4）应尽量少开数控柜和强电柜的门，除进行必要的调整和维修外，不允许随便开启柜门，更不允许敞开柜门加工。

5）定时清理数控装置的散热通风系统。应每天检查数控装置上各个冷却风扇工作是否正常，并视工作环境的状况，每半年或每季度检查一次风道过滤网是否有堵塞现象。如过滤网上灰尘积聚过多时，应及时清理。

6）数控系统的输入/输出装置的定期维护。软驱舱门应及时关闭，通信接口应有防护盖，以防止灰尘、切屑落入。

7）经常监视数控装置用的电网电压。数控装置通常允许电网电压在额定值的±（10~15）%的范围内，频率在±2Hz内波动。如果超出此范围，将造成系统不能正常工作，甚至引起数控系统内的电子部件损坏，必要时可增加交流稳压器。

8）定期更换存储器电池。存储器一般采用CMOS RAM器件，设有可充电电池维持电路，防止断电期间数控系统存储的信息丢失。

在正常电路供电时，由 +5V 电源经一个二极管向 CMOS RAM 供电，同时对可充电电池进行充电。当电源停电时，则由电池供电，以免 CMOS RAM 的信息丢失。在一般情况下，即使电池尚未失效，也应每年更换一次，以确保系统能正常工作。更换电池应在 CNC 装置通电状态下进行，以免系统数据丢失。

9）数控系统长期不用时的维护。若数控系统处在长期闲置的情况下，要经常给系统通电，特别是在环境湿度较大的梅雨季节更是如此。在机床锁住不动的情况下，让系统空运行，一般每月通电 2~3 次，通电运行时间不少于 1h，利用电器元件本身的发热来驱散数控装置内的潮气，以保证电器元件性能的稳定可靠及充电电池的电量。实践表明，在空气湿度较大的地区，经常通电是降低故障率的一个有效措施。

10）备用印制电路板的维护。印制电路板长期不用是很容易出故障的。因此，对于已购置的备用印制电路板，应定期装到数控装置上通电运行一段时间，以防损坏。

1. I/O 单元模块一般通过什么进行连接？
2. FANUC 系统中 I/O 单元模块的种类有哪些？
3. FANUC PMC 由哪些部分构成？
4. 以图 2-35 为例，说明 FANUC 0i – D 系列 I/O 单元模块是怎样连接的。
5. 以图 2-36 为例，说明 FANUC 0i – MD 系统是怎样接线的。

任务三　　FANUC 0i – D 数控系统参数的设置与调试

学习目标

【职业知识目标】

- 熟悉 FANUC 0i – D 数控系统参数的初始化方法。
- 掌握 FANUC 0i – D 数控系统参数的设置方法。

【职业技能目标】

- 能正确设置 FANUC 0i – D 数控系统初始化参数。
- 能正确设置 FANUC 0i – D 数控系统参数。

【职业素养目标】

- 在学习过程中体现团结协作意识和爱岗敬业的精神。
- 培养学生的综合职业能力、认真负责的工作态度、较强的语言表达能力和动手能力。

⊖ 培养7S或10S的管理习惯和理念。

 任务准备

1. 工作对象（设备）

FANUC 0i–D数控系统。

2. 工具和学习材料

教师准备好学生要填写的考核表格（表1-1）。

3. 教学方法

应用模拟工厂生产实际的教学模式，采用项目教学法组织教学过程，对 FANUC 0i–D 数控系统参数进行设置和调试。

知识储备

一、FANUC 0i–D 数控系统参数的类型

1. 参数按数据的类型分类（表2-5）

表2-5　参数按数据的类型分类

数据类型	设定范围	备注
位型	0 或 1	部分参数数据类型为无符号数；可以设定的数据范围决定于各参数
字节型	–128 ~ 127 或 0 ~ 255	
字型	–32768 ~ 32767 或 0 ~ 65535	
双字型	0 ~ ±99999999	
实数型	小数点后带数据	

2. 参数按用途分类（表2-6）

表2-6　参数按用途分类

用途分类	用途	示例
路径型	与路径相关的设定	#7　#6　#5　#4　#3　#2　#1　#0 参数　001 □□□□□□FCV□ #1:FCV　编程格式 　0:0 系列标准格式 　1:15 系列格式
轴型	与控制轴相关的设定	1420　各轴快速移动速度
主轴型	与主轴相关的设定	0982　各主轴归属路径号

二、参数的输入方法

可以使用钥匙开关防止错误地修改参数，按以下步骤写 FANUC CNC 系统参数。

1）将 CNC 控制器置于 MDI 方式或急停状态。确认 CNC 位置页面显示运转方式为 MDI，

或在页面中央下方 EMG 在闪烁。在系统启动时，如没有装入顺序程序，自动进入该状态。

> **操作提示** 调试机床时，可能会频繁修改伺服参数。为安全起见，应在急停状态下进行参数的设定或修改。在设定参数后对机床的动作进行确认时，应有所准备，以便能迅速按急停按钮。

2）按几次 [OFS/SET] 功能键，显示设定（SETTING）页面，如图 2-37 所示。

3）将"写参数"设定为 1，打开写参数的权限。

① 出现 100 号报警后系统页面切换到报警页面。

② 可以设定参数 3111#7（NPA）为 1，这样出现报警时系统页面不会切换到报警页面。通常，发生报警时必须让操作者知道，因此上述参数应设为 0。

③ 在解除急停（运转准备）状态下，同时按 [CAN] 和 [RESET] 功能键，可解除 100 号报警。

4）在 MDI 方式下，按几次 [SYSTEM] 功能键进入"参数设定"页面，如图 2-38 所示。

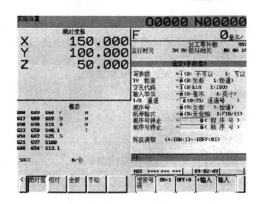

图 2-37　显示设定（SETTING）页面

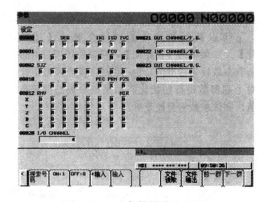

图 2-38　"参数设定"页面

5）参数设定方法见表 2-7。

表 2-7　参数设定方法

光标位置处数据置 1	ON:1	位型参数
光标位置处数据置 0	OFF:0	
输入数据叠加在原值上	+输入	
输入数据	输入	

6）用 I/O 设备输入参数。利用工具软件以文本形式制作名为"CNC – PARA. TXT"的参数文件，利用存储卡或者 RS –232C 等通信手段将参数传送到系统中。

通常可以先将系统中的参数文件传到 CNC 中，然后在此参数文件上修改后再传回。参数传送的具体操作方法参考后文中的备份方法。

三、基本参数的设定

系统基本参数设定可通过"参数设定支援"页面进行操作，如图 2-39 所示。"参数设定支援"页面是为达到下述目的进行参数设定和调整的页面。

1）通过在机床启动时汇总需要进行最低限度设定的参数并予以显示，便于机床执行启动操作。

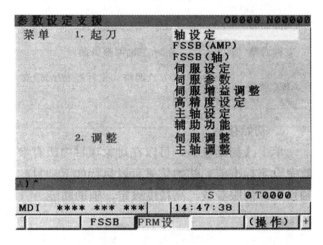

图 2-39　"参数设定支援"页面

2）通过简单显示伺服调整页面、主轴调整页面和加工参数调整页面进行机床的调整。

3）各项概要。

① 启动。设定在启动机床时需要进行最低限度设定的参数，启动内容见表 2-8。

表 2-8　启动内容

名　称	内　容
轴设定	设定轴、主轴、坐标、进给速度、加/减速参数等 CNC 参数
FSSB（AMP）	显示 FSSB 放大器设定页面
FSSB（轴）	显示 FSSB 轴设定页面
伺服设定	显示伺服设定页面
伺服参数	设定伺服电流控制、速度控制、位置控制和反间隙加速等参数
伺服增益调整	自动调整速度环增益
高精度设定	设定伺服的时间常数、自动加/减速等 CNC 参数
主轴设定	显示主轴设定页面
辅助功能	设定 DI/DO、串行主轴等 CNC 参数

② 调整。调整显示用来调整伺服、主轴以及高速高精度加工的页面，调整内容见表

 61

2-9。

表 2-9　调整内容

名　称	内　容
伺服调整	显示伺服调整页面
主轴调整	显示主轴调整页面
AICC 调整	显示加工参数调整（先行控制/AI 轮廓—控制）页面

　　③ 初始化。单击【初始化】按钮，如图 2-40 所示，可以在对象项目内所有参数中设定标准值。初始化只可以执行如下项目，即轴设定、伺服参数、高精度设定和辅助功能。

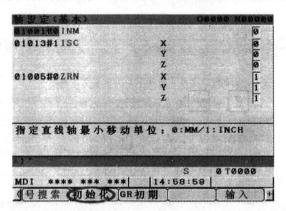

图 2-40　【初始化】项目

　　可以执行初始化的项目会显示【初始化】。单击【初始化】按钮，可以将该项目中的所有参数设为标准值，也可以进入某个项目中针对个别参数进行初始化，如果该参数提供标准值，则该参数将会被变更。

四、进行参数设定，完成系统的模拟和运行

　　要虚拟移动或者移动伺服轴时，除了进行参数设定外，还需要设定 PMC 信号，见表 2-10。这些信号在 PMC 程序中进行设定。

表 2-10　PMC 信号

地址	符号	信号名称	信号值
G8.0	*IT	所有轴互锁信号	1
G8.4	*ESP	紧急停止信号	1
G8.5	*SP	自动运行停止信号	1
G10、G11	*JV	手动进给速度倍率信号	100%（通过倍率开关调节）
G12	*FV	进给速度倍率信号	100%（通过倍率开关调节）
G114	*+L1～*+L5	硬件超程信号	1
G116	*-L1～*-L5	硬件超程信号	1
G130	*ITI～*IT5	各轴互锁信号	1（3003#0.3003#1.3003#2 设为1）互锁

　　设备参数设置见表 2-11。

表2-11 设备参数设置

名 称		内 容
轴名	铣床用	X、Y、Z
	车床用	X、Z、Y
电动机一转工作台移动量		10mm/r
快移速度		6000mm/min
设定单位（指令单位）		1/1000mm
检测单位		1/1000mm

课堂互动

1）FANUC 0i－D 数控系统参数有哪些类型？

2）怎样设定和输入数控系统参数？

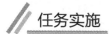 任务实施

一、参数的初始化设定

步骤1：启动。

当系统第一次通电时，需要进行全清处理。全清步骤如下。

ALL FILE INITIALIZE OK ？

（NO =0，YES =1）

ALL FILE INITIALIZING ：END

ADJUST THE DATE/TIME（2010/1/20 14：42：10）？（NO =0，YES =1）

1）上电时，同时按住 MDI 面板上【RESET】和【DEL】键，直到系统显示 IPL 初始程序加载页面。选择"1"，按下 [INPUT] 键。选择"0"，按下 [INPUT] 键。

IPL MENU

0. END IPL

1. DUMP MEMORY

3. CLEAR FILE

4. MEMORY CARD UTILITY

5. SYSTEM ALARM UTILIY

6. FILE SRAM CHECK UTILITY

7. MACRO COMPILER UTILITY

8. SYSTEM SETTING UTILITY

9. CERTIFYCATION UTILITY

11. OPTION RESTORE

输入"0"，选择 END IPL，退出 IPL MENU，系统执行全清操作。

2）全清后 CNC 页面的显示语言为英语，用户可动态地进行语言切换。

3）按 功能键。

4）单击【 + 】按钮，再单击【LANGUAGE】按钮，系统显示语言选择页面，选择显示的语言种类为汉字（简体）如图 2-41 所示。

5）单击【操作】按钮，显示操作菜单。

6）单击【APPIY】（确定）按钮选择需要的语言，语言切换成简体中文，设定完毕。

7）按下 功能键，CNC 屏幕上一般会出现报警信息，如图 2-42 所示。

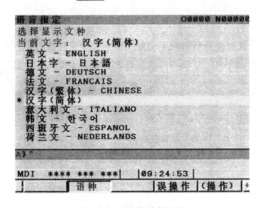

图 2-41　语言选择页面

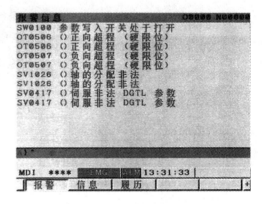

图 2-42　报警信息

8）上电全清所引起的报警请参照表 2-12 进行处理。

表 2-12　报警原因及解决方法

报警号		处理方案
SW0100	原因	修改参数时需先打开写保护开关
	解决方法	设定（SETTING）页面第一项 PWE 或者写参数 = 0
OT0506 ~ OT0507	原因	梯形图中没有处理硬件超程信号
	解决方法	机床具备硬件超程信号，修改 PMC 程序
		机床不具备硬件超程信号，设定 3004 #5 OTH = 1，重启系统
SV0417	原因	伺服参数设定不正确
	解决方法	根据伺服机构特征重新设定伺服参数，进行伺服参数初始化
		如可以，将各轴的参数 1023 设为 - 128，系统不检测伺服参数
SV1026	原因	系统和伺服驱动器之间的 FSSB 未设定/参数 1023 设置错误
	解决方法	进入 FSSB 设定，对放大器进行设定/设定正确的参数 1023
SV5136	原因	FSSB 放大器数目少，放大器没有通电或 FSSB 没有连接，或放大器之间连接不正确，FSSB 设定没有完成或根本没有设定
	解决方法	确认 FSSB 接口连接正常，光纤连接正常

步骤 2：进行与轴设定相关的 CNC 参数的初始设定。

（1）准备　进入"参数设定支援"页面，单击【操作】按钮，将光标移至"轴设定"处，再单击【选择】按钮，出现参数设定页面。此后的参数设定就在该页面中进行，如图 2-43 所示。

（2）初始设定　在参数设定页面上进行参数的初始设定。在参数设定页面上，参数被分为基本、主轴、坐标、进给速度及加/减速五组，并显示在每组的连续页面上，其分类情况如图 2-44 所示。

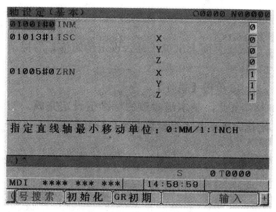

图 2-43 参数设定页面

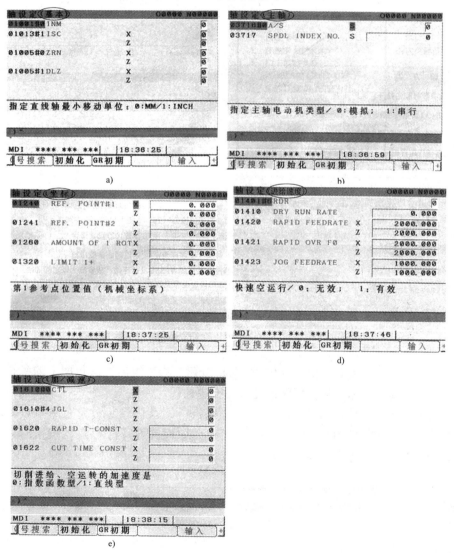

图 2-44 参数分类情况

针对每组按照如下操作步骤进行参数设定。

步骤3：基本组参数的设定。

（1）设定标准值

1）按 ↑PAGE 、 ↓PAGE 键数次，显示基本组页面，而后单击【GR初期】按钮，如图2-45所示。

2）页面上出现"是否设定初始值?"提示信息。

3）单击【执行】按钮。

至此，基本组参数的标准值设定完成。初始化完成后的基本组参数见表2-13。

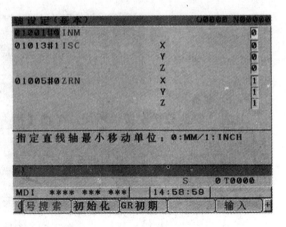

图 2-45　基本组页面

表 2-13　初始化完成后的基本组参数

基本组参数	初始值		含　义
1008#0	X	1	如果设为旋转轴，则该轴循环显示
	Z	1	
1008#2	X	1	如果设为旋转轴，则该轴按照参数1260所设的值进行循环显示
	Z	1	
1020	X	88	第一轴名
	Z	90	第三轴名
1022	X	1	X轴作为基本坐标系的第一轴
	Z	3	Z轴作为基本坐标系的第三轴
1023	X	1（-128）	分配给X轴的伺服轴号为1，虚拟运行时为-128
	Z	2（-128）	分配给Z轴的伺服轴号为2，虚拟运行时为-128
1829	X	500	X轴停止时的位置偏差极限
	Z	500	Z轴停止时的位置偏差极限

无论在组内的哪个页面上单击【GR初期】按钮，均对组内所有页面上的参数进行标准值设定。有的参数没有标准值，即使进行了标准值的设定，这些参数的值也不会改变。

（2）设定没有标准值的参数　依照上述步骤进行标准值设定后，有的参数尚未设定标准值，需要手动进行这些参数的设定。当输入参数号，单击【号搜索】按钮时，光标就移动到所指定的参数处。需要自设定的参数见表2-14。

表 2-14　需要自设定的参数

基本组参数	初始值		含　义
1006#3	X	1	0i-D系统只要设定参数DIAX（1006#3），CNC就会将指令脉冲本身设定为1/2，所以无须进行上述变更（不改变检测单位的情况下） 另外，在将检测单位设定为1/2的情况下，将CMR和DMR都设定为2倍
	Z	0	

（续）

基本组参数	初始值		含 义
1006#5	X	0	手动返回参考点方向为正方向
	Z	0	
1825	X	5000	X、Z轴伺服位置环增益。对于进行直线和圆弧等插补（切削加工）的机械，需要为所有轴设定相同的值；对于只进行定位的机械，也可以为每根轴设定不同的值。越是为环路增益设定较大的值，其位置控制的响应就越快。但设定值过大会影响伺服系统的稳定 位置偏差量（积存在错误计数器中的脉冲）和进给速度的关系为 位置偏差量＝进给速度/(60×环路增益)
	Z	5000	
1826	X	10	到位宽度值为10μm。所谓到位，表示已经到达伺服电动机所指位置的10μm之内。CNC在减速时进行到位检测，尚未到位时，不会开始执行下一个程序段
	Z	10	
1828	X	7000	根据位置偏差量＝进给速度/(60×环路增益)进行计算得到
	Z	7000	

至此，基本组参数设定完毕。

步骤4：进给速度组。

进给速度与机床的结构有很大的关系，故进给速度组的参数都无标准值。按表2-15设定进给速度组参数。

表2-15 进给速度组参数

进给速度组参数	初始值		含 义
1410		6000	空运行速度，根据机械规格表选择6000mm/min
1420	X	6000	快移速度，根据机械规格表选择6000mm/min
	Z	6000	
1423	X	2000	JOG速度，根据机械规格表选择2000mm/min
	Z	2000	
1424	X	3000	JOG快移速度，根据机械规格表选择3000mm/min
	Z	3000	
1425	X	1000	参考点返回速度，根据机械规格表选择1000mm/min
	Z	1000	
1428	X	2000	回参考点速度，根据机械规格表选择2000mm/min
	Z	2000	
1430	X	15000	最大切削速度，根据机械规格表选择15000mm/min
	Z	15000	

至此，进给速度组参数设定完毕。

以上参数设定完成后，重新上电，参数设定完成，FANUC CNC系统能够模拟运行。可以通过在JOG方式下运行各轴，观察系统显示器中轴坐标是否有变化来验证CNC参数设置是否成功。其他参数将在后续的伺服参数设定和主轴参数设定中讲解。

二、FANUC 0i – D 系统参数设置过程

步骤 1：选择 MDI 方式。

步骤 2：按下 MDI 面板上的功能键  ，系统进入参数设定页面。

步骤 3：单击【设定】按钮进入参数设定页面，如图 2-46 所示。

当页面提示"写参数"时输入 1，出现 SW0100 报警（表明参数可写入）。

步骤 4：按下 MDI 面板上的功能键  ，单击【参数】按钮进入参数页面，如图 2-47 所示。

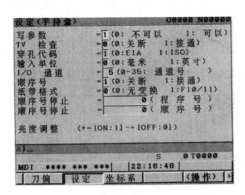

图 2-46　参数设定页面

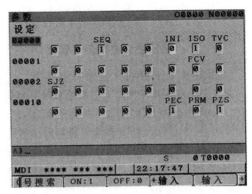

图 2-47　参数页面

步骤 5：键入需要设置的参数号，如图 2-48 所示。

步骤 6：单击【号搜索】按钮，页面直接变换到设置的参数号对应的页面，如图 2-49 所示。

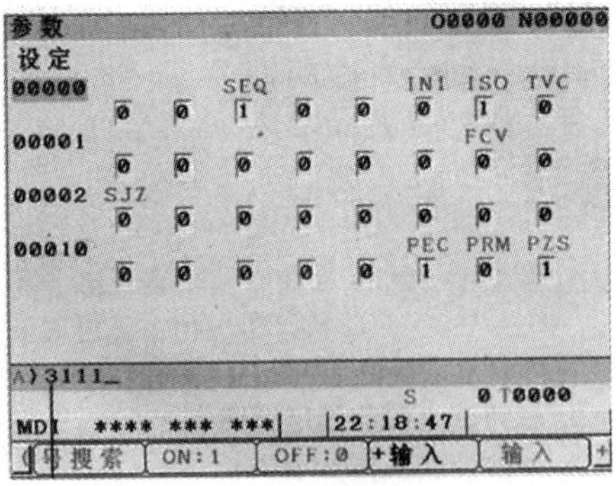

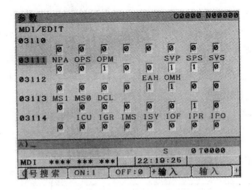

图 2-48　键入需要设置的参数号

图 2-49　键入参数的显现

步骤 7：在 MDI 方式下设置所需要的参数。

步骤 8：参数修改好后，将参数设定页面的写参数再设定为 0，此时参数的修改全部完成。

步骤9：按 MDI 面板上的复位键 RESET 消除 SW0l00 报警。

如果修改参数后出现"PW0000"号报警，说明必须关机再上电后参数修改才能生效。不消除"PW0000"号报警，数控系统不能工作。

教学评价（表 2-16）

表 2-16　考核标准与成绩评定项目表

考核分类	考核项目	考核指标	配分	得分
职业素养	学习期间的出勤情况、着装情况、课堂纪律和工作态度等	不迟到、不早退、不旷课、不无故请假；着装整齐；遵守课堂纪律；在工作中劳动态度端正、精神面貌好、团结协作，遵守安全操作规程，无安全事故	15	
单项技能考核	按步骤进行 FANUC 0i-D 数控系统参数的初始化过程设置	视初始化过程设置情况酌情扣分	15	
	FANUC 0i-D 数控系统参数的设置方法和步骤	视参数设置方法和步骤的正确与否酌情扣分	20	
综合技能测试	初始化过程和参数设置	系统参数和初始化过程设置	20	
	初始化和系统参数设置的方法、步骤	按方法、步骤合理设置	20	
	职业规范	安全文明规范，无安全事故发生，及时保养、维护和清洁设备，不符合标准不得分	10	
考核结果	合格与否	60 分及以上为合格，小于 60 分为不合格		

知识加油站

数控车床的日常保养与维护

1）对导轨润滑机构进行保养维护，如油标、油泵；每天使用前手动打油润滑导轨。

2）对导轨进行维护保养，如清理切屑及脏物，检查滑动导轨有无划痕及滚动导轨的润滑情况。

3）对液压系统进行维护保养，如液压泵有无异常噪声，工作油面高度是否合适，压力表指示是否正常，有无泄漏。

4）对主轴润滑油箱进行维护保养，如检查油量、油质、温度和有无泄漏等情况。

5）检查液压平衡系统工作是否正常。

6）检查气源自动分水过滤器自动干燥器及其压力，及时清理分水器中过滤出的水分。

7）检查电器箱散热、通风装置，冷却风扇工作是否正常，过滤器有无堵塞，及时清洗过滤器。

8）检查各种防护罩有无松动、漏水，特别要检查导轨防护装置。

9）检查机床液压系统液压泵有无噪声，压力表接头有无松动，油面是否正常。

10）检查空气过滤器，坚持每周清洗一次，保持无尘、通畅，发现损坏及时更换。

11）定期清除各电气柜过滤网上粘附的尘土。

12）每年清洗滚珠丝杠上的旧润滑脂，更换新润滑脂。

13）定期清洗液压油路各类阀门、过滤器，清洗油箱底并换油。

14）清洗主轴润滑箱、过滤器、油箱，更换润滑油等。

15）定期检查、调整各轴导轨上镶条及压紧滚轮的松紧状态。

16）检查和更换电动机电刷，去除换向器表面毛刺，吹净炭粉，磨损过多的电刷要及时更换。

17）检查切削液泵过滤器，清洗切削液池，更换过滤器。

18）定期检查主轴电动机冷却风扇，进行除尘，清理异物。

19）定期为排屑器清理切屑，检查其是否卡住。

20）进行供电网络大修，停电后检查电源的相序和电压。

21）每半年调整电动机传动带的松紧。

22）每天检查刀架定位情况和机械手相对主轴的位置。

23）随时检查切削液箱的液面高度，及时添加切削液，切削液太脏应及时更换。

练一练

1. FANUC 0i – D 数控系统的参数类型和基本参数的设定方法与步骤有哪些？

2. FANUC 0i – D 数控系统参数初始化设定的步骤有哪些？

3. 怎样设置 FANUC 0i – D 数控系统的参数？

任务四　FANUC 0i – D 数控系统数据输入输出和备份

学习目标

【职业知识目标】

⊃ 掌握 FANUC 0i –D 数控系统参数备份和输入输出的具体操作过程。

⊃ 熟悉 FANUC 0i –D 数控系统参数备份和输入输出的方法。

【职业技能目标】

⊃ 能正确备份 FANUC 0i –D 数控系统参数。

⊃ 能正确地输入和输出 FANUC 0i –D 数控系统的参数。

【职业素养目标】

⊃ 在学习过程中体现团结协作意识和爱岗敬业的精神。

⊃ 培养学生的综合职业能力、认真负责的工作态度、较强的语言表达能力和动手能力。

⊃ 培养 7S 或 10S 的管理理念。

任务准备

1. 工作对象（设备）

FANUC 0i - D 数控系统若干。

2. 工具和学习材料

FANUC 0i - D 数控系统数据、通信软件说明书、CF 卡和 RS - 232C、以太网等。

教师准备好学生要填写的考核表格（表 1-1）。

3. 教学方法

模拟工厂生产实际，采用项目教学法对 FANUC 0i - D 数控系统进行参数调试。

知识储备

一、系统数据备份

1. 系统数据备份的作用

机床出厂时，数控系统内的参数、程序、变量和数据都已经经过调试，并能保证机床的正常运行。在使用机床的过程中，有可能出现数据丢失和参数紊乱等情况，这就需要对系统数据进行备份，方便进行数据的恢复。另外，如果要批量调试机床，也需要有备份好的数据，以方便批量调试。系统数据的备份对初学者尤为重要，在对系统的参数、设置、程序等进行操作前，务必进行数据备份。

2. 存储于 CNC 的数据

CNC 内部数据的种类和保存处见表 2-17。CNC 参数、PMC 参数、顺序程序和螺距误差补偿量四种数据随机床出厂。

表 2-17　CNC 内部数据的种类和保存处

数据的种类	保存处	备　注
CNC 参数	SRAM	
PMC 参数	SRAM	
顺序程序	FLASH ROM	
螺距误差补偿量	SRAM	选择功能
加工程序	SRAM FLASH ROM	
刀具补偿量	SRAM	
用户宏变量	SRAM	选择功能
宏 P - CODE 程序	FLASH ROM	宏执行器（选择功能）
宏 P - CODE 变量	SRAM	
C 语言执行器应用程序	FLASH ROM	C 语言执行器（选择功能）
SRAM 变量	SRAM	

3. CNC 中数据的备份方法

对存储在 CNC 中的数据进行备份，有个别数据备份法和整体数据备份法，其区别见表

2-18。

表 2-18　CNC 数据备份法

项　目	个别数据备份法	整体数据备份法
输入输出方式	存储卡 RS-232C 以太网	存储卡
数据形式	文本格式（可利用计算机打开文件）	二进制形式（不能用计算机打开文件）
操作	多页面操作	简单
用途	设计、调整	维修

二、FANUC 0i - D 数控系统参数的输入/输出

1. 系统参数的输入

步骤 1：确认输入设备已经准备好。

步骤 2：使计算机进入所需要的程序页面（相应操作参照所使用的通信软件的说明书）。

步骤 3：使系统处于急停状态（EMERGENCY STOP）。

步骤 4：按下功能键 [OFS/SET]。

步骤 5：单击【设定】按钮，出现设定页面。

步骤 6：在设定页面中，令"写参数" =1，会出现报警 SW0100（表明参数可写）。

步骤 7：按下功能键 [SYSTEM]。

步骤 8：单击【参数】按钮，出现参数页面。

步骤 9：单击【（操作）】按钮。

步骤 10：按下最右边的软键 [▶]（菜单扩展键）。

步骤 11：单击【F 读取】按钮，然后单击【执行】按钮，参数被读到内存中。输入完成后，页面右下角出现的"输入"字样消失。

步骤 12：按下功能键 [OFS/SET]。

步骤 13：单击【设定】按钮。

步骤 14：在设定页面中，令"写参数" =0。

步骤 15：切断 CNC 电源后再通电。

步骤 16：解除系统的急停状态。

2. 系统参数的输出

步骤 1：确认输出设备已经准备好。

步骤 2：通过参数指定输出代码（ISO 或 EIA）。

步骤 3：使系统处于编辑（EDIT）状态。

步骤 4：按下功能键 [SYSTEM]，出现参数页面。

步骤 5：单击【参数】按钮。

步骤6：单击【（操作）】按钮。

步骤7：按下最右边的软键 ▶ （菜单扩展键）。

步骤8：单击【F输出】按钮。

步骤9：要输出所有的参数，单击【全部】按钮；要输出设置为非0的参数，单击【样本】按钮。

步骤10：单击【执行】按钮，屏幕右下角显示"输出"字样，输出完成后，"输出"字样消失。

提示：参数输出文件名为 CNC – PARA. TXT。

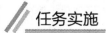任务实施

系统数据备份具体操作案例

一、个别数据备份

本例将对配备 FANUC 0i – D 系统的 850 型数控加工中心进行数据（CNC 参数、PMC 参数、螺距误差补偿量、刀具补偿量、用户宏变量和加工程序等）个别备份分析。

1）相关参数设定如下：

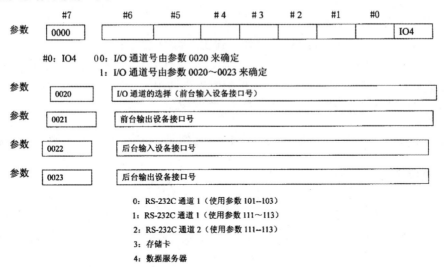

2）插入存储卡，进入 BOOT 页面后对存储卡进行格式化。

3）CNC 参数的输出。

① 解除急停。

② 在机床操作面板上选择 EDIT（编辑）方式。

③ 按下功能键 [SYSTEM图标]，再单击【参数】按钮，出现"参数"页面，如图 2-50 所示。

④ 依次单击【操作】→【+】→【F输出】→【全部】→【执行】按钮，输出 CNC 参数，输出的文件名为"CNC – PARA. TXT"。

4）PMC 时间继电器和计数器参数的输出。

① 先按下功能键 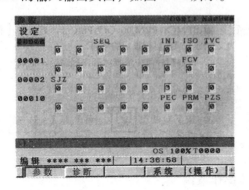，然后依次单击【PMCMNT】→【＋】→【I/O】按钮，显示
PMC 的输入输出页面，如图 2-51 所示。

图 2-50　"参数"页面

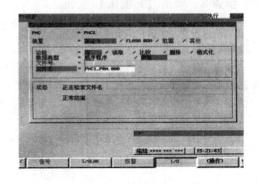

图 2-51　PMC 的输入输出页面

② 输出 PMC 参数时，设定如下：

装置：存储卡。

功能：写。

数据种类：参数。

文件名：（＊标准）或者自行输入。

③ 依次单击【操作】→【执行】按钮，输出 PMC 参数。

输出 PMCn – PRM.00（n 为 PMC 号，后缀名为文件号）或自行设定的号码。

④ 在数据种类中选择"顺序程序"，把顺序程序传出。

5）螺距误差补偿的输出。

① 按下功能键 ，再依次单击【＋】→【螺补】按钮，显示"螺距误差补偿"页
面，如图2-52所示。

② 依次单击【操作】→【＋】→【F 输出】→【执行】按钮，输出螺距误差补偿量，
输出的文件名为"PITCH.TXT"。

6）刀具补偿量的输出。

① 按下功能键 。

② 单击【刀偏】按钮，出现"刀偏"页面。如图 2-53 所示。

③ 依次单击【操作】→【执行】按钮，输出刀偏量，输出的文件名为
"TOOLOFST.TXT"。

7）用户宏变量的变量值输出。选择了附加用户宏变量功能后，可以保存变量号#500 以
后的变量。

① 按下功能键 。

② 依次单击【＋】→【宏变量】按钮，出现宏变量页面，如图 2-54 所示。

输出的是变量号#500以后的变量,而不是当前页面显示的变量。

③依次单击【操作】→【+】→【F输出】→【执行】按钮,输出用户宏变量,输出的文件名为"MACRO. TXT"。

8)加工程序的输出。

①按下功能键 [PROG],再单击【列表+】按钮,显示程序列表页面,如图2-55所示。

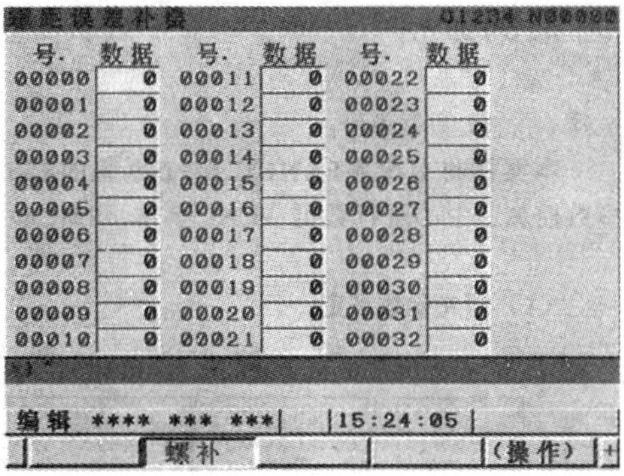

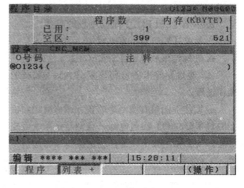

图2-52　"螺距误差补偿"页面 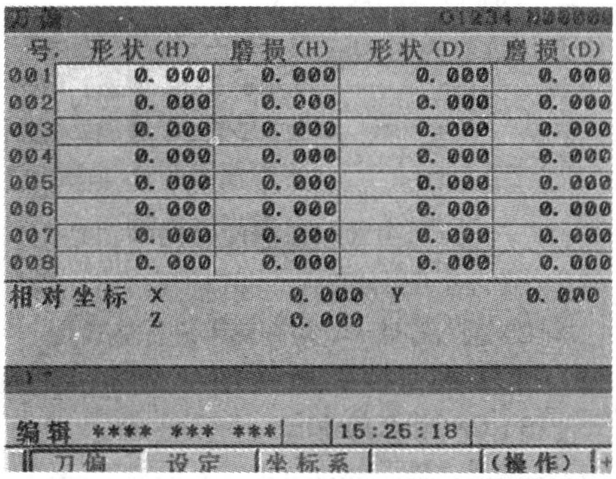　　　　　图2-53　"刀偏"页面

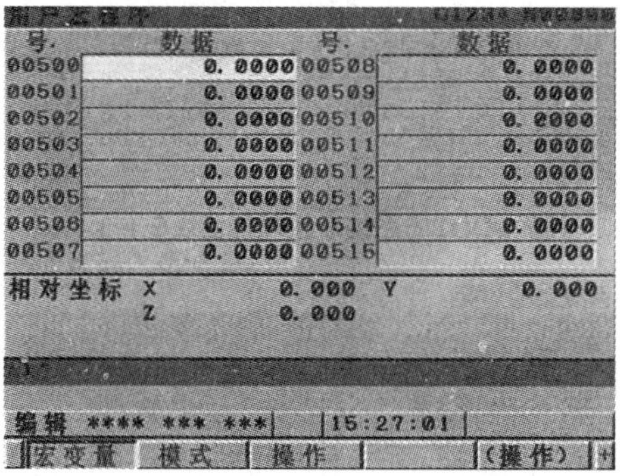

图2-54　宏变量页面　　　　　　　图2-55　程序列表页面

②依次单击【操作】→【F输出】按钮。

③在MDI键盘上输入保存到存储卡中的文件名称,单击【F输出】按钮。

④在MDI键盘上输入要输出的程序号,单击【O设定】按钮。

⑤单击【执行】按钮,输出加工程序。

当全部程序输出时,输入0~9999中的一个数,再单击【执行】按钮。

9)在ALL I/O页面确认存储卡数据可以写入。

①按下功能键 [SYSTEM]。

②依次单击【+】→【ALL I/O】按钮,显示所有I/O(ALL I/O)页面,存储卡中的文件全部显现出来,如图2-56所示。

a. 输出文本格式文件,可以用计算机编辑器显示文件内容或者进行编辑。

b. 进行加工程序的编辑以及数据的输入输出等操作时，要在 MDI 方式下进行。

c. CNC 处于报警状态下也能进行数据输出。不过，在输入数据时如果发生报警，虽然参数等可以输入，但是不能输入加工程序。

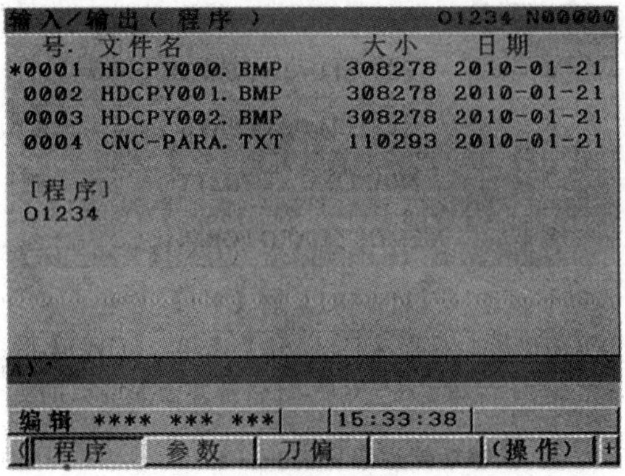

```
输入/输出（程序）              O1234 N00000
  号. 文件名              大小      日期
*0001 HDCPY000.BMP      308278  2010-01-21
 0002 HDCPY001.BMP      308278  2010-01-21
 0003 HDCPY002.BMP      308278  2010-01-21
 0004 CNC-PARA.TXT      110293  2010-01-21

[程序]
O1234




编辑 **** *** ***    15:33:38
  程序  │  参数 │ 刀偏 │      │(操作)│
```

图 2-56 I/O 页面

二、整体数据备份

使用 BOOT 功能，把 CNC 参数和 PMC 参数等存储于 SRAM 中的数据，通过存储卡一次性全部备份。

1）使用此功能的目的是缩短更换控制单元的作业时间。

2）由于数据以二进制的形式输出到存储卡，故不能用个人计算机修改备份数据内容。

① BOOT 的系统监控页面如下：

SYSTEM MONITOR MAIN MENU

1. END

2. USER DATA LOADING

3. SYSTEM DATA LOADING

4. SYSTEM DATA CHECK

5. SYSTEM DATA DELETE

6. SYSTEM DATA SAVE

7. SRAM DATA UTILITY

8. MEMORY CARD FORMAT

* * * MESSAGE * * *

SELECT MENU AND HIT SELECT KEY

[SELECT] [YES] [NO] [UP] [DOWN]

② BOOT 的系统监控功能见表 2-19。

表 2-19 BOOT 的系统监控功能

序号	内容	功能
1	END	结束系统监控
2	USER DATA LOADING	把存储卡中的用户文件读出来，写入 FLASH ROM 中
3	SYSTEM DATA LOADING	把存储卡中的系统文件读出来，写入 FLASH ROM 中
4	SYSTEM DATA CHECK	显示写入 FLASH ROM 中的文件
5	SYSTEM DATA DELETE	删除 FLASH ROM 中的顺序程序和用户文件
6	SYSTEM DATA SAVE	把写入 FLASH ROM 中的顺序程序和用户文件用存储卡一次性备份
7	SRAM DATA UTILITY	把存储于 SRAM 中的 CNC 参数和加工程序用存储卡备份/恢复
8	MEMORY CARD FORMAT	进行储存卡的格式化

"SYSTEM DATA LOADING"和"USER DATA LOADING"的区别在于选择文件后有无文件内容的确定。

③ 软键功能说明见表2-20。

表2-20 软键功能说明

软键	功 能
<	当前页面不能显示时,返回前一页面
SELECT	选择光标位置
YES	确认执行
NO	不确认执行
UP	光标上移一行
DOWN	光标下移一行
>	当前页面不能显示时,转向下一页面

a. 单击【UP】和【DOWN】软键移动光标。

b. 单击【SELECT】软键选择处理的内容。

c. 单击【YES】软键和【NO】软键进行确认。

d. 处理结束后单击【SELECT】软键。

④ 通过存储卡备份和恢复SRAM中数据的操作过程。

a. 按住图2-57中最右端两个软键(或者MDI面板上的数字键6和7)接通电源,直至显示系统监控页面(如果是12个软键,也是按住最右边两个键)。

b. 插入存储卡,如图2-58所示。

c. 按下【UP】或【DOWN】对应的软键,把光标移动到"7. SRAM DATA UTILITY",页面显示如下:

图2-57 显示系统监控页面

图2-58 插入存储卡

SYSTEM MONITOR MAIN MENU

1. **END**

2. **USER DATA LOADING**

3. **SYSTEM DATA LOADING**

4. **SYSTEM DATA CHECK**

5. **SYSTEM DATA DELETE**

6. SYSTEM DATA SAVE

7. SRAM DATA UTILITY

8. MEMORY CARD FORMAT

* * * MESSAGE * * *

SELECT MENU AND HIT SELECT KEY

[SELECT] [YES] [NO] [UP] [DOWN]

d. 单击【SELECT】软键，显示"SRAM DATA BACKUP"页面，如下所示：

SRAM DATA BACKUP

1. SRAM BACKUP   (CNC→MEMORY CARD)

2. RESTORE SRAM   (MEMORY CARD→CNC)

3. AUTO BKUP RESTORE   (F – ROM→CNC)

4. END

  * * * MESSAGE * * *

SELECT MENU AND HIT SELECT KEY

[SELECT] [YES] [NO] [UP] [DOWN]

e. 单击【UP】或【DOWN】软键，把光标移动到"1. SRAM BACKUP（CNC→MEMO-RYCARD）"，显示如下：

使用存储卡备份数据：SRAM BACKUP

向 SRAM 恢复数据：RESTORE SRAM

自动备份数据的恢复：AUTO BKUP RESTORE

f. 单击【SELECT】软键，出现如下提示。

　　ARE YOU SURE? HIT YES OR NO

g. 单击【YES】软键执行数据备份，出现如下提示，表示备份成功。

　　SRAM BACKUP COMPLETE. HIT SELECT KEY

h. 单击【SELECT】软键，再单击【UP】或【DOWN】软键，把光标移动到【END】，单击【SELECT】软键，退回到 BOOT 初始页面。

i. 单击【UP】或【DOWN】软键，把光标移动到【END】，单击【SELECT】软键，退出 BOOT 页面，完成数据备份。

备份结束以后，将存储卡连接到计算机，在计算机中可看到如图 2-59 所示文件，这是 SRAM 整体的备份文件，请把备份文件保存好。

三、数据的自动备份

CNC 的 SRAM 和 FLASH ROM 内的数据可以自动备份到 FLASH ROM 中。自动备份原理如图 2-60 所示。

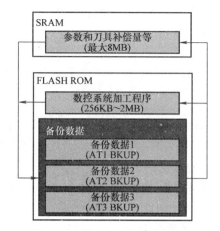

图 2-60 自动备份原理

SRAM_BAK.001
001 文件
1,665 KB

图 2-59 SRAM 整体的备份文件

操作
提示 | 备份和恢复过程中切勿断开 CNC 电源。

1. 自动备份的方法

自动备份的方法见表 2-21。

表 2-21 自动备份的方法

备份时间	方法	参数
电源开启时	自动	参数 10340#0，参数 10341
	初始数据	参数 10340#1，10340#6
急停时	手动操作	参数 10340#7

2. 备份原始数据

可以将出厂时或机床调整后的状态作为原始数据进行保存。

1）参数设定。按照表 2-22 设定备份参数。

表 2-22 设定备份参数

序号	参数	设定值	功 能
1	参数 10342	3	保存备份数据的个数为 3 个（ AT1/AT2/AT3）
2	参数 10340#6	1	下次开启电源时将数据写入备份数据区域 1
3	参数 10340#1	0	备份数据区域 1 可以覆盖写入

2）切断电源并重启。参数设定后，再次开启电源时，数据写入备份数据区域 1，然后将参数 10340#1 设为 1，禁止备份数据区域 1 覆盖写入，该区域设为原始数据备用。

3. 开启电源时自动备份

如果需要开机自动备份，按照表 2-23 设定备份参数。

表 2-23 设定备份参数

序号	参数	设定值	功 能
1	参数 10341	10	每隔 10 天执行一次开机备份
2	参数 10340#0	1	使用开启电源时自动备份功能

参数设定完毕后，系统按照所设定的周期进行备份。

4. 手动备份

1）参数可写入有效，并进入急停状态。

2）将10340#7设为1，即开始数据备份。

5. 备份数据的恢复

通过自动备份功能保存在FLASH ROM内的数据，使用BOOT系统恢复。

1）启动BOOT系统。

2）选择菜单中的"7. SRAM DATA UTILITY"，显示以下菜单。

```
SRAM DATA UTILITY
  1. SRAM BACKUP      (CNC→MEMORY CARD)
  2. SRAM RESTORE     (MEMORY CARD→ CNC)
  3. AUTO BKUP RESTORE  (FROM→CNC)
  4. END
```

3）选择"3. AUTO BKUP RESTORE（FROM→CNC）"，显示FLASH ROM内备份的文件。如果备份数据区数为3，则显示以下菜单。

```
SRAM RESTORE
  1. BACKUP DATA3 yyyy-mm-dd  **:**:**
  2. BACKUP DATA3 yyyy-mm-dd  **:**:**
  3. BACKUP DATA3 yyyy-mm-dd  **:**:**
  4. END
```

4）选择想要恢复的数据并确认，开始进行恢复。

6. 需要备份的数据

易失性的数据，有系统参数、加工程序、补偿参数、用户变量、螺距补偿值和PMC参数等。

非易失性的数据，有PMC程序、C语言执行程序和宏执行程序（机床厂二次开发软件）等。

数据存放的区域如图2-61所示。

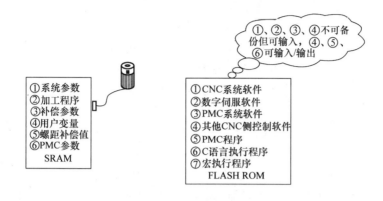

图 2-61　数据存放的区域

教学评价　（表 2-24）

表 2-24　考核标准与成绩评定项目表

考核分类	考核项目	考核指标	配分	得分
职业素养	学习期间的出勤情况、着装情况、课堂纪律和工作态度等	不迟到、不早退、不旷课、不无故请假；着装整齐；遵守课堂纪律；在工作中劳动态度端正、精神面貌好、团结协作，遵守安全操作规程，无安全事故	15	
单项技能考核	FANUC 0i – D CNC 系统参数的备份	视系统参数备份过程的正确与否酌情扣分	15	
	FANUC 0i – D CNC 系统参数的输入	视 FANUC 0i – D CNC 系统参数的输入方法及步骤正确与否酌情扣分	20	
综合技能考核	备份和输入时要注意的问题	操作过程科学合理，符合岗位规范	20	
	数据备份和输入的方法、步骤	FANUC 0i – D CNC 系统参数的备份和输入过程	20	
	职业规范	安全文明规范，无安全事故发生，及时保养、维护和清洁设备，不符合标准不得分	10	
考核结果	合格与否	60 分及以上为合格，小于 60 分为不合格		

知识加油站

数控铣床和加工中心的保养与维护

1）检查导轨润滑油箱，每天应及时添加润滑油并检查油泵是否工作正常。

2）检查主轴润滑恒温油箱，每天检查其动作是否正常，油量及油箱温度是否正常。

3）检查机床液压系统，每天检查油泵有无噪声和泄漏，油温及压力是否正常。

4）检查压缩空气的气源压力是否在允许范围内。

5）每天检查气源过滤器和气源干燥器。

6）每天检查气压转换器和增压器油面并及时补油。

7）每天检查 X、Y、Z 导轨面，清除切屑和脏物，并检查导轨面划痕。

8）每天检查液压平衡系统的平衡压力指示，压力阀是否正常工作及刀具是否夹紧。

9）每天检查 CNC 输入、输出单元是否工作良好。

10）每天检查各防护装置，如导轨和机床防护罩是否良好。

11）给电器柜通风散热，每天检查散热风扇是否正常，散热罩是否堵塞。

12）检查各电气柜过滤网，并定期清洗。

13）检查冷却油箱、水箱，每天检查液面高度、及时加油加水。

14）不定期检查废油池，应及时取走废油，以防外泄。

15）经常清洗排屑器，防止产生卡死现象。

16）每半年内检查主轴的精度（垂直度误差等）。

17）每半年检查导轨上镶条的松紧状态。

18）每年检查、更换电动机的电刷并检查换向器。

19）每年检查液压油路并清洗溢流阀、减压阀，清洗油路、油管和过滤器。

20）每年检查主轴恒温润滑油箱，清洗过滤器和油箱，更换润滑油。

21）每年检查润滑油泵、过滤器，清洗润滑油池。

22）每年检查滚珠丝杠，并重新注入润滑油脂。

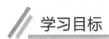 练一练

1. FANUC 0i - D 数控系统的参数怎样输入输出？

2. 数控系统个别数据和整体数据怎样备份？

3. 怎样进行数据自动备份？

4. 怎样维护数控铣床和加工中心？

任务五　数控系统的维修

学习目标

【职业知识目标】

- 熟悉数控系统故障的判断方法。
- 掌握数控系统故障的排除方法。

【职业技能目标】

- 能判别数控系统的故障。
- 能排除数控系统的故障。

【职业素养目标】

⚙ 在学习过程中体现团结协作意识，爱岗敬业的精神。

⚙ 培养学生的综合职业素养、认真负责的工作态度、较强的语言表达能力和动手能力。

⚙ 培养 7S 或 10S 的管理习惯和理念。

任务准备

1. 工作对象（设备）

FANUC 0i 系列数控系统若干。

2. 工具和学习材料

螺钉旋具和电笔等工具。

教师准备好学生要填写的考核表格（表 1-1）。

3. 教学方法

应用模拟工厂生产实际的教学模式，采用项目教学法对 FANUC 数控系统进行维修。

知识储备

一、FANUC αi 系列数控系统各模块的报警

1. 电源模块的报警信息

电源模块的报警信息及产生故障的原因见表 2-25。

表 2-25　电源模块报警信息及故障原因

LED 显示	故障名称	故障原因
1	IPM 报警	电路电压低
2	风扇报警	电源模块冷却风扇发生故障
3	过热报警	智能模块 IPM 过热故障
4	DC 300V 电压过低报警	DC 300V 电压为零
5	DC 300V 电压不足报警	DC 300V 电压低于标准规定的值
6	输入电源断相报警	三相交流动力电源断相
7	DC 300V 电压高报警	三相交流输入电压高或内部电压检测电路不良

2. 主轴模块的报警信息

数控机床的主轴出现故障时，主轴模块的 ALM（红色）灯亮且 LED 两位数码管显示相应的报警代码。表 2-26 为 FANUC αi 系列主轴模块报警代码及故障原因分析。

表 2-26 FANUC αi 系列主轴模块报警代码及故障原因分析

SPM 显示	故障内容	故障原因及处理
A0	主轴模块 ROM	SPM 控制电路板上 ROM 系列错误或硬件异常 ① 更换 SPM 控制电路板上的 ROM ② 更换 SPM 控制电路板
A1	主轴模块 RAM	SPM 电路板上的 CPU 外围电路异常或 RAM 版本不正确 ① 更换 SPM 控制电路板 ② 主轴初始化或更换主轴模块
01	主轴电动机过热报警	电动机内部温度超过了规定的温度（热控开关动作） ① 检查外围设备的温度以及负载状态，降低进给量 ② 如果主轴电动机冷却风扇不转，更换风扇 ③ 用万用表检查电动机过热保护开关的电阻应为短路。如为开路，更换热控开关 ④ 检查 JY2 插头连接是否良好
02	主轴电动机速度超差报警	主轴电动机的速度与指令速度相差较大 ① 电动机或动力线是否正常，动力线可用万用表或兆欧表检查 ② 电动机动力线相序是否接错，按规定正确接线 ③ 电动机内装速度传感器不良，更换速度传感器 ④ 主轴参数设定不正确，进行系统主轴参数的初始化 ⑤ 主轴模块或系统故障，通过替换主轴模块来判别
03	主轴模块电压不足报警	主轴模块主回路 DC 300V 熔断器熔断 ① 主轴模块的逆变块短路，更换主轴模块 ② 主轴电动机侧短路，更换电动机 ③ 电压检测电路不良，更换主轴模块控制板
09	主轴模块的逆变块温度过高报警	主轴模块的温度超过规定的温度 ① 主轴模块散热片的风扇故障，更换风扇 ② 主轴过载，降低进给量 ③ 主轴电动机参数设定与实际电动机不符，进行主轴参数初始化操作 ④ 主轴模块故障或主轴模块温度检测部分故障，更换主轴模块
11	主轴模块过电压报警	主轴模块 DC 300V 电压超过了规定电压 ① 电源模块提供的直流电压过高，检修电源模块 ② 主轴电动机参数设定与实际电动机不符，进行主轴参数初始化操作 ③ 主轴模块电压监控电路故障，更换主轴模块
12	主轴模块过电流报警	直流电源回路电流异常，或 IPM 模块输出电流异常 ① 主轴电动机绝缘部分损坏，更换主轴电动机 ② 主轴参数设定与实际电动机不符，进行主轴参数初始化操作 ③ 主轴模块电流监控电路故障，更换主轴模块

（续）

SPM 显示	故障内容	故障原因及处理
24	主轴模块通信异常报警	主轴模块与 CNC 系统通信数据异常 ① 外界干扰或系统停止工作而主轴模块控制电源还工作，系统重新上电启动 ② 通信电缆连接故障或断路，修复连接电缆及插头 ③ 系统主轴控制模块或主轴模块损坏，更换相应的控制模块
27	主轴位置编码器断线报警	主轴位置编码器信号异常 ① 主轴位置编码器连接电缆损坏，修复连接电缆及插头 ② 主轴位置编码器坏，更换编码器 ③ 主轴参数设定错误，重新设定系统主轴参数 ④ 主轴模块控制板损坏，更换主轴模块
31	主轴电动机速度信号低报警	主轴电动机速度检测器异常或电动机没有按给定的速度旋转 ① 主轴电动机速度传感器损坏，更换电动机速度传感器 ② 主轴模块速度检测电路故障，更换主轴模块
34	主轴参数异常报警	主轴参数设定了超过允许范围的值 ① 检查电动机代码参数是否正确（0 系统 6633，16、18/0i 系统 4133）；如果正确，检查是否在修改上述电动机代码后没有初始化（6519#7/4019#7 改为 1，关机重启），正确设定并执行初始化操作 ② 主轴模块损坏，更换主轴模块

3. 伺服模块的报警信息

FANUC αi 系列伺服模块报警代码见表 2-27。

表 2-27 FANUC αi 系列伺服模块报警代码

SVM 显示	故障内容	故障原因
1	内部风扇停止报警	① 内部风扇故障或风扇连接不良 ② 伺服模块不良
2	控制电路电压低报警	① 电源模块提供的 DC 24V 电压低 ② 伺服模块的 CXA2A/CXA2B 连接不良 ③ 伺服模块不良
5	主电路 DC 300V 电压低报警	① 电源模块提供的 DC 300V 电压低 ② 伺服模块内的熔断器熔断 ③ 伺服模块不良
6	伺服模块过热报警	① 伺服电动机过载 ② 电箱内部温度过高（如电箱风扇损坏或通风不良） ③ 伺服模块不良
F	伺服模块的冷却风扇停止报警	① 伺服模块冷却风扇损坏或连接不良 ② 伺服模块不良
P	伺服模块之间通信错误报警	① 伺服模块通信接 CXA2A/CXA2B 连接不良 ② 伺服模块不良

（续）

SVM 显示	故障内容	故障原因
8	伺服模块主电路（DC 300V）过电流报警	① 伺服电动机及连接电缆短路 ② 伺服模块的逆变块短路 ③ 伺服模块不良
8 9 A	伺服模块的 IPM 报警	① 伺服电动机及连接电缆短路 ② 伺服模块不良 ③ 伺服电动机过载 ④ 周围温度过高
b c d	伺服电动机过电流	① 伺服电动机过载或匝间短路 ② 伺服参数设定不正确 ③ 伺服模块不良
U L	FSSB 通信故障	① 更换离报警伺服最近的连接光缆 ② 更换伺服模块 ③ 更换轴控板

二、CNC 的故障分析

1. CNC 系统的主要故障

数控机床故障按发生性质分为主机故障和电气故障。主机故障主要指发生于机床本体部分（机床侧）的机械故障。电气故障有强电故障与弱电故障。强电故障主要指发生于机床侧的电气器件及其组成电路故障。弱电故障是数控机床故障诊断的主要难点，存在于 CNC 系统（CNC 侧），包括硬件故障与软件故障。

硬件故障主要指发生于 CNC 侧的电子元器件、检测元件、电路板、接线、插接件等故障。

软件故障主要指发生于 CNC 装置软件结构中的系统管理或控制程序、加工程序、参数等故障。

2. CNC 系统的故障现象和原因

（1）CNC 系统软件故障的故障现象及其原因

1）操作错误信息⇨操作失误；

2）超调⇨加/减速或增益参数设置不当；

3）死机或停机⇨参数设置错误或失匹；

4）失控⇨改写了 RAM 中的标准控制数据；

5）程序中断，停机⇨开关位置错置；

6）无报警不能运行或报警停机⇨编程错误；

7）键盘输入后无相应动作⇨冗长程序的运算出错，死循环；

8）多种报警并存⇨运算中断；

9）显示"没准备好"⇨写操作 I/O 破坏。

（2）CNC 系统硬件故障的故障现象及其原因　将电气器件故障与硬件故障通称为硬件故障。

数控系统常见的硬件或器件故障的故障现象：

1）无输出。①不能启动：显示器不显示；数控系统不能启动；不能运行。②不动作：轴不动；程序中断；故障停机；刀架不转；刀架不回落；工作台不回落；机械手不能抓刀。③无反应：键盘输入后无相应动作。对应的硬件故障原因：电磁干扰窜入总线导致时序出错；电网干扰、电磁干扰、辐射干扰窜入 RAM，或 RAM 失效与失电造成 RAM 中的程序、数据、参数被更改或丢失；CNC/PLC 中机床数据丢失；系统参数的改变与丢失；系统程序/PLC 用户程序的改变与丢失；零件加工程序编程错误。

2）输出不正常。①失控：飞车；超程；超差；不能回零；刀架转而不停。②显示器混乱、不稳；轴运行不稳；频繁停机；偶尔停机；振动与噪声；加工质量差（如表面振纹），欠电压；过电压；过电流；过热；过载。对应的硬件故障原因：屏蔽与接地不良；电源线相序连接错误；负反馈接成正反馈；主板、计算机内熔丝熔断；相关电器，如接触器、继电器的接线接触不良；传感器污染或失效；开关失效；电池充电电路故障、各种接触不良、电池失效。

 操作提示　一种故障现象可以有不同的原因；同种原因可以导致不同的故障现象；有些故障现象表面是软件故障，而究其原因时，却有可能是硬件故障或由干扰和人为因素所造成的。

三、FANUC 数控系统 PMC 提供的信号状态和参数维护种类

1）FANUC 数控系统 PMC 也提供了信号地址状态用于维护，当不太熟悉 PMC 逻辑控制时，还是需要分析 PMC 梯形图进行维护。

2）FANUC 数控系统 PMC 功能的信号状态提供了所有的地址状态监控功能。除单独提供监控地址信号外，PMC 还提供 I/O 诊断页面，输入需要监控的地址信号，就能直接监控地址信号的通断关系。

3）FANUC 0i-D 系统中，把 PMC 程序使用的非易失性参数数据都统一放在了 PMC 的维护菜单【PMCMNT】下。在 PMC 程序中，维护时需要修改的参数主要有定时器、计数器、保持继电器和数据表数据等。

 课堂互动

1）FANUC αi 数控系统各模块的报警信息和故障原因有哪些？

2）CNC 系统的故障现象和原因有哪些？

任务实施

数控系统常见的故障分析及排除方法

一、电源类故障的诊断和维修

1. 常见电源类故障的诊断及排除方法见表2-28。

表2-28　常见电源类故障的诊断及排除方法

故障现象		故障原因	排除方法
系统上电后没有反应，电源不能接通	电源指示灯不亮	① 外部电源没有提供电压、电源电压过低、断相或外部形成了短路 ② 电源的保护装置跳闸或熔断，形成了开路 ③ PLC的地址错误或互锁装置使电源不能正常接通 ④ 系统上电按钮接触不良或脱落 ⑤ 由电源模块不良和元器件的损坏引起的故障（熔断器熔断、浪涌吸收器的短路等）	① 检查外部电源 ② 合上开关，更换熔断器 ③ 更改PLC的地址或接线 ④ 更换按钮或重新安装 ⑤ 更换元器件或电源模块
	电源指示灯亮，系统无反应	① 接通电源的条件未满足 ② 系统黑屏 ③ 系统文件被破坏，没有进入系统	① 检查电源的接通条件是否满足 ② 见表2-29 ③ 修复系统
强电部分接通后，马上跳闸		① 设计机床时选择的空气开关容量过小，或空气开关的电流选择拨码开关选择了一个较小的电流 ② 机床上使用了较大功率的变频器或伺服驱动，并在其电源线进入前没有使用隔离变压器或电感器，在其上强电时电流有较大的波动，超过了空气开关的限定电流，引起跳闸 ③ 系统强电电源接通条件未满足	① 更换空气开关，或重新选择使用电流 ② 在使用时须外接一电抗 ③ 逐步检查电源上强电所需要的各种条件，排除故障
电源模块故障		① 整流桥损坏引起电源短路 ② 续流二极管损坏引起短路 ③ 电源模块外部电源短路 ④ 滤波电容损坏引起故障 ⑤ 供电电源功率不足使电源模块不能正常工作	① 更换 ② 更换 ③ 调整线路 ④ 更换 ⑤ 增大供电电源的功率
系统在工作过程中突然断电		① 切削力太大，使机床过载引起空开跳闸 ② 设计机床时选择的空气开关容量过小，引起空开跳闸 ③ 机床出现漏电	① 调整切削参数 ② 更换空气开关 ③ 检查线路

2. 电源类故障诊断及排除的实例分析

故障现象1：某配套SIEMENS 802D的立式加工中心，开机后显示"ALM3000"，机床无法正常启动。

故障分析：经初步检查，机床工作台均处在正常位置（未超程），所有急停开关均已复位，且机床外部I/O输入对应的信号触点已接通。根据以上情况，可以认为机床急停的原因与机床的状态无关。通过诊断页面检查，发现PLC的全部机床输入信号均为"0"状态，因此初步判断故障在 I/O 信号输入信号的公共电源回路上。打开电气柜后检查发现，该机床的 DC 24V 断路器已跳闸，进一步测量 24V 输出未短路。

　　故障处理：合上断路器后，机床工作恢复正常。

　　故障现象 2：CKA6140 数控车床在编辑程序时部分按键不起作用。

　　故障原因：检查发现系统主机板与按键板之间插接部分有缝隙，导致按键板部分按键与主机板之间断路，不起作用。

　　故障处理：紧固主机板插头并紧固主机板螺钉，试用，系统恢复正常。

　　故障现象 3：某系统 CKA6150 数控机床在加工过程中突然断电。

　　故障原因：经查询发现进给量太大，从而使加工过程中切削力太大，使机床过载引起空开跳闸。

　　故障处理：调整切削参数，减少刀具进给量。

二、系统显示类故障的诊断和维修

1. 常见的系统显示类故障的现象

数控系统显示不正常，可以分为完全无显示和显示不正常两种情况。当系统电源和系统的其他部分工作正常时，系统无显示在大多数情况下是由硬件原因引起的；而显示混乱或显示不正常，一般来说是由系统软件引起的。常见的几种系统显示类故障的现象及排除方法见表 2-29。

表 2-29　常见的系统显示类故障现象及排除方法

故　障　现　象	故　障　原　因	排　除　方　法
运行或操作中出现死机或重新启动	① 参数设置错误或参数设置不当 ② 同时运行了系统以外的其他内存驻留程序，正从系统盘或网络调用较大的程序或者从已损坏的系统盘上调用程序，都有可能造成系统的死机 ③ 系统文件受到破坏或感染了病毒 ④ 电源功率不够 ⑤ 系统元器件受损	① 正确设置参数 ② 停止部分正在运行或调用的程序 ③ 用杀毒软件检查软件系统，清除病毒或重新安装系统软件 ④ 确认电源的负载能力是否符合系统要求 ⑤ 更换元器件
系统上电后花屏或乱码	① 系统文件被破坏 ② 系统内存不足 ③ 外部干扰	① 修复系统文件或重装系统 ② 对系统进行整理，删除一些不必要的垃圾 ③ 增加一些防干扰的措施
系统上电后，NC电源指示灯亮，但屏幕无显示或黑屏	① 显示模块损坏 ② 显示模块电源不良或没有接通 ③ 显示屏由于电压过高被烧坏 ④ 系统显示屏亮度调得过暗	① 更换显示模块 ② 对电源进行修复 ③ 更换显示屏 ④ 重新调节亮度
主轴有转速但CRT无速度显示	① 主轴编码器损坏 ② 主轴编码器电缆脱落或断线 ③ 系统参数设置不对，编码器反馈的接口不对或没有选择主轴控制的有关功能	① 更换主轴编码器 ② 重新焊接电缆 ③ 正确设置系统参数

(续)

故障现象	故障原因	排除方法
主轴实际转速与所发指令不符	① 主轴编码器每转脉冲数设置错误 ② PLC 程序错误 ③ 速度控制信号电缆连接错误	① 正确设置主轴编码器的每转脉冲数 ② 改写 PLC 的程序并重新调试 ③ 重新焊接电缆
系统上电后，屏幕显示高亮但没有内容	① 系统显示屏亮度调得过亮 ② 系统文件被破坏或感染了病毒 ③ 显示控制板出现故障	① 重新调节亮度 ② 用杀毒软件检查软件系统，清除病毒或重新安装系统软件 ③ 更换显示控制板
系统上电后，屏幕显示暗淡但是可以正常操作，系统运行正常	① 系统显示屏亮度调得过暗 ② 显示器或显示器的灯管损坏 ③ 显示控制板出现故障	① 重新调节亮度 ② 更换显示器或显示器的灯管 ③ 更换显示控制板
主轴转动时显示屏上不显示主轴转速或进给时主轴转动，但进给轴不转动	① 连接主轴位置编码器与主轴的同步带断裂 ② 主轴位置编码器连接电缆断线 ③ 主轴位置编码器的连接插头接触不良 ④ 主轴位置编码器损坏	① 更换同步带 ② 找出断线点，重新焊接或更换电缆 ③ 重新将连接插头插紧 ④ 更换损坏的主轴位置编码器

2. 系统显示类故障诊断及排除的实例分析

故障现象 1：某数控系统 CKA6140 数控车床主轴有转速但 CRT 无速度显示。

故障原因：经检查，数控机床参数没问题，编码器的连接没问题，最后确定为主轴编码器损坏。

故障处理：更换主轴编码器。

故障现象 2：某数控系统 CKA6150 数控车床系统上电后，屏幕显示暗淡但是可以正常操作，系统运行正常。

故障原因：经检查发现显示器出现故障。

故障处理：更换显示器的灯管后，一切正常。

三、数控系统软件故障的诊断和维修

1. 软件故障的原因及排除方法（表 2-30）

表 2-30　软件故障的原因及排除方法

故障现象	故障原因	排除方法
不能进入系统，运行系统时，系统界面无显示	① 可能是系统文件被病毒破坏或丢失，可能是计算机被病毒破坏，也可能是系统软件中有文件损坏或丢失 ② 电子盘或硬盘物理损坏 ③ 系统 CMOS 设置不对	① 重新安装数控系统，将计算机的 CMOS 设为 A 盘启动，插入干净的系统盘启动系统后，重新安装数控系统 ② 电子盘或硬盘在频繁的读写中有可能损坏，应修复或更换电子盘或硬盘 ③ 更改计算机的 CMOS

（续）

故障现象	故障原因	排除方法
运行或操作中出现死机或重新启动	① 参数设置不当 ② 同时运行了系统以外的其他内存驻留程序 ③ 正从系统盘或网络调用较大的程序 ④ 从已损坏的系统盘上调用程序 ⑤ 系统文件被破坏（系统在通信时或用磁盘复制文件时，有可能感染病毒）	① 正确设置系统参数 ②③④ 停止正在运行或调用的程序 ⑤ 用杀毒软件检查软件系统，清除病毒或重新安装系统软件
系统出现乱码	① 参数设置不合理 ② 系统内存不足或操作不当	① 正确设置系统参数 ② 对系统文件进行整理，删除系统产生的垃圾
操作键盘不能输入或部分不能输入	① 键盘控制芯片出现问题 ② 系统文件被破坏 ③ 主板电路或连接电缆出现问题 ④ CPU 出现故障	① 更换键盘控制芯片 ② 重新安装数控系统 ③ 修复或更换 ④ 更换 CPU
I/O 单元出现故障，输入输出开关量工作不正常	① I/O 控制板电源没有接通或电压不稳 ② 电流电磁阀、抱闸连接续流二极管损坏，各个直流电磁阀、抱闸一定要连接续流二极管，否则在电磁阀断开时，因电流冲击使得 DC 24V 电源输出品质下降，造成数控装置或伺服驱动器随机故障报警	① 检查线路，改善电源 ② 更换续流二极管
数据输入输出接口（RS – 232）不能正常工作	① 系统的外部输入/输出设备的设定错误或硬件出了故障 　在进行通信时，操作者首先要确认外部的通信设备是否完好，电源是否正常 ② 参数设置错误 　通信时需要将外部设备的参数与数控系统的参数相匹配，如波特率、停止位必须设成一致才能够正常通信。外部通信端口必须与硬件相对应 ③ 通信电缆出现问题 　不同的数控系统，通信电缆的引脚定义可能不一致，如果引脚焊接错误或是虚焊等，通信将不能正常完成。另外，通信电缆不能过长，以免引起信号的衰减，从而导致故障	① 对设备重新进行设定，对损坏的硬件进行更换 ② 按照系统的要求正确设置参数 ③ 对通信电缆进行重新焊接或更换
系统网络连接不正常	① 系统参数设置或文件配置不正确 ② 通信电缆出现问题 ③ 硬件故障，如通信网口出现故障或网卡出现故障，可以用置换法判断出现问题的部位	① 按照系统的要求正确设置参数 ② 对通信电缆进行重新焊接或更换 ③ 对损坏的硬件进行更换

2. 软件类故障诊断及排除的实例分析

故障现象1：某系统数控铣床运行系统时，系统界面无显示。

故障原因：可能是系统文件被病毒破坏或丢失，也可能是计算机被病毒破坏，还可能是系统软件中有文件损坏或丢失。

故障处理：重新安装数控系统，将计算机的 CMOS 设为 A 盘启动，插入干净的系统盘启动系统后，重新安装数控系统。

故障现象2：某系统的数控车床 CKA6136 运行系统时出现乱码。

故障原因：经查明参数设置不合理。

故障处理：正确设置系统参数，问题解决。

四、急停类报警故障

1. 急停类报警故障的现象

整个系统的各个部分出现故障均有可能引起急停，其常见故障诊断及排除方法见表2-31。

表 2-31　急停类报警故障的诊断及排除方法

故 障 现 象	故 障 原 因	排 除 方 法
机床一直处于急停状态，不能复位	① 电气方面的原因 ② 系统参数设置错误，使系统信号不能正常输入输出或复位条件不能满足引起的急停故障；PLC 软件未向系统发送复位信息 ③ PLC 中规定的系统复位所需要完成的条件未满足要求。如伺服动力电源未准备好、主轴驱动准备好等信息未到达 ④ PLC 程序编写错误 ⑤ 防护门没有关紧	① 检查急停回路，排除线路方面的原因 ② 按照系统的要求正确设置参数；检查 KA 中间继电器，检查 PLC 程序 ③ 根据电气原理图，再根据系统的检测功能，判断什么条件未满足并进行排除 ④ 重新调试 PLC ⑤ 关紧防护门
数控系统在自动运行的过程中，报跟踪误差过大引起的急停故障	① 负载过大或夹具夹偏使的摩擦力或阻力过大，从而造成加在伺服电动机上的转矩过大，使电动机丢步，造成跟踪误差过大 ② 编码器的反馈出现问题，如编码器的电缆出现了松动 ③ 伺服驱动器报警或损坏 ④ 进给伺服驱动系统强电电压不稳或电源断相 ⑤ 打开急停系统在复位的过程中，带抱闸的电动机打开抱闸时间过早，引起电动机的实际位置发生了变动	① 减小负载，改变切削条件或装夹条件 ② 检查编码器的接线是否正确，接口是否松动或者用示波器检查编码器所反馈回来的脉冲是否正常 ③ 对伺服驱动器进行更换或维修 ④ 改善供电电压 ⑤ 适当延长电动机打开抱闸的时间，当伺服电动机完全准备好以后再打开抱闸
伺服单元报警引起的急停	① 伺服单元如果报警或出现故障，PLC 检测到后可以使整个系统处在急停状态，如过载、过电流、欠电压、反馈断线等 ② 如果是因为伺服驱动器报警而出现的急停，有些系统可以通过急停对整个系统进行复位，包括伺服驱动器，可以消除一般的报警	找出引起伺服驱动器报警的原因，将伺服部分的故障排除，让系统重新复位

(续)

故障现象	故障原因	排除方法
主轴单元报警引起的急停	① 主轴空开跳闸 ② 负载过大 ③ 主轴过电压、过电流或干扰,主轴单元报警或主轴驱动器出错	① 减小负载或增大空开的限定电流 ② 改变切削参数,减小负载 ③ 清除主轴单元或驱动器的报警

2. 急停类故障诊断及排除的实例分析

故障现象1:某数控系统数控机床一直处于急停状态,不能复位。

故障原因:PLC 软件未向系统发送复位信息。检查 KA 中间继电器和 PLC 程序均未有异常,最后发现为系统参数设置错误,使系统信号不能正常输入输出,引起急停故障。

故障处理:按照系统的要求正确设置参数。

故障现象2:某数控系统的数控机床,其数控系统在自动运行的过程中,报跟踪误差过大引起的急停故障。

故障原因:夹具夹偏造成摩擦力或阻力过大,从而使加在伺服电动机上的转矩过大,使电动机丢步,造成跟踪误差过大。

故障处理:检查夹具并进行修改,改善装夹条件,故障排除。

故障现象3:一台 FANUC 系统的数控机床在工作过程中出现编码器故障,机床处于急停状态,不能进行操作。

故障原因:本 FANUC 系统数控机床配备 FANUC 系列的伺服电动机,带有绝对编码器,在断电的时候需要电池进行供电。检查系统的 1815 参数的第 5 位,发现第 5 位设置为 1,证明编码器是绝对编码器,后检查发现前几天出现过电池电压报警。

故障处理:更换编码器电池后故障排除。

 操作提示｜　更换编码器电池必须带电更换。

五、回参考点故障的诊断和维修

按机床检测元件检测原点信号方式的不同,返回机床参考点的方法有两种,即栅点法和磁开关法。

使用栅点法时,随着电动机转一转,检测器信号同时产生一个栅点或一个零位脉冲。在机械本体上安装一个减速挡块和一个减速开关,当减速挡块压下减速开关时,伺服电动机减速到接近原点的速度运行;当减速挡块离开减速开关时,即释放开关后,数控系统检测到的第一个栅点或零位信号即为原点。使用磁开关法时,在机械本体上安装磁铁及磁感应原点开关或接近开关,当磁感应开关或接近开关检测到原点信号后,伺服电动机立即停止运行,该停止点被认作原点。

栅点法按照检测元件的不同,分为以绝对脉冲编码器方式归零和以增量脉冲编码器方式归零。在使用绝对脉冲编码器作为测量反馈元件的系统中,进行机床调试时第一次开机后,通过参数设置配合机床回零操作调整到合适的参考点后,只要绝对编码器的后备电池有效,此后每次开机都不必进行回参考点操作；在使用增量脉冲编码器的系统中，回参考点有两种方式，一种是开机后在参考点回零模式下直接回零，另一种是在存储器模式下，第一次开机手动回原点，以后均可用 G 代码方式回零。

1. 常见回参考点故障的故障现象及分析

常见回参考点故障的故障现象、故障原因及排除方法见表2-32。

表 2-32　常见回参考点故障的故障现象、故障原因及排除方法

故障现象	故障原因		排除方法
机床回原点后原点漂移或参考点发生整螺距偏移	参考点发生单个螺距偏移	① 减速开关与减速挡块安装不合理，使减速信号与零脉冲信号相隔距离过近 ② 机械安装不到位	① 调整减速开关或减速挡块的位置，使机床轴开始减速的位置大概处在一个栅距或一个螺距的中间位置 ② 调整机械部分
	参考点发生多个螺距偏移	① 参考点减速信号不良 ② 减速挡块固定不良，引起寻找零脉冲的初始点发生了漂移 ③ 零脉冲不良	① 检查减速信号是否有效，接触是否良好 ② 重新固定减速挡块 ③ 对码盘进行清洗
系统开机回不了参考点、回参考点不到位	① 系统参数设置错误 ② 零脉冲不良，回零时找不到零脉冲 ③ 减速开关损坏或短路 ④ 数控系统控制检测放大的线路板出错 ⑤ 导轨平行度/导轨与压面的平行度/导轨与丝杠的平行度误差超差 ⑥ 当采用全闭环控制时，光栅尺进了油污		① 重新设置系统参数 ② 对编码器进行清洗或更换 ③ 维修或更换 ④ 更换电路板 ⑤ 重新调整平行度误差 ⑥ 清洗光栅尺
找不到零点或回参考点时超程	① 回参考点位置调整不当，减速挡块距离限位开关行程过短 ② 零脉冲不良，回零时找不到零脉冲 ③ 减速开关损坏或短路 ④ 数控系统控制检测放大的电路板出错 ⑤ 导轨平行度/导轨与压板面的平行度/导轨与丝杠的平行度误差超差 ⑥ 当采用全闭环控制时，光栅尺进了油污		① 调整减速挡块的位置 ② 对编码器进行清洗或更换 ③ 维修或更换 ④ 更换电路板 ⑤ 重新调整平行度误差 ⑥ 清洗光栅尺
回参考点的位置随机性变化	① 干扰 ② 编码器的供电电压过低 ③ 电动机与丝杠间的联轴器松动 ④ 电动机转矩过低或伺服调节不良，使跟踪误差过大 ⑤ 零脉冲不良 ⑥ 滚珠丝杠间隙增大		① 找到并消除干扰 ② 改善供电电源 ③ 紧固联轴器 ④ 调节伺服参数，改变其运动特性 ⑤ 对编码器进行清洗或更换 ⑥ 修磨滚珠丝杠螺母调整垫片，重调间隙
攻螺纹或车螺纹时出现乱牙	① 零脉冲不良 ② 时钟不同步，主轴部分没有调试好，如主轴转速不稳 ③ 跳动过大或因为主轴过载能力太差，加工时因受力使主轴转速发生太大的变化		① 对编码器进行清洗或更换 ② 更换主板或更改程序 ③ 重新调试主轴
不能完成主轴定向，不能进行镗孔、换刀等动作	① 脉冲编码器出现问题 ② 机械部分出现问题 ③ PLC 调试不良，定向过程没有处理好		① 维修或更换编码器 ② 调整机械部分 ③ 重新调试 PLC

2. 回参考点故障诊断及排除的实例分析

故障现象 1：一台华中系统的数控加工中心开机后运行正常，返回参考点时一直快速移动。

故障原因：经检查发现返回参考点用的减速开关失灵，触点压下后不能复位。

故障处理：检查减速开关复位弹簧是否损坏或直接更换减速开关即可。

故障现象 2：某数控系统数控铣床返回参考点时机床停止位置与参考点位置不一致。

故障原因：停止位置偏离参考点一个栅格间距，一般是减速挡块安装位置不正确或减速挡块太短所致。

故障处理：先减小由参数设置的接近原点的速度，重试回参考点操作，若重试结果正常了，则可确定是此原因造成的，只须重新调整挡块位置或减速开关位置，或适当增加挡块长度即可。

故障现象 3：某机床每次回零的实际位置都不一样，漂移一个栅点或者是一个螺距的位置，并且时好时坏。

故障原因：如果每次漂移只限于一个栅点或螺距，有可能是减速开关与减速挡块安装不合理，机床轴开始减速时的位置距离光栅尺或脉冲编码器的零点太近，由于机床的加减速度或惯量不同，机床轴在运行时过冲的距离不同，从而使机床轴所找的零点位置发生了变化。

故障处理：

1）改变减速开关与减速挡块的相对位置，使机床轴开始减速的位置大概处在一个栅距或一个螺距的中间位置。

2）设置机床零点的偏移量，并适当减小机床的回零速度或减小机床的快移速度对应的加减速度时间常数。

故障现象 4：某台普通的数控铣床，开机回零时 X 轴正常，Y 轴回零不成功。

故障原因：机床轴回零时有减速过程，说明减速信号已经到达系统，证明减速开关及其相关电气没有问题，问题可能出在编码器上；用示波器测量编码器的波形，零脉冲正常，可以确定编码器没有出现问题，问题可能出在接受零脉冲反馈信号的电路板上。

故障处理：更换电路板。有的系统可能每根轴的检测电路板是分开的，可以将 X、Y 两轴的电路板进行互换，确认问题的所在，然后更换电路板；有的系统可能把检测的电路板与 NC 板集成了一块，则可以直接更换整个电路板。

 **教学评价**（表 2-33）

表 2-33　任务考核标准与成绩评定项目表

考核分类	考核项目	考核指标	配分	得分
职业素养	学习期间的出勤情况、着装情况、课堂纪律和工作态度等	不迟到、不早退、不旷课、不无故请假；着装整齐；遵守课堂纪律；在工作中劳动态度端正、精神面貌好、团结协作，遵守安全操作规程，无安全事故	15	

（续）

考核分类	考核项目	考核指标	配分	得分
单项技能考核	熟悉 FANUC αi 系列各模块的报警信息	视所述电源模块的报警信息、主轴模块的报警信息、伺服模块报警信息的正确与否酌情扣分	10	
	数控系统常见故障的诊断	视电源类故障、系统显示类常见故障、数控系统软件故障、急停报警类故障和回参考点故障诊断方法的正确与否酌情扣分	15	
	数控系统常见故障的排除方法	视电源类故障、系统显示类常见故障、数控系统软件故障、急停报警类故障和回参考点故障排除方法的正确与否酌情扣分	10	
综合技能考核	数控系统常见故障的诊断方法	诊断过程科学合理，符合岗位规范	20	
	数控系统常见故障的排除方法	视数控系统常见故障的排除方法和步骤正确与否酌情扣分	20	
	职业规范	安全文明规范，无安全事故发生，及时保养、维护和清洁设备，不符合操作标准不得分	10	
考核结果	合格与否	60 分及以上为合格，小于 60 分为不合格		

知识加油站

数控机床故障诊断与排除的基本方法

数控机床系统出现报警，发生故障时，维修人员不要急于动手处理，而应多进行观察，应遵循两条原则：一是充分调查故障现场，充分掌握故障信息，这是维修人员取得第一手材料的一个重要手段；二是认真分析故障原因，确定检查的方法与步骤。对于数控机床发生的故障，总体上来说可采用下述几种方法来进行故障诊断和排除。

（1）直观法（常规检查法）　直观法是指依靠人的五官等感觉并借助于一些简单的仪器来查找机床故障的原因。这种方法在维修中是常用的，也是首先采用的。维修原则要求维修人员在遇到故障时应先采取问、看、听、触、嗅等方法，由外向内逐一进行检查，具体如下：

问：询问机床开机时有何异常，比较故障前后工件的精度和传动系统、走刀系统是否正常，用力是否均匀；背吃刀量和走刀量是否减少；所用润滑油牌号及用量；机床何时进行过保养检修。

看：仔细检查有无熔丝烧断、元器件烧焦、烟熏和开裂现象，有无异物断路现象，以此判断电路板内有无过电流、过电压和短路问题；看转速；观察主传动速度快慢的变化；看主传动齿轮、飞轮是否跳、摆，传动轴是否弯曲、晃动。

听：利用人体的听觉功能可查询到数控机床因故障而产生的各种异常声响的声源。电气部分常见的异常声响有：电源变压器、阻抗变换器与电抗器等因为铁心松动、锈蚀等原因引起的铁片振动的"吱吱"声；继电器、接触器等的磁回路间隙过大，短路环断裂，动静铁心或镶铁轴线偏差，线圈欠电压运行等原因引起的电磁"嗡嗡"声或触点接触不良的"嘁嘁"声，以及元器件因为过电流或过电压运行失常引起的击穿爆裂声。

触：也称敲捏法。CNC系统是由多块电路板组成的，电路板上有许多焊点，电路板与电路板之间或模块与模块之间又通过插件或电缆相连。所以，任何一处的虚焊或接触不良，就会成为产生故障的主要原因。检查时，用绝缘物（一般为带橡皮头的小锤）轻轻敲打可疑部位（即虚焊、接触不良的插件板、组件、元器件等）。如果确实是因虚焊或接触不良而引起的故障，则该故障会重复出现；有些故障在敲击后消失，则可以认为敲击处或敲击作用力波及的范围是故障部位。同样，用手捏压组件和元器件时，如故障消失或故障出现，可以认为捏压处或捏压作用力波及范围是故障部位。

嗅：诊断电气设备或各种易挥发物体组成的器件时，采用此方法效果较好。如通过嗅烟气、焦烟气等异味，以及因剧烈摩擦，电器元件绝缘处破损短路，使附着的油脂或其他可燃物质发生氧化蒸发或燃烧而产生的烟气和焦烟气等，来判断故障。

现场维修中，利用人的嗅觉功能和触觉功能可发现因过电流、过载或超温引起的故障并可通过改变参数设置或PLC程序来排除故障。

（2）系统自诊断法　充分利用数控系统的自诊断功能，根据CRT上显示的报警信息及各模块上的发光二极管等器件的指示，可判断出故障的大致原因。进一步利用系统的自诊断功能，还能显示系统与各部分之间的接口信号状态，找出故障的大致部位。系统自诊断法是故障诊断过程中最常用、有效的方法之一。

（3）拔出插入法　拔出插入法是通过监视相关的插头、插卡或插拔件，通过拔出再插入操作，确定拔出插入的连接件是否为故障部位。有的插接件接触不良而引起的故障，经过重新插入后，问题就解决了。

（4）参数检查法　数控系统的机床参数是经过理论计算并通过一系列试验、调整而获得的重要数据，是保证机床正常运行的前提条件，直接影响着数控机床的性能。

参数通常存放在系统存储器RAM中，一旦电池电量不足或受到外界的干扰或系统长期不通电，可能导致部分参数丢失或变化，使机床无法正常工作。

（5）功能测试法　所谓功能测试法是通过功能测试程序，检查机床的实际动作，判别故障的一种方法。功能测试可以将系统的功能（如直线定位，圆弧插补、螺纹切削、固定循环、用户宏程序等）用手工编程方法编制成功能测试程序，并通过运行测试程序来检查机床执行这些功能的准确性和可靠性，进而判断出故障原因。

这种方法常常应用于以下场合。

1）机床加工出废品而一时无法确定是编程、操作不当，还是数控系统的故障时。

2）数控系统出现随机性故障，一时难以区别是外来干扰还是系统稳定性不好。如不能可靠地执行各加工指令，可连续循环执行功能测试程序来诊断系统的稳定性。

3）闲置时间较长的数控机床再投入使用时或对数控机床进行定期检修时。

（6）交换法（或称部件替换法）　所谓交换法，就是在故障范围大致确认，并在确认外部条件完全正确的情况下，利用同型号、完好的印制电路板、模块、集成电路芯片和元器件替换有疑点部分的方法。此法简单、易行、可靠，能把故障范围缩小到相应的部件上。

替换是电气修理中常用的一种方法，主要优点是简单和方便。在查找故障的过程中，如果对某部分有怀疑，只要有相同的替换件，换上后大都能分辨出故障范围，所以在电气维修中经常被采用。

> **操作提示**
>
> 1）低压电器的替换应注意电压、电流和其他有关的技术参数，并尽量采用相同规格的电器进行替换。
>
> 2）替换电子元件时，如果没有相同的，应采用技术参数相近的，而且主要参数最好能胜任的。
>
> 3）拆卸时应对各部分做好记录，特别是接线较多的位置，应防止接线错误引起的人为故障。
>
> 4）在有反馈环节的线路中，更换时要注意信号的极性，以防反馈错误引起其他的故障。

在确认对某一部分进行替换前，应认真检查与其连接的有关线路和其他相关的电器，确认无故障后才能将新的替换上去，防止外部故障引起替换部件损坏。

（7）隔离法　当某些故障（如轴抖动、爬行）一时难以区分是数控部分，还是伺服系统或机械部分造成的，常可采用隔离法，将机电分离、数控与伺服分离，或将位置闭环分开做开环处理。这样，复杂的问题就化为简单问题，能较快地找出故障原因。

（8）升降温法　当设备运行时间比较长或者环境温度比较高时，机床容易出现故障。这时可人为地（如可用电热风或红外灯直接照射）将可疑的元器件温度升高（应注意器件的温度参数）或降低，加速使一些温度特性较差的元器件产生"病症"或是使其"病症"消除，从而查找故障原因。

（9）电源拉偏法　电源拉偏法就是拉偏（升高或降低但不能反极性）正常电源电压，制造异常状态，暴露故障或薄弱环节，提供故障或处于好坏临界状态的组件、元器件位置。

（10）测量比较法（对比法）　在制造数控系统的印制电路板时，为了调整、维修的便利，通常都设置有检测用的测量端子。维修人员利用这些检测端子，可以测量、比较正常的印制电路板和有故障的印制电路板之间的电压或波形的差异，进而分析、判断故障原因及故障所在的位置。有时，还可以试验性地对正常部分造成"故障"或报警（如断开连线、拔去组件），看其是否与故障部分产生的故障现象相似，以判断故障原因。

通过测量比较法，有时还可以纠正印制电路板上因调整、设定不当而造成的"故障"。

使用测量比较法的前提是维修人员应了解或实际测量正确的印制电路板关键部位、易出故障部位的正常电压值、正确的波形，才能进行比较分析，而且应随时对这些数据做好记录并作为资料积累。

（11）原理分析法（逻辑线路追踪法）　所谓原理分析法是通过追踪与故障相关联的信号，从中找到故障单元，根据 CNC 系统原理图（即组成原理），从前往后或从后往前地检查有关信号的有无、性质、大小及不同运行方式的状态，并与正常情况比较，看有什么差异或是否符合逻辑关系。对于串联电路，发生故障时，直到找到故障单元位置。对于两条相同的电路，可以对它们进行部分交换试验。这种方法类似于把一台电动机从其电源上拆下，接到另一个电源上进行试验。类似地，可以在这个电源上另接一台电动机试验电源，从而可以判断出电动机有问题还是电源有问题。但是对数控机床来说，问题就没有这么简单，交换一个单元，一定要保证该单元所处大环节（即位置控制环）的完整性，否则可能使闭环受到破坏，保护环节失效，积分调节器输入得不到平衡。

这些检查方法各有特点，维修人员可以根据不同的故障现象，灵活应用，以便对故障进行分析，逐步缩小故障范围，排除故障。

练一练

1. 电源类故障诊断和维修的方法有哪些?
2. 系统显示类故障诊断和维修的方法有哪些?
3. 数控系统软件故障诊断和维修的方法有哪些?
4. 急停类报警故障诊断和维修的方法有哪些?
5. 回参考点、编码器类故障诊断和维修的方法有哪些?

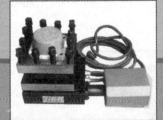

模块三

数控机床主轴系统的连接、调试与维修

学习目标

【职业知识目标】

- ⊃ 掌握主轴变频系统的连接和调试方法。
- ⊃ 掌握主轴变频系统的维修和维护方法。

【职业技能目标】

- ⊃ 能连接和调试主轴变频系统。
- ⊃ 能够正确调整变频器的相关参数。
- ⊃ 能排除主轴变频系统的故障。

【职业素养目标】

- ⊃ 在学习过程中体现团结协作意识和爱岗敬业的精神。
- ⊃ 培养学生的综合职业素养、认真负责的工作态度、较强的语言表达能力和动手能力。
- ⊃ 培养7S 或 10S 的管理习惯和理念。

任务准备

1. 工作对象（设备）

FANUC 数控机床主轴变频系统，日本安川变频器（VS616 G5/G7）若干。

2. 工具和学习材料

万用电表和电笔，安川变频器说明书。

教师准备好学生要填写的考核表格（表 1-1）。

3. 教学方法

应用模拟工厂生产实际的教学模式，采用项目教学法、小组互动式教学法，讲授、演示教学法等进行教学。

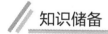

一、FANUC 数控系统主轴控制方式

1. FANUC 数控系统主轴控制的类型

根据主轴速度控制信号的不同，数控机床的主轴驱动装置可分为模拟量控制的主轴驱动装置和串行数字控制的主轴驱动装置两类。系统输出模拟量控制称为模拟主轴控制，而系统输出串行数据控制称为串行主轴控制。

（1）模拟主轴控制　模拟主轴控制指 FANUC 数控系统输出模拟电压控制主轴，模拟电压范围为 0 ～ +10/ −10V。主轴由调速器控制的主轴电动机驱动，常用的主轴调速器是变频器，主轴电动机一般为普通异步电动机或变频电动机，可实现主轴的启动、停止、正/反转以及调速等。

（2）串行主轴控制　在 FANUC 0i 系列数控系统中，CNC 控制器与 FANUC 主轴伺服放大器之间的数据控制和信息反馈采用串行通信进行。配套的主轴伺服电动机也称为串行主轴电动机，就是 FANUC 主轴伺服电动机。主轴放大器就是指 FANUC 串行主轴伺服放大器。

2. 主轴驱动系统的组成及功能

典型的主轴驱动系统包括主轴驱动装置、主轴电动机、主轴传动机构以及主轴速度/位置检测装置等。

常见的数控机床主轴传动方式有以下几种。

（1）普通三相异步电动机配置变速齿轮实现主轴传动——传统主轴　传统主轴数控机床调速只能通过齿轮换档实现，应用较少。普通三相异步电动机配置变速齿轮实现主轴传动的示意图如图 3-1 所示，属于模拟主轴控制方式。

图 3-1　普通三相异步电动机配置变速齿轮实现主轴传动的示意图

（2）三相异步电动机配置变频器实现主轴传动——变频主轴　改变电动机工作频率可以实现电动机调速。变频器驱动电动机可以是普通的三相异步电动机，也可以是变频器专用的变频器电动机。三相异步电动机配置变频器实现主轴传动的示意图如图 3-2 所示，现在普通的变频器最大调速频率都能达到 200Hz 以上，使用普通三相异步电动机，变频器只能在

工频以下调速，若使用专用的变频电动机，就可以达到变频电动机标称的速度。此方式属于模拟主轴控制方式。

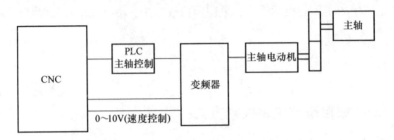

图 3-2　三相异步电动机配置变频器实现主轴传动的示意图

（3）三相异步电动机配置变频器以及变速箱实现主轴传动——变频主轴　变频主轴传动方式兼有上述两种方式的优点，主要是变速箱能在主轴低速时传递较大的转矩，避免了电动机直接带动主轴时低速区输出转矩小的弊端。变频器驱动三相异步电动机能实现电动机的无级调速，从而实现主轴无级调速，在每一档都能实现无级调速控制。这种主轴传动方式主要用于普及型数控机床，其示意图如图 3-3 所示，属于模拟主轴控制方式。

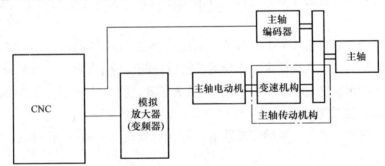

图 3-3　三相异步电动机配置变频器以及变速箱实现主轴传动的示意图

（4）主轴伺服电动机配置主轴伺服驱动器实现主轴传动——伺服主轴　主轴驱动系统分为直流驱动系统和交流驱动系统。主轴伺服电动机必须选用配套的主轴伺服驱动器构成主轴伺服驱动系统。主轴伺服电动机用于主轴传动，其刚性强、调速范围宽、响应快、速度高、过载能力强，可实现主轴正转、反转以及停止，为了实现低速大转矩并扩大调速范围，也可以加配变速齿轮，最终实现分段无级调速，还可以实现主轴定向（又称主轴准停）、刚性攻螺纹、轮廓控制和主轴定位等。图 3-4 所示为串行主轴控制方式。

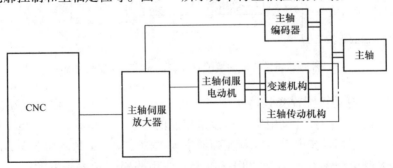

图 3-4　通过串行主轴伺服放大器实现主轴传动

（5）电主轴　电主轴单元把电动机和高精度主轴直接结合在一起，可减少机械传动机构，提高传动效率，实现高速、高效、高精度加工，还可消除机械传动产生的振动噪声，其外形如图 3-5 所示。从图中可以看出，电主轴的结构十分紧凑、简洁。由于一般的电主轴速度都比较高，高速旋转时容易产生热量，因此电主轴工作时主要要解决高速加工时的散热问题。一般电主轴的轴承采用陶瓷轴承，在电动机铁心中增加油冷却通道，外部增加冷却装置把电动机本身产生的热量带走。若电主轴安装传感器，还能实现速度和位置的控制等功能。电主轴驱动系统可以选用中频变频器或主轴伺服放大器，满足数控机床高速、高精度加工的需要，属于模拟或串行主轴控制方式。

a)　　　　　　　　　　　　b)

图 3-5　电主轴外形

课堂互动

简述 FANUC 数控系统主轴控制的类型和特点。

二、主轴通用变频器

模拟量控制的主轴驱动装置采用变频器实现主轴电动机控制，有通用变频器控制通用电动机和专用变频器控制专用变频电动机两种形式。串行数字控制的主轴驱动装置是数控系统生产厂家用来驱动该厂家专用主轴电动机的驱动装置，且不同数控系统的主轴驱动装置不同。数控主轴驱动大多采用变频器控制交流主轴电动机。

目前，主轴驱动装置中用得比较多的变频器有日本安川变频器（VS616 G5/G7，图 3-6 所示为 VS616 G5 的外形图）、三菱变频器（SENKEN – IHF 和 FR – A540）和富士变频器（FRN – GIIS）等。下面以多功能型安川变频器为例，说明模拟量控制的主轴驱动装置的工作原理、端部接线及功能参数的设定。

图 3-6　日本安川变频器
（VS616 G5）外形图

1. 通用变频器的组成及端子功能

（1）变频器主电路的工作原理及接线　主电路的功能是把固定频率（通常为 50/60Hz）的交流电转换成频率连续可调（通常为 0～400Hz）的三相交流电。主电路主要包括交—直电路、制动单元电路和直—交电路，如图 3-7 所示。

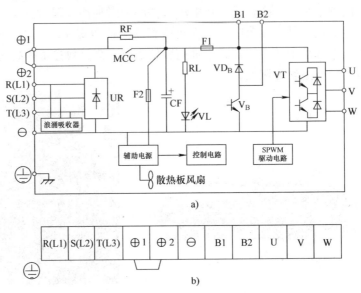

图 3-7　安川变频器主电路端子的功能连接

a）主电路　b）主电路的端子排列

1）交—直电路。三相交流电源（固定频率为 50/60Hz）通过变频器的电源接线端（R、S、T）输入到变频器内，利用整流器 UR 把交流电转换成直流电，再经过滤波电容 CF 获得直流电压（如果输入为交流电压 380V，则直流母线电压约为 222V）。当电容 CF 两端电压达到基准值时，辅助电源动作，输出各种直流控制电压。控制电路正常时，直流继电器 MCC 获电，常开触点闭合，短接电容充电限流电阻 RF，从而完成交—直电路的工作。

> **操作提示**
>
> 变频器输入接线的注意事项如下：
>
> 1）根据变频器输入规格选择正确的输入电源。
>
> 2）变频器输入侧采用断路器（不宜采用熔断器）实现保护，断路器的整定值应按变频器的额定电流选择，而不应按电动机的额定电流选择。
>
> 3）变频器三相电源实际接线无须考虑电源的相序。
>
> 4）⊕1 和 ⊕2 用来接直流电抗器（为可选件），如果不接时，必须把 ⊕1 和 ⊕2 短接（出厂时，⊕1 和 ⊕2 用短接片短接）。
>
> 5）发光二极管 VL 不仅作为直流电压的显示，维修时也作为变频器是否有电的标志。

2）直—交电路。此电路由逆变块 VT 组成，通过 SPWM 驱动电路控制逆变块输出频率可调的三相交流电。

> **操作提示**
>
> 变频器输出接线的注意事项如下。
>
> 1）输出侧接线必须考虑输出电源的相序。
>
> 2）实际接线时，绝不允许把变频器的电源线接到变频器的输出端U、V、W。
>
> 3）一般情况下，变频器输出端U、V、W直接与电动机相连，无须加接触器和热继电器。

3）制动单元电路。中小容量安川变频器采用内装制动单元和外接制动电阻，大容量变频器采用外接制动单元和外接制动电阻。制动单元的作用是实现电动机快速制动，防止电动机在降速或制动过程中变频器出现过电压。制动单元电路由制动开关管 V_B、二极管 VD_B 及 B1、B2 外接的制动电阻 RD_{13} 组成。外接制动电阻的功率与阻值应根据电动机的额定电流来选择。

（2）变频器控制回路功能及端部接线 如图 3-8 所示，安川变频器的控制回路端子有开关量输入控制端子（由1、2、3、4、5、6、7、8 和 11 组成）、模拟量输入控制端子（由13、14、16 和 17 组成）、继电器输出控制端子（由 18、19、20 和 9、10 组成）、开路集电极输出控制端子（由 25、26 和 27 组成）及模拟量输出控制端子（和 21、23 和 22 组成）。其中多功能端子 3、4、5、6、7、8 的具体功能分别由变频器参数 H1 –01、H1 –02、H1 –03、

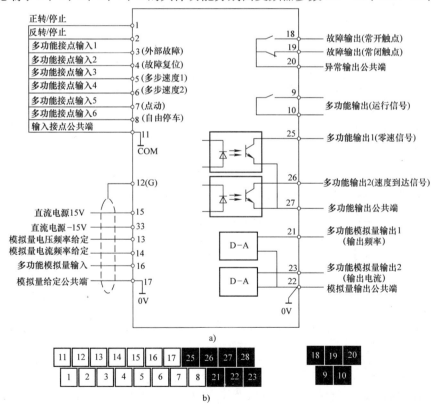

图 3-8 安川变频器控制回路端子的功能连接图

a）控制回路接线端子图 b）控制回路端子的排列图

H1 – 04、H1 – 05 和 H1 – 06 选择，端子号后的括号所标注的功能为变频器出厂时的设定功能；多功能输出端 9 – 10 的功能由变频器参数 H2 – 01 选择，端子号后的括号所标注的功能为变频器出厂时的设定功能；多功能输出端 25 – 27 和 26 – 27 的功能分别由变频器参数 H2 – 02 和 H2 – 03 选择，括号所标注的功能为变频器出厂时的设定功能；多功能输出端 21 – 22 和 23 – 22 的功能分别由变频器参数 H4 – 01 和 H4 – 04 选择，括号所标注的功能为变频器出厂时的设定功能（如作为数控机床的主轴转速表和负载表）。

2. CNC 系统与变频器的信号流程

下面以 SSCK – 20 数控车床（系统为 FANUC – OTD）为例，具体说明 CNC 系统、数控机床与变频器的信号流程及其功能。图 3-9 所示为 SSCK – 20 数控车床主轴驱动装置（安川变频器）的接线。

（1）CNC 到变频器的信号

1）主轴正转信号（1 – 11）、主轴反转信号（2 – 11）。用于手动操作（JOG 状态）和自动状态（自动加工 M03、M04、M05）中，实现主轴的正转、反转及停止控制。系统在点动状态时，利用机床面板上的主轴正转和反转按钮发出主轴正转和反转信号，通过系统 PMC 控制 KA8、KA9 的通断，向变频器发出信号，实现主轴的正反转控制。此时主轴的速度是由系统存储的 S 值与机床主轴的倍率开关决定的。系统在自动加工时，通过对程序辅助功能代码 M03、M04、M05 的译码，利用系统的 PMC 实现继电器 KA8 和 KA9 的通断控制，从而达到主轴的正反转及停止控制。此时的主轴速度是由系统程序中的 S 指令值与机床的倍率开关决定的。

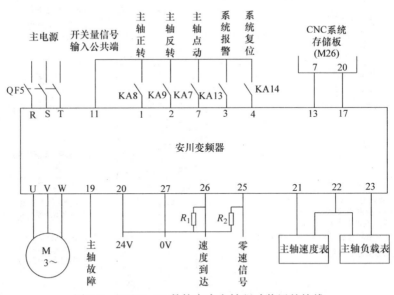

图 3-9　SSCK – 20 数控车床主轴驱动装置的接线

2）系统故障输入信号（3 – 11）。当数控机床系统出现故障时，通过系统 PMC 发出信号控制 KA13 获电动作，使变频器停止输出，实现主轴自动停止控制，并发出相应的报警信息。如机床自动加工时，进给驱动系统突然出现故障，主轴也能自动停止旋转，从而防止打刀事故的发生。

3）系统复位信号（4 – 11）。当系统复位时，通过系统 PMC 控制 KA14 获电动作，进行变频器的复位控制。如变频器受到干扰出现报警时，可以通过系统 MDI 键盘的复位键（RE-SET）进行复位，而不用切断系统电源再重新上电进行复位。

4）主轴电动机速度模拟量信号（13 - 17）。用来接收系统发出的主轴速度信号（模拟量电压信号），实现主轴电动机的速度控制。如在 FANUC - 0TD 系统中，系统把程序中的 S 指令值与主轴倍率的乘积转换成相应的模拟量电压（0 ~ 10V），通过系统存储板接口 M26 的 7 - 20，输送到变频器 13 - 17 的模拟量电压频率给定端，从而实现主轴电动机的速度控制。

5）主轴点动信号（7 - 11）。系统在点动状态时，通过机床面板的主轴点动按钮实现主轴点动修调控制，此时主轴点动的速度由变频器功能参数 H1 - 05 设定。

（2）变频器到 CNC 的信号（通过系统的 PMC）

1）变频器故障输入信号（19 - 20）。当变频器出现任何故障时，数控系统也停止工作并发出相应的报警（机床警告灯亮并发出相应的报警信息）。主轴故障信号通过变频器的输出端 19 - 20（正常时为"通"，故障时为"断"）发出，再通过 PMC 向系统发出急停信号，使系统停止工作。

2）主轴速度到达信号（26 - 27）。数控机床自动加工时，主轴速度到达信号实现切削进给开始条件的控制。当系统的功能参数（主轴速度到达检测）设定为有效时，系统在执行进给切削指令（如 G01、G02、G03 等）前，要进行主轴速度到达信号的检测，即系统通过 PMC 检测来自变频器输出端 26 - 27 发出的频率到达信号。只有检测到该信号后，切削进给才能开始，否则系统进给指令一直处于待机状态。

3）主轴零速信号（25 - 27）。当数控车床的卡盘采用液压控制（通过机床的脚踏开关）时，主轴零速信号用来实现主轴旋转与液压卡盘的连锁控制。只有主轴速度为零时，液压卡盘控制才有效；主轴旋转时，液压卡盘控制无效。

（3）变频器到机床侧的信号

1）主轴速度表的信号。变频器把实际输出频率转换成模拟量电压信号（0 ~ 10V），通过变频器输出接口（22 - 21）输出到机床操作面板上的主轴速度表（模拟量表或数显表），实现主轴速度的监控。

2）主轴负载表的信号。变频器把实际输出电流转换成模拟量电压信号（0 ~ 10V），通过变频器输出接口（22 - 23）输出到机床操作面板上的主轴负载表（模拟量表或数显表），实现主轴负载的监控。

课堂互动

以安川变频器为例，熟悉变频器控制回路功能及端部接线方法，并说明 CNC 系统与变频器信号的输入和输出方式。

任务实施

一、变频器功能参数的设定及操作

安川变频器为多功能变频器，按其功能不同，参数分为 9 个功能组：A 组为环境设定功能参数；B 组为应用功能参数；C 组为调整功能参数；D 组为频率指令取样功能参数；E 组为电动机功能参数；F 组为变频器选择功能参数；H 组为外部端子功能参数；L 组为保护功能参数；O 组为操作器功能参数。

下面以 SSCK – 20 数控车床为例，具体说明变频器参数的含义及设定方法，没有提到的参数按出厂时的标准设定。

1. A 组参数

A 组参数主要用来选择操作器的语种显示、参数存取级别、控制方式和参数初始化的方式等。

A1 – 00：显示语种选择，"0"为英语，"1"为日语，实际设定为"0"。

A1 – 01：参数存/取选择，"0"为监控专用参数，"1"为用户选择参数，"2"为试运行参数，"3"为通常使用参数，"4"为所有参数，实际设定为"4"。

A1 – 02：控制方式选择，"0"为 U/F 控制，"1"为带反馈的 U/F 控制，"2"为开环矢量控制，"3"为（带反馈）闭环矢量控制。目前，数控机床可以设定为"0"的不带速度反馈的 U/F 控制和设定为"2"的不带速度反馈的矢量控制两种控制方式。开环矢量控制时，必须正确设定电动机的相关参数（电动机的空载电流、定子绕组的电阻、定子回路的阻抗等），才能准确实现电动机的矢量控制。所以，SSCK – 20 数控车床的控制功能设定为"0"。

A1 – 03：参数初始化功能，"0"为参数初始化结束，"1110"为用户参数初始化，"2220"为 2 线制的初始化（恢复变频器出厂值的设定），"3330"为 3 线制的初始化。此功能参数用于实际变频器出现软件不良时进行参数初始化操作。

2. B 组参数

B 组参数主要用于应用功能的选择，如变频器的频率给定方式的选择、启动和停止方式的选择、PID 控制方式的设定和节能方式的选择等。

B1 – 01：选择频率指令，"0"为面板给定（通过面板的增加或减少键给定频率），"1"为外部端子给定（由模拟量电压给定频率），实际设定为"1"。变频器的输出频率是由输入端 13 – 17 的模拟量电压（0 ~ 10V）调整的。

B1 – 02：选择运行指令，"0"为面板控制（由面板的 RUN 和 STOP 键控制），"1"为端子控制（由输入端子 1 – 11 和 2 – 11 控制），实际设定为"1"。

B1 – 03：选择停止方式，"0"为减速停止，"1"为自由停止，"2"为直流制动停止，实际设定为"0"。

B1 – 04：选择反转禁止，"0 为可以反转"，"1"为禁止反转，实际设定为"0"。

3. C 组参数

C 组参数主要用来设定电动机的加减速时间、加减速方式和转差补偿频率等。

C1 – 01：设定加速时间，设定范围为 0.1 ~ 600.0s。根据电动机的负载惯性来调整设定值，如果加速时间设定得过短，将会引起过电流报警。实际设定为 1s。

C1 – 02：设定减速时间，设定范围为 0.1 ~ 600.0s。根据电动机的负载惯性来调整设定值，如果减速时间设定得过短，将会引起过电压报警。实际设定为 1s。

4. E 组参数

E 组参数主要用来设定电动机 U/F 控制功能的有关参数和电动机技术参数等。

E1 - 01：输入电压，设定范围为 320 ~ 460V，实际设定为 380V。

El - 02：选择电动机，"0" 为通用电动机，"1" 为专用电动机，实际设定为 "0"。

E1 - 03：选择 U/F 线，"O - E" 为 15 种固定曲线，"F" 为任意 U/F 曲线，实际设定为 "F"。U/F 控制参数由 E1 - 04 - E1 - 10 确定。

E1 - 04：最高输出频率，设定范围为 50 ~ 400Hz，根据机床主轴的传动比及主轴的最高转速来设定，实际设定为 110Hz。

E1 - 05：最高输出电压（额定电压），设定范围为 0 ~ 480V，实际设定为 380V。

E1 - 06：基本频率，设定范围为 0.1 - 400.0Hz，通常按电动机的额定频率来设定，实际设定为 50Hz。

E1 - 07：中间输出频率，设定范围为 0.1 ~ 400.0Hz。

E1 - 08：中间输出频率电压，设定范围为 0 ~ 480V。

E1 - 09：最低输出频率，设定范围为 0.1 ~ 400.0Hz。

El - 10：最低输出频率电压，设定范围为 0 ~ 480V。

E2 - 01：电动机 1 的额定电流，设定范围为 0.1 ~ 1500.0A，按实际电动机的额定电流设定，实际设定为 22.6A（电动机的额定输出功率为 1.5kW，电动机的额定电流为 22.6A）。

E2 - 02：电动机 1 的额定转差频率，设定范围为 0.01 ~ 20.0Hz，按实际电动机的额定转差频率设定，实际设定为 1.33Hz（电动机的额定转速为 1460r/min）。

5. L 组参数

L 组参数主要用来设定电动机的保护功能。

L1 - 01：选择电动机的电子热保护功能，"0" 为电动机电子热保护无效，"1" 为电动机电子热保护有效，实际设定为 "1"。

L1 - 02：电动机电子热保护的动作时间，设定范围为 0.1 ~ 5.0min，实际设定为 1min。

二、通用变频器常见故障的诊断及处理

1. 通用变频器常见故障及处理方法（表 3-1）

表 3-1　通用变频器常见故障及处理方法

故障现象	发生时的工作状况	处理方法
电动机不转	变频器输出端子 U、V、W 不能提供电源	检查电源是否提供给端子，运行命令是否有效，R3（复位）功能或自由运行停车功能是否处于开启状态
	负载过大	检查电动机负载是否太大
	任选远程操作器被使用	确保其操作设定正确
电动机反转	输出端子 U/T1，V/T2 和 W/T3 的连接不正确	使电动机的相序与端子连接相对应。通常正转（FWD）= U - V - W，反转（REV）= U - W - V
	电动机正反转的相序与 U/T1，V/T2 和 W/T3 不相对应	
	控制端子（FW）和（RV）连线不正确	端子（FW）用于正转，（RV）用于反转

（续）

故障现象	发生时的工作状况	处理方法
电动机转速不能达到要求值	使用模拟输入，电流或电压为"0"或"1"	检查连线
		检查电位器或信号发生器
	负载太大	减少负载
		大负载激活了过载限定，根据需要不让此过载信号输出
转动不稳定	负载波动过大	增加电动机容量（变频器及电动机）
	电源不稳定	解决电源问题
	该现象只是出现在某一特定频率下	稍微改变输出频率，使用调频设定将此有问题的频率跳过
过电流	加速中过电流	检查电动机是否短路或局部短路，输出线绝缘是否良好
		延长加速时间
		变频器配置不合理，增大变频器容量
	恒速中过电流	降低转矩提升设定值
		检查电动机是否短路或局部短路，输出线绝缘是否良好
		检查电动机是否堵转，机械负载是否有突变
	减速中或停车时过电流	检查变频器容量是否太小，增大变频器容量
		检查电网电压是否有突变
		检查输出连线绝缘是否良好，电动机是否有短路现象
		延长减速时间
		更换容量较大的变频器
		直流制动量太大，减少直流制动量
		机械故障，送厂维修
短路	对地短路	检查电动机连线是否有短路
		检查输出线绝缘是否良好
		送修
过电压	停车中过电压	延长减速时间或加装制动电阻
	加速中过电压	改善电网电压，检查是否有突变电压产生
	恒速中过电压	
	减速中过电压	
低压		检查输入电压是否正常
		检查负载是否有突变
		检查是否断相

（续）

故障现象	发生时的工作状况	处理方法
变频器过热		检查风扇是否堵转，散热片是否有异物
		检查环境温度是否正常
		检查通风空间是否足够，空气是否能形成对流
变频器过载	连续超负载150%达1min以上	检查变频器容量是否配小了，适当加大容量
		检查机械负载是否有卡死现象
		V/F曲线设定不良，重新设定
电动机过载	连续超负载150%达1min以上	检查机械负载是否有突变
		电动机额定功率太低
		电动机发热绝缘变差
		检查电压是否波动较大
		检查是否存在断相
		机械负载增大
电动机过转矩		检查机械负载是否有波动
		检查电动机配置是否偏小

表3-1说明：

1）变频器一般允许电源电压向上波动的范围为10%，超过此范围就进行保护。

2）降速过快。如果减速时间设定得太短，在再生制动的过程中，制动电阻来不及将能量放掉，致使直流回路的电压过高，形成高电压。

3）电源电压低于额定值电压10%。

4）过电流可分为以下种类。

① 非短路性过电流：可能发生在严重过载或加速过快时。

② 短路性过电流：可能发生在负载侧短路或负载侧接地时。另外，如果变频器逆变桥同一桥臂的上、下两晶体管同时导通，则形成直通。因为变频器在运行时，同一桥臂的上、下两晶体管总是处于交替导通状态，在交替导通的过程中，必须保证在一只晶体管完全截止后，另一只晶体管才开始导通。如果由于某种原因（如环境温度过高）使器件参数发生漂移，就可能导致直通。

2. 通用变频器故障诊断及排除的实例分析

故障现象1：配套某系统的数控车床，主轴驱动采用三菱公司的E540变频器，在加工过程中，变频器出现过电压报警。

故障分析：仔细观察机床故障产生的过程，发现故障总是在主轴启动和制动时发生，因此可以初步确定故障的产生与变频器的加减速时间设定有关。当加减速时间设定不当时（如启动、制动频繁或时间设定得太短），变频器的加减速无法在规定的时间内完成，通常容易产生过电压报警。

故障处理：修改变频器参数，适当增加加减速时间后，故障消除。

故障现象2：配套某系统的数控车床，当机床进行换刀动作时，主轴也随之转动。

故障分析：安川变频器是通过系统输出的模拟电压控制主轴转速的。根据以往的经验，安川变频器对输入信号的干扰比较敏感，因此初步确认故障原因与线路有关。

为了确认上述判断，再次检查了机床的主轴驱动器、刀架控制的原理图与实际接线，可以判定线路连接和控制相互独立，不存在相互影响。

故障处理：进一步检查变频器的输入模拟量屏蔽电缆布线与屏蔽线的连接，发现该电缆的布线位置与屏蔽线均不合理，重新布线并对屏蔽线进行重新连接后，故障排除。

教学评价 （表3-2）

表3-2　考核标准与成绩评定项目表

考核分类	考核项目	考核指标	配分	得分
职业素养	学习期间的出勤情况、着装情况、课堂纪律和工作态度等	不迟到、不早退、不旷课、不无故请假；着装整齐；遵守课堂纪律；在工作中劳动态度端正、精神面貌好、团结协作，遵守安全操作规程，无安全事故	15	
单项技能考核	按步骤进行主轴变频器连线及检测等基本操作	接线及上电前的各项检查，按连接步骤酌情扣分，接错不得分	15	
	变频器参数的设置	设置主要参数，错误一处扣1分，扣完为止	10	
	变频器的调试及变频主轴的维修	快速、熟练地进行变频器调试及变频主轴维修；熟记主要参数；能够排除故障并恢复正常运行，视实际情况酌情扣分	20	
综合技能考核	维修、调试工艺	工艺科学合理，符合企业工艺标准和岗位规范	15	
	调试、维修过程	调试、维修各检测项目至满足要求，不符合操作标准不得分，操作过程中发生严重事故，本项不得分	15	
	职业规范	安全文明规范，无安全事故发生，及时保养、维护和清洁设备，不符合操作标准不得分	10	
考核结果	合格与否	60分及以上为合格，小于60分为不合格		

知识加油站

通用变频器常见的报警及保护

为了保证驱动器安全、可靠地运行，在主轴伺服系统出现故障和异常等情况时，设置了较多的保护功能。这些保护功能与主轴驱动器的故障检测和维修密切相关。当驱动器出现故障时，可以根据保护功能的情况分析故障原因。

1）接地保护。在伺服驱动器的输出电路以及主轴内部等出现对地短路时，可以通过快速熔断器切断电源，对驱动器进行保护。

2）过载保护。当驱动器功率和负载超过额定值时，安装在内部的热断路器或主回路的热继电器将动作，进行过载保护。

3）速度偏差过大报警。当主轴的速度由于某种原因偏离了指令速度且达到一定的误差水平后，将产生报警，并进行保护。

4）瞬时过电流报警。当驱动器中由于内部短路、输出短路等原因产生异常的大电流时，驱动器将发出报警并进行保护。

5）速度检测回路断线或短路报警。当测速发电机出现信号断线或短路时，驱动器将产生报警并进行保护。

6）速度过高报警。当检测出的主轴转速超过额定值的115%时，驱动器将发出报警并进行保护。

7）励磁监控。如果主轴励磁电流过低或无励磁电流，为防止飞车，驱动器将发出故障报警并进行保护。

8）短路保护。当主回路发生短路时，驱动器可以通过相应的快速熔断器进行短路保护。

9）相序报警。当三相输入电源相序不正确或断相时，驱动器将发出报警。

驱动器出现保护性的故障报警时，首先通过驱动器自身的指示灯以报警的形式反映出报警内容，具体说明见表3-3。

表3-3 驱动器报警说明

报警名称	报警时的 LED 显示	动作内容
对地短路	对地短路故障	检测到变频器输出电路对地短路时动作（一般为≥30kW）；而对≤22kW变频器发生对地短路故障时，作为过电流保护动作。此功能只是保护变频器。为保护人身安全和防止火警事故等，应采用另外的漏电保护继电器或漏电断路器等进行保护
过电压	加速时过电压	由于再生电流增加，使主电路直流电压达到过电压检出值（有些变频器为DC 800V）时，保护功能动作。如果由变频器输入侧错误地输入控制电路电压值，将不能显示此报警
	减速时过电流	
	恒速时过电流	
欠电压	欠电压	电源电压降低等使主电路直流电压低至欠电压检出值（有些变频器为DC400V）以下时，保护功能动作。注意：当电压低至不能维持变频器控制电路的电压值时，将不显示报警
电源断相	电源断相	连接的三相输入电源 Ll/R、L2/S、L3/T 中任何一相断相时，有些变频器能在三相电压不平衡状态下运行，但可能造成某些器件（如主电路整流二极管和主滤波电容器）损坏。在这种情况下，变频器会报警和停止运行
过热	散热片过热	内部的冷却风扇发生故障，散热片温度上升，保护功能动作
	变频器内部过热	变频器内通风散热不良等，内部温度上升，保护功能动作
	制动电阻过热	当采用制动电阻且使用频率过高时，会使其温度上升。为防止制动电阻烧损（有时会有"叭"的很大的爆炸声），保护功能动作
外部报警	外部报警	当控制电路端子连接控制单元、制动电阻、外部热继电器等外部设备的报警常闭节点时，按这些节点的信号动作
过载	电动机过载	当电动机所拖动的负载过大，使电子热继电器的电流超过设定值时，按反时限性保护动作
	变频器过载	此报警一般为变频器主电路半导体元体的温度保护，变频器输出电流超过过载额定值时，保护功能动作
通信错误	RS 通信错误	当通信错误时，保护功能动作

数控机床装调维修技术与实训

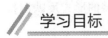

1. FANUC 数控系统的主轴控制方式有几种？
2. 通用变频器的组成及端子功能是什么？
3. 怎样设定及操作变频器功能的参数？
4. 怎样诊断变频器的故障？怎样进行处理？

任务二　　FANUC 系统主轴伺服系统的连接与参数调试

学习目标

【职业知识目标】

- 主轴伺服系统的连接和调试。
- 主轴伺服系统参数的调试。

【职业技能目标】

- 能连接和调试主轴系统。
- 能够正确调整主轴伺服系统参数。

【职业素养目标】

- 在学习过程中体现团结协作意识，爱岗敬业的精神。
- 培养学生的综合职业素养、认真负责的工作态度、较强的语言表达能力和动手能力。
- 培养 7S 或 10S 的管理习惯和理念。

任务准备

1. 工作对象（设备）

FANUC 0i - D 系列数控机床主轴伺服系统。

2. 工具和学习材料

万用电表和电笔。

教师准备好学生要填写的考核表格（表 1-1）。

3. 教学方法

应用模拟工厂生产实际的教学模式，采用项目教学法、小组互动式教学法、讲授、演示教学法等进行教学。

知识储备

一、FANUC 系统主轴电动机介绍

常用的 FANUC 0i - D 数控系统主轴电动机有两个系列，分别为 αi 系列和 βi 系列。αi 主轴电动机是具有高速输出、高加速度控制的电动机，具有主轴高响应矢量（High Response

Vector，HRV）控制；βi 主轴电动机通过高速的速度环运算周期和高分辨率检测回路实现高响应、高精度主轴控制。虽然 αi 和 βi 主轴电动机与相应的主轴放大器连接位置不同，但却有共同的特性。FANUC 系统主轴电动机必须与主轴放大器配套使用。

βiI 系列主轴电动机内配装的速度传感器有两种类型：一种是不带电动机一转信号的速度传感器 Mi 系列；另一种是带电动机一转信号的速度传感器 MZi/BZi/CZi 系列。若需要实现主轴准停功能，可以采用内装 Mi 系列速度传感器的电动机，外装一个主轴一转信号装置（接近开关）来实现；也可以采用内装 MZi 系列速度传感器的电动机实现。

βiI 主轴电动机与编码器的外形如图 3-10 所示，βiI 主轴电动机接口功能如图 3-11 所示。电动机冷却风扇的作用是为电动机散热。主轴电动机采用变频调速，当电动机速度改变时，要求电动机散热条件不变，所以电动机的风扇是单独供电的。

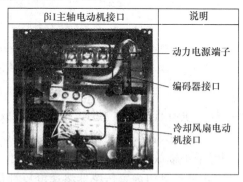

βiI主轴电动机接口	说明
	动力电源端子
	编码器接口
	冷却风扇电动机接口

图 3-10 βiI 主轴电动机与编码器的外形　　图 3-11 βiI 主轴电动机接口功能

>> 操作提示

选择主轴电动机时，需要进行严密的计算，然后查找电动机参数表，主要内容如下：

1）根据实际机床主轴的功能要求和切削力要求，选择电动机的型号及电动机的输出功率。

2）根据主轴定向功能的情况选择电动机内装编码器的类型，即是否选择带电动机一转信号的内装速度传感器。

3）根据电动机的冷却方式、输出轴的类型和安装方法进行选择。

二、FANUC 串行主轴硬件连接

1. 电源模块与主轴放大器模块的连接

在需要主轴伺服电动机的场合，伺服单元中主轴放大器模块（Spindle Amplifier Module，SPM）是必不可少的。电源模块与主轴放大器模块的连接图如图 3-12 所示。

1）主轴放大器模块的直流 300V 动力电源也来自电源模块的直流电源，主轴放大器模块处理动力后将其输出至主轴电动机，没有直流动力电源，主轴电动机就不能工作。如果主轴出现过电流或过电压报警，可以把主轴电动机的动力电缆从主轴放大器模块拆下，测量 3 根动力线的对地电阻。如果对地短路，表示主轴电动机或主轴电动机的动力电缆损坏。

2）主轴放大器模块中 CXA2B 接口所需直流 24V 电源和急停信号的功能与伺服放大器

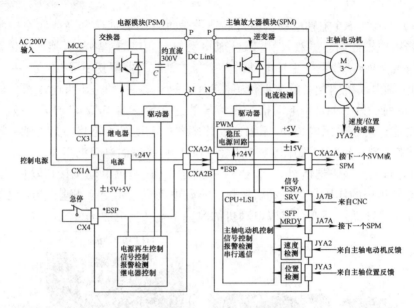

图 3-12 αi 电源模块与主轴放大器模块的连接图

模块一样。没有直流 24V 控制电源,主轴放大器模块也不能显示。

3)主轴放大器模块控制信号来自 CNC,与 CNC 之间是串行通信。CNC 控制主轴电动机,同时把主轴放大器模块和主轴电动机信息反馈给 CNC。

4)主轴电动机内置传感器将速度反馈信号送至 JYA2。如果传感器损坏或传感器电缆破损导致通信故障,系统会出现 SP9073 等报警,主轴放大器七段 LED 数码管上显示"73"。若有主轴位置信号,物理电缆连接于 JYA3。

2. αi 主轴放大器模块与外围设备的连接

αi 主轴放大器模块实物和接口位置如图 3-13 所示,各部件功能见表 3-4,αi 主轴放大器模块与外围设备的连接框图如图 3-14 所示。

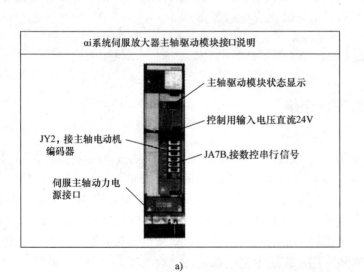

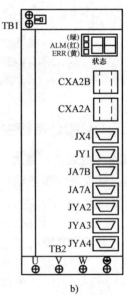

a)   b)

图 3-13 αi 主轴放大器模块实物和接口位置
a)αi 主轴放大器模块实物 b)αi 主轴放大器模块接口位置

表 3-4　αi 主轴放大器模块各部件功能

标注名称	标注含义	备　注
TB1	直流母线	
STATUS	七段 LED 数码管状态显示	
CXA2B	直流 24V 电源输入接口	
CXA2A	直流 24V 电源输出接口	
JX4	主轴检测板输出接口	
JY1	负载表和速度仪输出接口	
JA7B	串行主轴输入接口	
JA7A	串行主轴输出接口	
JYA2	主轴电动机内置传感器反馈接口	
JYA3	外置主轴位置一转信号或主轴独立编码器插接器接口	仅适用于 B 型控制
JYA4	外置主轴位置信号接口	
TB2	电动机连接线	
⏚	接地位置	

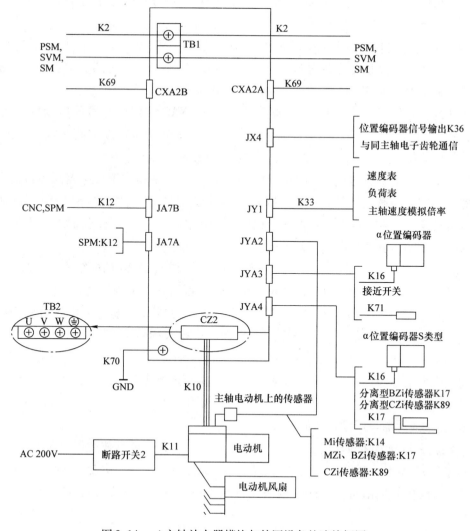

图 3-14　αi 主轴放大器模块与外围设备的连接框图

要理解图 3-14 所示的连接电路，必须结合图 3-12 所示 αi 电源模块与主轴放大器模块的连接图，图 3-14 中用 K 开头的标号都是连接电缆的标号。

1）K2 来自图 3-12 所示的电源模块产生的直流电源。从图 3-14 可以看出，电源模块产生的直流电源同时送给主轴放大器模块 SPM 和伺服放大器模块 SVM。

2）K69 来自电源模块，是电源模块、主轴放大器模块、伺服放大器模块之间的串行通信电缆，主要由电源模块产生直流 24V 电压，提供给主轴放大器模块的 CXA2B，因为主轴放大器模块中有控制印制电路板，需要工作电压。若后面还需要直流 24V 电压，可以从 CXA2A 输出。串行电缆中还有急停、电池、报警信息等功能线。

3）K2 来自 CNC 或上一个主轴放大器模块（SPM）的 JA7A，接到 JA7B 上，若还有一个主轴放大器模块，则从该主轴放大器模块的 JA7A 输出至下一个主轴放大器模块的 JA7B。

4）K70 为主轴放大器模块接地导线的标号；TB2 是主轴放大器模块输出到主轴电动机的连接端子（U、V、W、E），电缆标号为 K10。

5）FANUC 主轴放大器模块根据主轴电动机规格和主轴控制功能的不同，采用不同的反馈接法。

① 仅需要速度控制，则主轴电动机传感器反馈采用 Mi 传感器；需要主轴位置控制功能，则主轴电动机传感器反馈采用 MZi 或 BZi 或 CZi 传感器。Mi 传感器是主轴电动机的速度传感器，采用 MZi 或 BZi 传感器作为主轴电动机的速度/位置传感器时，具体的电缆连接方法是不同的。主轴电动机上的传感器信号线接至 JYA2，Mi 传感器的电缆标号为 K14，MZi、BZi 传感器的电缆标号为 K17。若希望主轴电动机的定位精度更高一点，就选择 CZi 传感器，传感器信号线仍接至 JYA2，但电缆标号为 K89。

② 若主轴放大器模块类型是 B 型（双传感器输入），主轴位置传感器还可以选用 α 位置编码器 S 类型（正弦波信号），必须把电缆信号接至 JYA4，电缆标号是 K16；若选用分离型 BZi 传感器或 CZi 传感器作为主轴电动机的位置传感器，也必须接至 JYA4，但电缆标号分别是 K17 和 K89，其具体电缆接法不同。

③ 若是 A 型主轴放大器模块（单传感器输入），则没有 JYA4 的电缆连接。对于 A 型主轴放大器模块，若主轴电动机没有内置位置传感器，可以外接位置传感器。位置传感器主要有两种，一种是 α 位置编码器（方波信号），信号线接至 JYA3，电缆标号是 K16；另一种是用一个接近开关产生一转信号，信号线也接至 JYA3，电缆标号是 K71。

6）JY1 是主轴放大器模块输出的主轴电动机速度和负载电压信号的输入接口，可以接收主轴速度模拟倍率等信号，即可以把输出信号外接至速度表和负载表，通过接收速度模拟电压进行调速。JY1 的电缆标号是 K33。

3. βi 主轴放大器与周围设备的连接

βi 主轴放大器与 βi 伺服放大器是一体化设计的，称为一体型放大器（SVSP），其总体连接图如图 3-15 所示。从图中可以看出，涉及主轴的接口代号、功能、接线、电缆代号与 α 主轴放大器模块都是相同的。βiSV 伺服放大器和 βiSVSP 伺服放大器各部件的名称与功能见表 3-5。

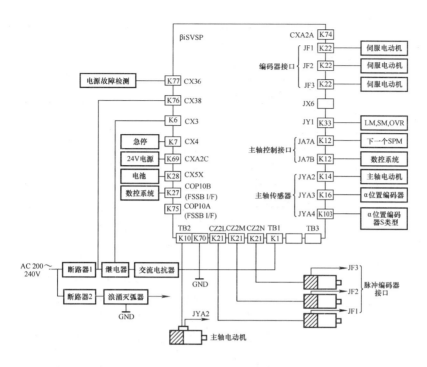

图 3-15　βiSVSP 伺服放大器总体连接图

表 3-5　βiSV 伺服放大器和 βiSVSP 伺服放大器各部件的名称与功能

标注名称		功　能
βiSV	βiSVSP	
CZ7 – 1	TB1	主电源输入
CZ7 – 2	无（内置）	外置放电电阻
CZ7 – 3	Cz2L/Cz2M/Cz2N	连接伺服电动机
CX29	CX3	主电源控制内部继电器触点 MCC
CX30	CX4	外部控制伺服急停
CXA20	无（内置）	外置放电电阻温度检测报警
CXA19A/CXA19B	CXA2A/CXA2C	控制电源直流 24V 接口
COP10A/COP10B	CO P10A/COP10B	FSSB 光缆接口
JF1	JF1/JF2/JF3	脉冲编码器反馈接口
CX5X	CX5X	绝对式编码器电池接口
无	CX38	断电检测输出接口
无	JX6	断电后备模块

三、主轴的控制与连接

主轴的控制方法主要有三种，见表 3-6，其控制的主轴转速基本相同，主轴连接如图 3-16所示。

数控机床装调维修技术与实训

表3-6 主轴的控制方法

名称	功能
串行接口	用于连接 FANUC 公司的主轴放大器,在主轴放大器和 CNC 之间进行串行通信,交换转速和控制信号
模拟接口	用模拟电压通过变频器控制主轴电动机的转速
12 位二进制	用 12 位二进制代码控制主轴电动机的转速

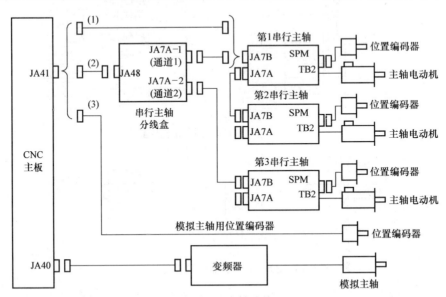

图 3-16 主轴连接

（1）主轴串行接口控制 主轴串行输出的最大轴数:FANUC 0i - TD 系统可以控制最多 3 根（每条路径 2 根）串行主轴;FANUC 0i - MD 系统可以控制最多 2 根串行主轴;而 FANUC 0i Mate - TD/0i Mate - MD 系统则只能控制单根串行主轴。在使用串行主轴时需设置相关参数,SSN（8133#5）设定为 0,参数 A/S（3716#0）设定为 1,参数 3717 设定为 1。

（2）主轴模拟接口控制 主轴模拟输出可以控制最多 1 根模拟主轴。使用模拟主轴时,将参数 A/S（3716#0）设定为 0,参数 3717 设定为 1。

（3）位置编码器 要进行每转进给和螺纹切削,需要连接主轴位置编码器。通过主轴位置编码器进行实际主轴旋转速度以及一转信号的检测（螺纹切削中用来检测主轴上的固定点）。位置编码器的脉冲数可以任意选择,在参数 3720 中进行设定。当位置编码器与主轴之间插入齿轮比时,分别在参数 3721 和 3722 中设定位置编码器侧和主轴侧的齿轮比。采用主轴串行接口控制时,位置编码器接到主轴伺服放大器中,由主轴伺服放大器通过通信电缆将位置编码信号送至 CNC 系统中进行处理。采用主轴模拟接口控制时,位置编码器直接接到 CNC 系统的专用接口。

课堂互动

FANUC 串行主轴硬件有哪些模块相互连接?识读主轴放大器模块与外围设备连接图。

四、FANUC 串行主轴参数的设定与调整

1. FANUC 0i – D 数控系统串行主轴参数初始化

1）在紧急停止状态下，给实验设备正常通电。在 MDI 方式下，检查主轴参数设置是否如下：参数 3716#0 = 1，参数 8133#5 = 0。

2）在 MDI 方式下，按多次功能键 ，出现设定页面，使"写参数 = 1"。

3）在 MDI 方式下，按多次功能键 ，单击【参数】按钮，输入"4019"，再单击【搜索】按钮，进入参数 4019 页面。

4）移动光标至参数 4019#7 位置，输入"1"，再按【确定】按钮，将参数 LDSP（参数 4019#7）设定为 1，进行串行接口主轴参数的自动设定。

5）设定电动机型号代码。输入"4133"，再单击【搜索】按钮，进入参数 4133 页面，设定此参数前，需查看主轴电动机标签上的电动机规格，根据表 3-7 查找主轴电动机代码，如标签上标 βiI3/10000（2000/10000min^{-1}），在伺服放大器上查找标签，查到伺服放大器规格为 βiSVSP – 7.5，对照表 3-7 可知，实验电动机代码为 332。

表 3-7　主轴电动机代码表

型号	βiI3/10000	βiI6/10000	βiI8/8000	βiI12/7000		αic15/6000
代码	332	333	334	335		246
型号	αicl/6000	αic2/6000	αic3/6000	αic6/6000	αic8/6000	αicI2/6000
代码	240	241	242	243	244	245
型号	αi5/10000	αi1/10000	αi1.5/10000	αi2/10000	αi3/10000	αi6/10000
代码	301	302	304	306	308	310
型号	αiI8/8000	αiI12/7000	αiI15/7000	αiI18/7000	αiI22/7000	αiI30/6000
代码	312	314	316	318	320	322
型号	αiI40/600	αiI50/4500	αiI1.5/15000	αiI2/15000	αiI3/2000	αiI6/12000
代码	323	324	305	307	309	401
型号	αiI8/1000	αiI12/10000	αiI15/10000	αiI18/10000	αiI22/10000	
代码	402	403	404	405	406	
型号	αiI12/6000	αiI12/8000	αiI15/6000	αiI15/8000	αiI18/6000	αiI18/8000
代码	407	407 N4020 = 8000 N4023 = 94	408	408 N4020 = 8000 N4023 = 94	409	409 N4020 = 8000 N4023 = 94
型号	αiI122/6000	αiI22/8000	αiI30/6000	αiI40/6000	αiI50/6000	αiI60/4500
代码	410	410 N4020 = 8000 N4023 = 94	411	412	413	414

6）断开 CNC 电源，再正常通电，与代码相关的标准初始值参数就装载到 CNC 系统

SRAM 中。

7）可以再根据主轴电动机和主轴的连接关系设置和调整部分参数，如主轴最大速度参数 3741。

8）FANUC 数控系统也提供了主轴设置菜单，同步进行主轴参数初始化、主轴参数设定、主轴参数调整以及主轴参数监控。

2. FANUC 0i – D 数控系统主轴参数的设定与调整

1）画出系统与主轴放大器以及主轴电动机的连接示意图，注意主轴及主轴电动机速度和位置反馈检测连接关系。

2）在实验设备正常通电和工作的情况下，按急停按钮，使系统处于紧急停止状态。

3）在 MDI 方式下，使系统参数 3111#1 = 1，通过设定使系统显示主轴页面。

4）多按几次功能键 ，出现参数等页面，依次单击【 + 】→【SP 设定】按钮，出现如图 3-17、图 3-22 所示页面，记下页面设定值并检查以下项目。

① 电动机代码与电动机名称是否与实物对应。

② 主轴最高转速和主轴电动机最高速度是否与实物对应。

③ 主轴传感器和电动机传感器类别是否与实物一致。

④ 主轴电动机、主轴和编码器三者的旋转方向是否符合参数设定。

5）进入参数页面。

6）多按几次功能键 ，出现参数等页面，依次单击【 + 】→【SP 调整】按钮，出现如图 3-18 所示页面。

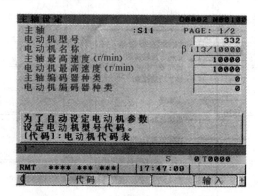

图 3-17　参数设定页面

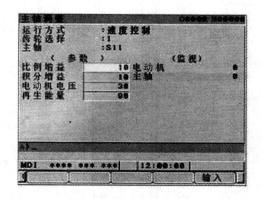

图 3-18　主轴调整页面

7）松开急停按钮，实验设备处于正常运行状态，在 MDI 方式下编制程序：

N10 M03 S200；

N20 M05；M02。

8）选择单段方式，按循环启动功能按键，参考步骤 6），进入主轴调整页面，观察主轴电动机以及主轴转速监视的显示情况。

9）若能正确显示主轴电动机和主轴当前速度，说明主轴电动机在速度控制方式下，参数设定是正确的。

课堂互动

1) 怎样连接 FANUC 主轴系统的硬件？

2) 怎样调整和设定主轴参数？

任务实施

主轴相关参数的初始化设定

1. 串行主轴的初始化设定步骤

（1）准备 在急停状态下，进入"参数设定支援"页面，单击【操作】按钮，将光标移动至"主轴设定"处，单击【选择】按钮，出现参数设定页面。此后的参数设定就在该页面中进行，如图 3-17 所示。

（2）操作

1）电动机型号的输入。可以在"主轴设定"页面下的"电动机型号"栏中输入电动机型号。单击【代码】按钮，显示电动机型号代码页面，在光标位于"电动机型号"项目时显示代码。要从电动机型号代码页面返回到上一页面，单击【返回】按钮。

切换到电动机型号代码页面时，显示电动机型号代码所对应的电动机名称和放大器名称。将光标移动到希望设定的代码编号处，单击【选择】按钮，输入完成。希望输入表中没有电动机型号时，直接输入电动机代码。

2）数据的设定。在所有项目中输入数据后，单击【设定】按钮，CNC 即设定启动主轴所需的参数值。

正常完成参数的设定后，【设定】按钮将被隐藏起来，并且控制主轴参数自动设定的参数 SPLD（4019#7）置为 1。改变数据时，再次显示【设定】按钮，控制主轴参数自动设定的参数 SPLD（4019#7）置为 0。

在项目中尚未输入数据的状态下单击【设定】按钮时，将光标移动到未输入数据的项目处，会提示"请输入数据"，输入数据后单击【设定】按钮即可。

3）数据的传输（重新启动 CNC）。若只是单击【设定】按钮，并未完成启动主轴所需的参数设定。只有在【设定】按钮隐藏的状态下将 CNC 断电重启后，CNC 才完成启动主轴所需参数值的设定。

"主轴设定"页面中需要进行设定的项目见表 3-8。

表 3-8 "主轴设定"页面中需要进行设定的项目

项目名称	参数号	简要说明	备 注
电动机型号	4133	设定为自动设定电动机参数的电动机型号	参数值也可通过查阅主轴电动机代码表直接输入
电动机名称			根据所设定的"电动机型号"显示电动机名称
主轴最高速度 /(r/min)	3741	设定主轴的最高速度	该参数设定主轴第 1 档的最高转速，而非主轴的限制速度参数（参数 3736）

（续）

项目名称	参数号	简要说明	备　注
电动机最高速度 /（r/min）	4020	主轴速度最高时的电动机速度，设定为电动机规格最高速度以下	
主轴编码器种类	4002#3 4002#2 4002#1 4002#0		"主轴编码器种类"为位置编码器时显示该项目
编码器旋转方向	4001#4	0：与主轴相同的方向 1：与主轴相反的方向	
电动机编码器种类	4010#2 4010#1 4010#0		下列情况下显示该项目 1）"主轴编码器种类"为位置编码器或接近开关 2）没有"主轴编码器种类"，且"电动机编码器种类"为 MZ 传感器
电动机旋转方向	4000#0	0：与主轴相同的方向 1：与主轴相反的方向	
接近开关检出脉冲	4004#3 4004#2		
主轴侧齿轮齿数	4171	设定主轴传动中主轴侧齿轮的齿数	
电动机侧齿轮齿数	4172	设定主轴传动中电动机侧齿轮的齿数	

可在"参数设定支援"页面的"主轴设定"菜单中单击【代码】按钮，显示主轴电动机代码并进行设定，也可查表后输入主轴电动机代码。

2. 模拟主轴设定与调整

当使用模拟主轴时，系统可以提供 -10~10V 的电压，由系统中 JA40 的 5/7 脚引出。

（1）在使用模拟主轴时要注意的问题　在 PMC 中主轴急停信号/主轴停止信号/主轴倍率需要处理。

主轴急停信号：∗ESPA，G71.1 = 1；

主轴停止信号：∗SSTP，G29.6 = 1；

主轴倍率：在 PMC 地址 G30 中处理主轴倍率，倍率范围为 0~254%。

（2）设置主轴参数

1）主轴速度参数。在 3741 中设定 10V 对应的主轴速度。

例如：3741 设定为 2000，当程序执行 S1000 时，JA40 上的输出电压为 5V。

2）主轴控制电压极性参数。系统提供的主轴模拟控制电压必须与连接的变频器的控制极性相匹配。当使用单极性变频器时，可通过参数 3706#7（TCW）和 3706#6（CWM）来控制主轴输出时的电压极性（采用默认设置即可）。

3）速度误差调整。主轴的实际速度和理论速度存在误差往往是由于主轴倍率不正确或输出电压存在零点漂移而引起的。如是后者，可通过相关参数进行调整具体如下：

先将指令转速设为 0，测量 JA40 电压输出端，调整参数 3731（主轴速度偏移补偿值），使万用表上的显示值为 0mV。设定值 = −1891 × 偏置电压（V）/12.5。

再将指令转速设为主轴最高转速参数 3741 设定的值，测量 JA40 电压输出端，调整参数 3730（主轴速度增益），使万用表上的显示值为 10V。参数 3730 设定值的计算方法：先设定参数 3730 为 1000，并测量输出电压，则设定值为 10V × 1000/测定的电压值。然后将实际设定值输入到参数 3730 中，使万用表上的显示值为 10V。

再次执行 S 指令，确认输出电压是否正确。

4）主轴的正反转控制。在梯形图中处理主轴的正反转输出信号，通过 PMC 的输出点控制变频器的正反转输入端子来实现。

5）主轴速度到达检测。当使用模拟主轴时，无主轴速度到达信号。注意：3708#0（SAR）信号需为 1。

6）主轴速度检测。

3. 案例分析

（1）以 850 型数控加工中心上采用的串行主轴为例进行主轴设定分析 该加工中心的主轴结构参数见表 3-9，其串行主轴结构如图 3-19 所示。

表 3-9　850 型数控加工中心的主轴结构参数

部　件	参　数
主轴模块：SPAISPII	
主轴电动机：αiI12/7000	12kW，7000r/min，带 MZi 传感器
主轴与主轴电动机的连接方式	采用同步带连接，变速比为 1:1

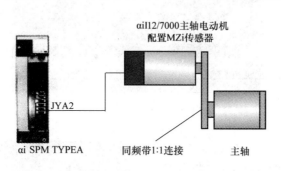

图 3-19　串行主轴结构

步骤 1：加工中心主轴需要完成的功能分析。

1）速度控制。

2）主轴定向。

3）刚性攻螺纹。

步骤 2：主轴参数的初始化设定。

确认在"参数设定支援"页面中的"轴设定"菜单中的主轴组参数设定正确，如图 3-20 所示。主轴初始化参数设定值见表 3-10。

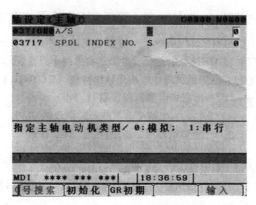

图 3-20　主轴组参数设定

表 3-10　主轴初始化参数设定值

名称	设定值
3716#0	1（串行主轴）
3717	1（第一主轴）

在"参数设定支援"页面中进入"主轴设定"页面，如图 3-21 所示。

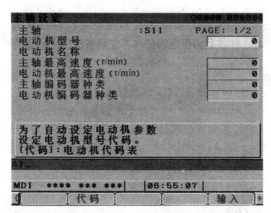

图 3-21　"主轴设定"页面

1）选择电动机型号。查表 3-7 可知，αiI12/7000 的电动机代码为 314，将其填入对应项目中。

此时主轴设定项目内容将发生变化，如图 3-22 所示。数据发生改变后多了【设定】按钮。

2）根据主轴的结构特点，得主轴最高速度 = 电动机最高速度 = 7000r/min，将其填入对应项目中。

3）主轴不带编码器，设定为 0。

4）根据主轴电动机型号特点，主轴电

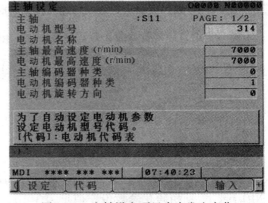

图 3-22　主轴设定项目内容发生变化

动机编码器带 MZi 传感器，设定为 1。

5）电动机旋转方向为同向。

6）单击【设定】按钮，CNC 即设定启动主轴所需的参数值。确认【设定】按钮已隐藏，则系统及主轴放大器断电重启。注意：主轴参数一般放在主轴放大器中，故断电时也需要把主轴放大器断电重启。

7）系统重新启动后，CNC 完成启动主轴所需参数值的设定，即可在速度控制模式下运转主轴。

刚性攻螺纹和主轴定位功能则需经过 PMC 和系统参数的设定后才可执行，详见功能手册。

（2）以 CAK1635v 车床为例进行模拟主轴控制分析　该车床的主轴结构参数见表 3-11，其主轴结构图如图 3-23 所示。

步骤 1：模拟主轴的初始设定

确认在"参数设定支援"页面中的"轴设定"菜单中的主轴组参数设定正确，如图 3-24 所示。

表 3-11　CAK1635v 车床的主轴结构参数

部　件	参　数
主轴模块：三菱变频器 FR – A740 – 3.7K – CHT	3.7kW
主轴电动机：YVP112M – 2	额定功率：4kW 额定转速：2900r/min
主轴与主轴电动机的连接方式	V 带连接，变速比为 2:3
主轴位置编码器	同步带连接，变速比为 1:1 主轴位置编码器线数为 1024

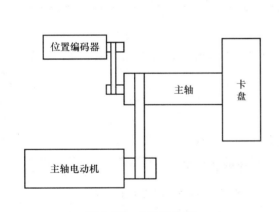

图 3-23　主轴结构图

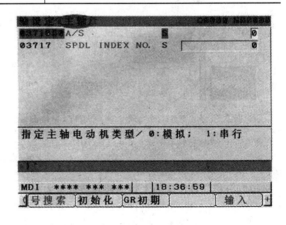

图 3-24　主轴组参数设定

主轴初始化参数设定值见表 3-12。

表 3-12　主轴初始化参数设定值

名称	设定值
3716#0	0（模拟主轴）
3717	1（第一主轴）

进入"参数"页面进行最高转速及位置编码器参数的设定，如图 3-25 所示。

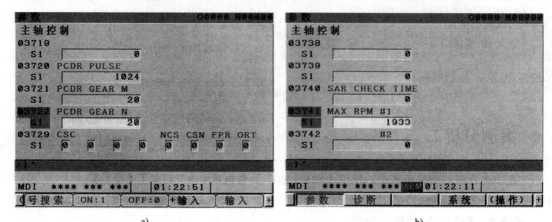

a)   b)

图 3-25　最高转速及位置编码器参数的设定

a）最高转速参数的设定　b）位置编码器参数的设定

最高转速及位置编码器参数设定值见表 3-13。

表 3-13　最高转速及位置编码器参数设定值

名称	设定值
3741	10V 电压对应主轴转速 = 主轴电动机转速 × 变速比 = 2900 × 2/3 = 1933
3720	主轴位置编码器线数：1024
3721	位置编码器侧齿数：20
3722	主轴侧齿数：20

参数设定完毕后重启 CNC 系统。

步骤 2：在 MDI 方式下输入主轴运行指令，确认主轴实际转速与 S 指令值一致。如有误差，通过速度误差调整的步骤进行调整。

 **教学评价** （表 3-14）

表 3-14　考核标准与成绩评定项目表

考核分类	考核项目	考核指标	配分	得分
职业素养	学习期间的出勤情况、着装情况、课堂纪律和工作态度等	不迟到、不早退、不旷课、不无故请假；着装整齐；遵守课堂纪律；在工作中劳动态度端正、精神面貌好、团结协作，遵守安全操作规程，无安全事故	15	
单项技能考核	进行主轴驱动系统的连接	进行主轴驱动系统接线及上电前的各项检查，连接过程酌情扣分，接错不得分	15	
	主轴驱动系统参数的初始化	视主轴驱动系统参数初始化的方法、步骤正确与否酌情扣分	10	
	主轴驱动系统参数的设置	视主轴驱动系统参数设置得正确与否酌情扣分	10	

（续）

考核分类	考核项目	考核指标	配分	得分
综合技能考核	连接符合工艺要求	工艺科学合理，符合企业工艺标准和岗位规范，按正确与否酌情扣分	20	
	参数设定符合要求	各项参数初始化和设定满足要求，按正确与否酌情扣分	20	
	职业规范	安全文明规范，无安全事故发生，及时保养、维护和清洁设备，不符合操作标准不得分	10	
考核结果	合格与否	60分及以上为合格，小于60分为不合格		

 知识加油站

电主轴

1. 使用注意事项

1）电主轴为高速、精密机电一体化部件，为了正确、安全地使用电主轴，在使用前应仔细阅读使用说明书和注意事项。

2）为电主轴提供的空气须是经过除油、水和其他杂质的清洁气体，要求过滤精度 $<1\mu m$，含油量 $<0.01mg/m^3$，固体颗粒 $<1\mu m$，并按设备规定定期检查和更换过滤器。

3）启动主轴前必须先接通压缩空气和切削液，并且在轴心旋转期间不允许断水和断气，否则会损坏主轴部件。

4）电主轴停止旋转后，要经充分冷却后才能切断切削液。

5）更换钻头时，必须确保轴心已停止转动，且停机30s后才可以按换刀开关，否则主轴会卡死。

6）拆卸夹头时应使用专用拆卸工具；在夹头收紧状态时不允许无夹持件，同时不能在高速时进行拆卸。

7）安装主轴时，禁止过于抱紧主轴主体位，以免主轴主体位变形造成内部零件损伤。

8）未经培训的人员不得进行拆卸和操作。

9）为电主轴提供的切削液选择油或水，油冷要求提供的油为低黏度、不宜挥发的阻燃类油，水冷要求水是干净可循环的或加入防止腐蚀铝的防腐剂的水。主轴进水口温度控制在 $16\sim20℃$。

10）禁止超速运转主轴，并且要按技术参数表中规定的范围调节操作参数。

11）运转电主轴前确认电主轴排气位无堵塞，并仔细核对所有相关参数。

2. 电主轴维护保养的注意事项

1）每班启动主轴前对冷却系统进行检查，确保无泄漏、畅通、参数设置正确。

2）运转前核查主轴运转所设定的各种参数。

3）每天清洗夹头内孔和锥面，确保无任何污物，并按参数表要求检查夹头转矩及静、动态 Run－out。

4）按照设备供应商要求定期检查液压系统元件。

5）每年对主轴进行一次拆卸和清洗，确保主轴内部各零件无污物和杂质、球轴承没有

损坏。

6）如果主轴出现故障或需要更换零部件，请联系生产公司或由主轴维修公司进行处置。

练一练

1. 怎样设定数控机床主轴初始参数？
2. 怎样设定与调整数控机床主轴参数？
3. 怎样连接数控机床主轴硬件？

任务三　主轴伺服系统的故障诊断与排除

学习目标

【职业知识目标】

◯ 熟悉直流伺服主轴的故障诊断及排除方法。
◯ 掌握交流伺服主轴的故障诊断及排除方法。
◯ 熟悉主轴伺服系统的维护方法。

【职业技能目标】

◯ 能诊断和排除直流伺服主轴的故障。
◯ 能诊断和排除交流伺服主轴的故障。
◯ 会维护主轴伺服系统。

【职业素养目标】

◯ 在学习过程中体现团结协作意识，爱岗敬业的精神。
◯ 培养学生的综合职业素养、认真负责的工作态度、较强的语言表达能力和动手能力。
◯ 培养 7S 或 10S 的管理习惯和理念。

任务准备

1. 工作对象（设备）

FANUC 0i 系列数控机床主轴系统。

2. 工具和学习材料

万用电表和电笔等。

教师准备好学生要填写的考核表格（表 1-1）。

3. 教学方法

应用模拟工厂生产实际的教学模式，采用项目教学法、小组互动式教学法、讲授、演示教学法等进行教学。

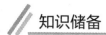　知识储备

一、数控机床主轴维修概述

当主轴伺服系统发生故障时，通常有三种表现形式：一是在 CRT 或操作面板上显示报警内容或报警信息；二是在主轴驱动装置上用警告灯或数码管显示主轴驱动装置的故障；三是主轴工作不正常，但无任何报警信息。

主轴伺服系统常见的故障有以下几种。

1. 外界干扰

由于受到电磁干扰、屏蔽和接地措施不良的影响，主轴转速指令信号或反馈信号受到干扰，使主轴驱动出现随机和无规律性的波动。判别有无干扰的方法是当主轴转速指令为零时，主轴仍往复转动，调整零速平衡和漂移补偿也不能消除故障。

2. 过载

切削用量过大，或频繁地正、反转变速等均可引起过载报警，具体表现为主轴电动机过热、主轴驱动装置显示过电流报警等。

3. 主轴定位抖动

主轴的定向控制（也称主轴定位控制）是将主轴准确停在某一固定位置上，以便在该位置进行刀具交换、精镗退刀及齿轮换档等动作。

（1）可实现主轴准停定向的方式

1）机械准停控制。由带 V 形槽的定位盘和定位用的液压缸配合动作。

2）磁性传感器的电气准停控制。发磁体安装在主轴后端，磁传感器安装在主轴箱上，其安装位置决定了主轴的准停点，发磁体和磁传感器间的间隙为（1.5±0.5）mm。

3）编码器型的电气准停控制。通过在主轴电动机内安装或在机床主轴上直接安装一个光电编码器来实现准停控制，准停角度可任意设定。

（2）产生主轴定位抖动故障的原因

1）准停均要经过减速的过程，减速或增益等参数设置不当，均可引起定位抖动。

2）采用位置编码器作为位置检测元件的准停方式时，定位液压缸活塞移动的限位开关失灵，引起定位抖动。

3）采用磁性传感头作为位置检测元件时，发磁体和磁传感器之间的间隙发生变化或磁传感器失灵，引起定位抖动。

4. 主轴转速与进给不匹配

当进行螺纹切削或用每转进给指令切削时，可能出现停止进给但主轴仍继续转动的故障。系统要执行每转进给的指令，主轴每转必须由主轴编码器发出一个脉冲反馈信号。主轴转速与进给不匹配故障一般是由于主轴编码器有问题，可用以下方法来确定。

1）CRT 界面有报警显示。

2）通过 CRT 调用机床数据或 I/O 状态，观察编码器的信号状态。

3）用每分钟进给指令代替每转进给指令来执行程序，观察故障是否消失。

5. 转速偏离指令值

当主轴转速超过技术要求所规定的范围时，要考虑的因素如下：

1）电动机过载。

2）CNC 系统输出的主轴转速模拟量（通常为 0～10V）没有达到与转速指令对应的值。

3）测速装置有故障或速度反馈信号断线。

4）主轴驱动装置故障。

6. 主轴异常噪声及振动

首先要区别异常噪声及振动发生在主轴机械部分还是电气驱动部分。

1）在减速过程中发生异常噪声，一般是由驱动装置造成的，如交流驱动中的再生回路故障。

2）在恒转速时产生异常噪声，可通过观察主轴电动机自由停车过程中是否有噪声和振动来区别。如果有，则是主轴机械部分有问题。

3）检查振动周期是否与转速有关。如果无关，一般是主轴驱动装置未调整好；如果有关，应检查主轴机械部分是否良好，测速装置是否不良。

7. 主轴电动机故障

目前多用交流主轴，下面就以交流主轴电动机为例介绍其故障。直流电动机故障报警内容与之基本相同，故下面所述的分析方法也适用于直流主轴伺服单元。

（1）主轴电动机不转　CNC 系统至主轴驱动装置除了转速模拟量控制信号外，还有使能控制信号，一般为 DC24V 继电器线圈电压。

1）检查 CNC 系统是否有速度控制信号输出。

2）检查使能信号是否接通。通过 CRT 观察 I/O 状态，分析机床 PLC 梯形图（或流程图），以确定主轴的启动条件，如润滑、冷却等条件是否满足。

3）主轴驱动装置故障。

4）主轴电动机故障。

（2）电动机过热的原因　电动机负载太大；电动机冷却系统太脏；电动机内部风扇损坏；主轴电动机与伺服单元间连线断线或接触不良。

（3）电动机速度偏离指令值的原因

1）电动机过载。有时转速限值设定太小，也会造成电动机过载。

2）如果报警是在减速时发生的，则故障多发生在再生回路，可能是再生控制不良或再生用晶体管模块损坏。如果只是再生回路的熔丝烧断，则大多数是因为加速/减速频率太高所致。

3）如果报警是在电动机正常旋转时产生的，可在急停后用手转动主轴，用示波器观察脉冲发生器的信号。如果波形不变，则说明脉冲发生器有故障或速度反馈断线；如果波形有变化，则可能是印制电路板不良或速度反馈信号有问题。

（4）电动机速度超过最大额定速度值　引起此报警的原因可能是印制电路板设定有误或调整不良；印制电路板上的 ROM 存储器不对；印制电路板有故障。

（5）电动机速度超过最大额定速度（当采用数字检测系统时）　原因同上。

（6）交流主轴电动机旋转时出现异常噪声与振动　对这类故障可按下述方法进行检查和判断。

1）检查异常噪声和振动是在什么情况下发生的。如果是在减速过程中发生的，则再生回路可能有故障，此时应着重检查再生回路的晶体管模块及熔丝是否已烧断；如果是在稳速旋转时发生的，则应确认反馈电压是否正常。如果反馈电压正常，可在电动机旋转时拔下指令信号插头，观察电动机停转过程中是否有异常噪声。如果有噪声，说明机械部分有问题；如果无噪声，说明印制电路板有故障。

2）如果反馈电压不正常，则应检查振动周期是否与速度有关。如果与速度无关，则可能是调整不好或机械问题或印制电路板不良。

3）如果振动周期与速度有关，则应检查主轴与主轴电动机的齿数比是否合适，主轴的脉冲发生器是否良好。

（7）交流主轴电动机不转或达不到正常转速　其检查步骤和可能的原因如下：

1）观察 NC 给出速度指令后，警告灯是否亮。如果警告灯亮，则按显示的报警号处理。如果报警灯不亮，则检查速度指令 VCMD 是否正常。如果 VCMD 不正常，则应检查指令是否为模拟信号。如果是模拟信号，则 NC 系统内部有问题；如果不是，则是 D – A 转换器有故障。如果 VCMD 指令正常，应观察是否有准停信号输入。如果有这个信号输入，则应解除这个信号，否则可能是设定错误，或是印制电路板调整不良或印制电路板不良。

2）主轴不能启动还可能是传感器安装不良，而磁性传感器没有发出检测信号。

3）电缆连接不好也会引起此故障。

二、FANUC 串行主轴的维修

为了维护和维修方便，提供了多方面的 FANUC 串行主轴维护和维修手段，从系统诊断 400 开始就提供了与主轴有关的诊断信息；在主轴放大器七段 LED 数码管上也显示了运行状态。主轴监控页面如图 3-26 所示。

在图 3-26 所示的页面中，可以选择主轴设定页面、主轴调整页面和主轴监控页面。主轴监控页面提供了丰富的维护和维修信息，为维护和维修带来了极大的方便。现代数控机床要充分利用数控系统提供的丰富信息进行故障诊断和维修。

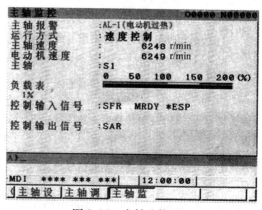

图 3-26　主轴监控页面

在 FANUC 主轴监控页面中有监控信息，如图 3-26 所示，不同的运行方式有不同的参数调整和不同的监视内容。

1）"主轴报警"信息栏提供了当主轴报警时即时显示的主轴以及主轴电动机等的主轴报警信息。主轴报警信息达 63 种，部分主轴报警信息见表 3-15。

在维修当中，通过主轴参数调整监控页面，可以很直观地了解主轴放大器、主轴电动机、主轴传感器反馈等相关故障诊断信息。要充分利用主轴监控页面提供的故障诊断信息。

2）"运行方式"信息栏提供了当前主轴的运行方式。FANUC 主轴运行方式比较丰富和灵活，主要有速度控制、主轴定向、同步控制、刚性攻螺纹、主轴 CS 轮廓控制和主轴定位控制（T 系列）。不是每种主轴都有 6 种运行方式，主要取决于机床制造厂家是否二次开发了用户需要的运行方式，而且有的运行方式还需要数控系统具备相应的软件选项，以及主轴电动机具备实现功能的硬件。

表 3-15　部分主轴报警信息

报警号	报警信息	报警号	报警信息	报警号	报警信息
1	电动机过热	29	短暂过载	61	半侧和全侧位置返回误差报警
2	速度偏差过大	30	输入电路过电流	65	磁极确定动作时的移动量异常
3	直流电路熔断器熔断	31	电动机受到限制	66	主轴放大器间通信报警
4	输入熔断器熔断	32	用于传输的 RAM 异常	72	电动机速度判定不一致
6	温度传感器断线	33	直流电路充电异常	73	电动机传感器断线
7	超速	34	参数设定异常	80	通信的下一个主轴放大器异常
9	主回路过载	41	位置编码器一转信号检测错误	82	尚未检测出电动机传感器一转信号
11	直流电路过电压	42	尚未检测出位置编码器一转信号	83	电动机传感器信号异常
12	直流电路过电流	43	差速控制用位置编码器信号断线	84	主轴传感器断线
15	输出切换报警	46	螺纹切削用位置传感器一转信号检测错误	85	主轴传感器一转信号检测错误
16	RAM 异常	47	位置编码器信号异常	87	主轴传感器信号异常
19	U 相电流偏置过大	51	变频器直流链路过电压	110	放大器间通信异常
20	V 相电流偏置过大	52	ITP 信号异常	111	变频器控制电源低电压
21	位置传感器极性设定错误	56	内部散热风扇停止	112	变频器再生电流过
24	传输数据异常或停止	57	变频器减速电力过大	120	通信数据报警
27	位置编码器断线	58	变频器主回路过载	137	设备通信异常

3）主轴控制输入信号。编制 PMC 程序使主轴实现相关功能时，经常把逻辑处理结果输出到 PMC 的 G 地址，最终实现主轴功能。例如，要使第 1 主轴正转，需要编制包含 M03 的加工程序，经过梯形图逻辑处理输出到 G70.5，而 FANUC 公司规定 G70.5 地址信号用符号表示就是 SFRA，即只要第 1 主轴处于正转状态，就能在"控制输入信号"栏看到"SFR"，在"主轴"栏看到"S1"。常用的主轴控制输入信号见表 3-16。

表 3-16　常用的主轴控制输入信号

信号符号	信号含义	信号符号	信号含义
TLML	转矩限制信号（低）	* ESP	急停（负逻辑）信号
TLMH	转矩限制信号（高）	SOCN	软启动/停止信号
CTH1	齿轮信号 1	RSL	输出切换请求信号
CTH2	齿轮信号 2	RCH	动力线状态确认信号
SRV	主轴反转信号	INDX	定向停止位置变更信号
SFR	主轴正转信号	ROTA	定向停止位置旋转方向信号
ORCM	主轴定向信号	NRRO	定向停止位置快捷信号
MRDY	机械准备就绪信号	INTC	速度积分控制信号
ARST	报警复位信号	DEFM	差速方式指令信号

4）主轴控制输出信号。主轴控制输出信号的理解思路与主轴控制输入信号一样。当主轴控制处于某个状态时，由 CNC 把相关的状态输出至 PMC 的 F 存储区，使维修人员很直观地了解主轴目前处于的控制状态。例如，当第 1 主轴速度达到运行转速时，CNC 就输出速度到达信号，信号地址是 F45.3，FANUC 定义的符号是 SARA，在"控制输出信号"栏可看到"SAR"，在"主轴"栏看到"Sl"。常用的主轴控制输出信号见表 3-17。

表 3-17 常用的主轴控制输出信号

信号符号	信号含义	信号符号	信号含义
ALM	报警信号	LDT2	负载检测信号 2
SST	速度零信号	TLM5	转矩限制中信号
SDT	速度检测信号	ORAR	定向结束信号
SAR	速度到达信号	SRCHP	输出切换信号
LDT1	负载检测信号 1	RCFN	输出切换结束信号

课堂互动

1）主轴伺服系统常见的故障有哪些？

2）数控机床主轴控制输入和输出号及报警信息有哪些？

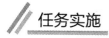 任务实施

一、直流主轴伺服系统故障

1. 直流主轴伺服系统发生故障的原因（表 3-18）

表 3-18 直流主轴伺服系统故障的原因

直流主轴伺服系统故障现象	发生故障的可能原因
主轴不转	① 印制电路板太脏 ② 触发脉冲电路故障，没有脉冲产生 ③ 主轴电动机动力线断线或与主轴控制单元连接不良 ④ 高/低档齿轮切换用的离合器切换不好 ⑤ 机床负载太大 ⑥ 机床未给出主轴旋转信号
电动机转速异常或转速不稳定	① D–A 转换器故障 ② 测速发电机断线 ③ 速度指令错误 ④ 电动机失效（包括励磁丧失） ⑤ 过载 ⑥ 印制电路板故障

（续）

直流主轴伺服系统故障现象	发生故障可能的原因
主轴电动机振动或噪声太大	① 电源断相或电源电压不正常 ② 控制单元上的电源开关设定（50Hz/60Hz 切换）错误 ③ 伺服单元上的增益电路和颤抖电路调整不好 ④ 电流反馈回路未调整好 ⑤ 三相输入的相序不对 ⑥ 电动机轴承故障 ⑦ 主轴齿轮啮合不好或主轴负载太大
发生过电流报警	① 电流极限设定错误 ② 同步脉冲紊乱 ③ 主轴电动机电枢线圈内部短路 ④ 15V 电源异常
速度偏差过大	① 负载太大 ② 电流零信号没有输出 ③ 主轴被制动
熔丝熔断	① 印制电路板不良（LED1 灯亮） ② 电动机不良 ③ 测速发电机不良（LED2 灯亮） ④ 输入电源反相（LED3 灯亮） ⑤ 输入电源断相
热继电器跳闸	LED4 灯亮，表示过载
电动机过热	LED4 灯亮，表示过载
过电压吸收器烧坏	由外加电压过高或干扰引起
运转停止	LED5 灯亮，表示电源电压太低，控制电源混乱
LED2 灯亮	励磁丧失
速度达不到最高转速	① 励磁电流太大 ② 励磁控制回路不动作 ③ 晶闸管整流部分太脏，造成绝缘能力降低
主轴在加减速时工作不正常	① 减速极限电路调整不良 ② 电流反馈回路不良 ③ 加减速回路时间常数设定和负载惯量不匹配 ④ 传动带连接不良
电动机电刷磨损严重，或电刷上有火花痕迹，或电刷滑动面上有深沟	① 过载 ② 换向器表面太脏或有伤痕 ③ 电刷上粘有大量的切削液 ④ 驱动回路给定不正确

2. 直流伺服主轴故障诊断及排除实例分析

故障现象 1：某加工中心主轴在运转时抖动，主轴箱噪声增大，影响加工质量。

故障处理：经检查，主轴箱和直流主轴电动机正常，因此转而检查主轴电动机的控制系统。经测试，速度指令信号正常，而速度反馈信号出现不应有的脉冲信号，问题出在速度检测元件即测速发电机上。当主轴电动机运转时，带动测速发电机转子一起运转，使测速发电机的输出正比于主轴电动机转速的直流反馈电压。经检查，测速发电机电刷完好，但换向器因炭粉堵塞造成一绕组断路，使得测速反馈信号出现规律性的脉冲，导致速度调节系统调节不平稳，使驱动系统输出的电流忽大忽小，从而造成电动机轴的抖动。

故障排除：用酒精清洗换向器，彻底清除炭粉，故障即排除。

故障现象 2：某加工中心采用直流主轴电动机逻辑无环流可逆调速系统。当用 M03 指令启动时，有"咔、咔"的冲击声，电动机换向片上有轻微的火花，启动后无明显的异常现象；用 M05 指令使主轴停止运转时，换向片上出现强烈的火花，同时伴有"叭、叭"的放电声，随即交流回路的熔丝熔断。火花的强烈程度与电动机的转速有关，转速越高、火花越大，启动时的冲击声也越明显。用急停方式停止主轴，换向片上没有任何火花。

故障处理：该机床的主轴电动机有两种制动方式：①电阻能耗制动，只用于急停。②回馈制动，用于正常停机（M05）。主轴直流电动机驱动系统是一个逻辑无环流可逆控制系统，任何时候不允许正、反两组晶闸管同时工作，制动过程为"本桥逆变—电流为零—他桥逆变制动"。根据故障特点，急停时无火花，而使用 M05 指令停机时有火花，说明故障与逆变电路有关。他桥逆变时，电动机运行在发电机状态，导通的晶闸管始终承受着正向电压，这时晶闸管触发控制电路必须在适当时刻使导通的晶闸管受到反压而被迫关断。若是漏发或延迟了触发脉冲，已导通的晶闸管就会因得不到反压而继续导通，并逐渐进入整流状态，其输出电压与电动势成顺极性串联，造成短路，使换向片上出现火花、熔丝熔断。同理，启动过程的整流状态中，若漏发触发脉冲，已导通的晶闸管会在经过自然换向点后自行关断，这将导致晶闸管输出断续，造成电动机启动时的冲击。因此，本故障是由晶闸管的触发电路故障引起的。

故障排除：更换晶闸管。

故障现象 3：某数控车床 FANUC 0TC 系统，主轴转速不稳。在机床切削加工过程中，主轴转速不稳定。

故障处理：利用 MDI 方式启动主轴时，发现主轴稳定旋转没有问题；而进行自动切削加工时，经常出现转速不稳的问题。在加工时仔细观察屏幕，除了主轴实际转速变化外，主轴速度的倍率数值也在变化。检查主轴转速倍率设定开关，没有问题；对电气连线进行检查，发现主轴倍率开关的电源连线开焊，由于加工振动，导致电源线接触不良，有时能够接触上，有时接触不上，造成主轴转速不稳；而在 MDI 方式，没有进行加工，没有振动，所以电源线连接上了，倍率没有变化，主轴转速也就是稳定的。

故障排除：将该开关上的电源线焊好后，主轴转速恢复稳定。

二、交流伺服主轴驱动系统常见故障的诊断与排除

交流主轴驱动系统按信号形式可分为交流模拟型主轴驱动单元和交流数字型主轴驱动单元。交流主轴驱动除了有与直流主轴驱动同样的过热、过载、转速不正常报警或故障外，还

有其他的故障。

1. 主轴不能转动，且无任何报警显示

产生主轴不能转动，且无任何报警显示故障的可能原因及排除方法见表 3-19。

表 3-19　主轴不能转动，且无任何报警显示的故障原因及排除方法

可能原因	检查步骤	排除方法
机械负载过大		尽量减轻机械负载
连接主轴与电动机的传动带过松	在停机的状态下，查看传动带的松紧程度	调整传动带
主轴中的拉杆未拉紧夹持刀具的拉钉（在车床上就是卡盘未夹紧工件）	有的机床会设置敏感元件的反馈信号，检查反馈信号是否到位	重新装夹好刀具或工件
系统处在急停状态	检查主轴单元的主交流接触器是否吸合	根据实际情况松开急停开关
机械"准备好"信号断路		排查机械"准备好"信号电路
主轴动力线断线	用万用表测量动力线电压	确保电源输入正常
电源断相		
正反转信号同时输入	利用 PLC 监查功能查看相应信号	一般为数控装置的输出有问题
无正反转信号	通过 PLC 监视画面，观察正反转指示信号是否发出	
没有速度控制信号输出	测量输出的信号是否正常	排查系统的主轴信号输出端子
使能信号没有接通	通过 CRT 观察 I/O 状态，分析机床 PLC 梯形图（或流程图），以确定主轴的启动条件，如润滑、冷却等条件是否满足	检查外部启动的条件是否符合
主轴驱动装置故障	有条件的话，利用交换法确定是否有故障	更换主轴驱动装置
主轴电动机故障		更换电动机

2. 主轴速度指令无效，转速仅有 1~2r/min

主轴速度指令无效，转速仅有 1~2r/min 故障的可能原因及排除方法见表 3-20。

表 3-20　主轴速度指令无效，转速仅有 1~2r/min 故障的可能原因及排除方法

可能原因	检查步骤	排除方法
动力线接线错误	检查主轴伺服与电动机之间的 U、V、W 连线	确保连线对应
CNC 模拟量输出 D-A 转换电路故障	用交换法判断是否有故障	更换相应电路板
CNC 速度输出模拟量与驱动器连接不良或断线	测量相应信号，是否有输出且是否正常	更换指令发送口或更换数控装置
主轴驱动器参数设定不当	查看驱动器参数是否正常	依照说明书正确设置参数
反馈线连接不正常	查看反馈连线	确保反馈连线正常
反馈信号不正常	检查反馈信号的波形	调整波形至正确或更换编码器

3. 速度偏差过大

速度偏差过大指主轴电动机的实际速度与指令速度的误差值超过允许值，一般是启动时电动机没有转动或速度上不去。速度偏差过大报警的可能原因及故障排除方法见表3-21。

表3-21　速度偏差过大报警的可能原因及故障排除方法

可能原因	检查步骤	故障排除方法
反馈连线不良	不启动主轴，用手盘动主轴使主轴电动机以较快的速度转起来，估计电动机的实际速度监视反馈的实际转速	确保反馈连线正确
反馈装置故障		更换反馈装置
动力线连接不正常	用万用表或兆欧表检查电动机或动力线是否正常（包括相序不正常）	确保动力线连接正常
动力电压不正常		确保动力线电压正常
机床切削负载太大，切削条件恶劣		重新考虑负载条件，减轻负载，调整切削参数
机械传动系统不良		改善机械传动系统的工作条件
制动器未松开	查明制动器未松开的原因	确保制动电路正常
驱动器故障	利用交换法判断是否有故障	更换出错单元
电流调节器控制板故障		
电动机故障		

4. 过载报警

切削用量过大，频繁正、反转等均可引起过载报警，具体表现为主轴过热、主轴驱动装置显示过电流报警等。造成此故障的可能原因及排除方法见表3-22。

表3-22　过载报警故障的可能原因及排除方法

出现故障的时间	可能原因	检查步骤	排除方法
长时间开机后再出现此故障	负载太大	检查机械负载	调整切削参数，根据切削条件减轻负载
	热控开关坏了	频繁正、反转	减少频繁正、反转的次数
开机后即出现此报警	控制板有故障	用万用表测量相应引脚	更换热控开关
		用交换法判断是否有故障	如有故障，更换控制板

5. 主轴振动或噪声过大

首先要区别异常噪声及振动发生在主轴机械部分还是电气驱动部分。检查方法如下。

1）若在减速过程中发生异常噪声，一般是由驱动装置造成的，如交流驱动中的再生回路故障。

2）若在恒转速时产生异常噪声，可通过观察主轴停车过程中是否有噪声和振动来区别，如果有，则主轴机械部分有问题。

3）检查振动周期是否与转速有关。如果无关，一般是主轴驱动装置未调整好；如果有关，应检查主轴机械部分是否良好，测速装置是否不良。

主轴振动或噪声过大故障的可能原因及排除方法见表3-23。

表3-23 主轴振动或噪声过大故障的可能原因及排除方法

故障部位	可能原因	检查步骤	排除方法
电气部分故障	系统电源断相、相序不正确或电压不正常	测量输入的系统电源	确保电源正确
	反馈不正确	测量反馈信号	确保接线正确，且反馈装置正常
	驱动器异常。例如增益调整电路或颤动调整电路的调整不当		根据参数说明书设置好相关参数
	三相输入的相序不对	用万用表测量输入电源	确保电源正确
机械部分故障	主轴负载过大		重新考虑负载条件，减轻负载
	润滑不良	是否缺润滑油	加注润滑油
		是否为润滑电路或电动机故障	检修润滑电路
		是否漏润滑油	更换润滑油管
	连接主轴与主轴电动机的传动带过紧	在停机的情况下检查传动带的松紧程度	调整传动带
	轴承故障、主轴和主轴电动机之间离合器故障	目测判断此机械连接是否正常	调整轴承
	轴承拉毛或损坏	可拆开相关机械结构后目测判断	更换轴承
	齿轮有严重损伤		更换齿轮
	主轴部件动平衡不好（从最高速度向下时发生此故障）	当主轴电动机处于最高速度时，关掉电源，看惯性运转时是否仍有声音	校核主轴部件的动平衡条件，调整机械部分
	轴承预紧力不够或预紧螺钉松动		调紧预紧螺钉
	游隙过大或齿轮啮合间隙过大		调整机床间隙

6. 交流伺服主轴故障诊断及排除实例分析

故障现象1：在 FANUC 0i－D 数控系统正常使用的过程中，CNC 上显示报警 SP9024，主轴放大器模块七段 LED 数码管上显示 24。

故障诊断：

1）CNC 上显示的报警号是 SP9024，显示信息内容为"SSPA：串行传送错误（AL－24）"，如图 3-27 所示。

图 3-27 所示信息说明 CNC 与主轴串行通信时发生故障。观察到主轴放大器模块上七段 LED 数码管显示 24，且七段 LED 数码管旁边的红色指示灯亮，说明目前七段 LED 数码管显

示的是故障报警代码，不是错误代码。

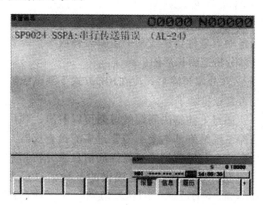

图 3-27　主轴报警信息页面

2）根据主轴放大器模块常见故障报警（表 3-24）进行故障分析如下：

① 检查 CNC 与主轴放大器模块之间的电缆，若平时一直在使用此电缆，说明电缆长度没有问题。

② 检查设备周围有无大的干扰源引起数据通信异常。

③ 若设备一直在使用，说明导线走线问题不大，可以暂不考虑。

④ 检查 CNC 与主轴放大器模块之间的通信电缆，有条件的可以直接更换一根好的电缆，或者用万用表检查导线连接情况，观察导线连接是否有虚焊情况或其他原因导致导线断开了。

⑤ 若上述①~④都没有问题，可以考虑主轴放大器模块（SPM）故障，包括控制印制电路板故障和主电路故障。

在断电情况下，拔出主轴放大器模块的控制印制电路板，找出控制印制电路板上的订货号，更换相同规格的备件。

再正常通电，观察有无报警，若没有报警，说明故障就在控制印制电路板上，问题解决。

表 3-24　主轴放大器模块常见故障报警（摘录）

报警号	七段 LED 数码管显示	报警原因	故障分析及处理方法
SP9024	24	串行传输数据异常	1. CNC 与主轴放大器模块之间电缆的噪声导致通信数据发生异常，应确认有关最大配线长度的条件 2. 通信电缆与动力线绑扎到一起时产生噪声，应分别绑扎 3. 电缆故障应更换电缆。使用光缆 I/O 连接适配器时，有可能是光缆 I/O 连接适配器或光缆故障 4. SPM 故障。应更换 SPM 或 SPM 控制印制电路板 5. CNC 故障。应更换与串行主轴相关的板或模块

3）若故障依旧，再在断电情况下拆下原来主轴放大器模块上的电缆。

> **操作提示** 要注意记下拆下电缆接口的位置，便于更换后恢复。更换主轴放大器模块时，要注意主轴放大器模块的型号和订货号。

4）把拆下的电缆恢复到新换的主轴放大器模块上，并检查有无连接错误。

5）正常通电，观察是否有故障。若还有故障，按照表 3-24 提示，故障可能在 CNC 上。

故障排除：在断电情况下，找出涉及主轴串口功能的电路板进行更换，故障排除。

故障现象 2：某台配套数控系统、交流伺服驱动的卧式加工中心出现调节器模块不良引起的故障。

故障诊断：加工中心开机后，在机床手动回参考点时，系统出现 ALM 1120 报警。系统出现 ALM 1120 报警的含义是 X 轴移动过程中的误差过大。引起该故障的原因较多，但实质是 X 轴实际位置在运动过程中不能及时跟踪指令位置，使误差超过了系统允许的参数设置范围。

观察机床在 X 轴手动时，电动机未旋转，检查驱动器也无报警，且系统的位置显示值与位置跟随误差同时变化，初步判定 CNC 与驱动器均无故障。

进一步检查位置控制模块至 X 轴驱动器之间的连接，发现 X 轴驱动器上来自 CNC 的速度给定有电压输入，驱动器使能信号正常，但实际电动机不转，驱动器无报警。

因此，可以基本判定故障是由于驱动器本身不良引起的。通过互换驱动器调节器模块，确认故障在调节器模块上。

故障排除：更换驱动器调节器模块后故障排除，机床恢复正常工作。

故障现象 3：某数控机床，驱动器是额定功率为 33kW 的主轴驱动，无线路图。该驱动器无输出且有电压不正常的故障提示（F2）。

故障诊断：送上三相交流电，检查中间直流电压，发现无直流电压，说明整流滤波环节有故障。断电，进一步检查主回路，发现熔丝及阻容滤波的电阻都已损坏，换上相应的元器件，中间直流电压正常。但此时切勿急于通电，应再检查逆变主回路（如要测试整流、滤波环节是否正常，最好断开点 A 或点 B 后再进行测量）。检查逆变器主回路，发现有一组功率模块的 C、E 之间已击穿短路。

故障排除：换上功率模块后，逆变主回路已正常。凡是有模块损坏的情况，必须检查相应的前置放大回路。

三、其他主轴故障的维修

故障现象 1：某配套 FANUC 0 TC 的进口数控车床，开机后 CNC 显示"NOT READY"，伺服驱动器无法启动。

故障诊断：由机床的电气原理图可以查得该机床急停输入信号包括紧急按钮、机床 X/Z 轴的"超程保护"开关以及中间继电器 KA10 的常开触点等。检查急停按钮、"超程保护"开关均已满足条件，但中间继电器 KA10 未吸合。进一步检查 KA10 线圈，发现该信号由内部 PLC 控制，对应的 PLC 输出信号为 Y53.1。根据以上情况，通过 PLC 程序检查 Y53.1 的逻辑条件，确认故障是由于机床主轴驱动器报警引起的。通过排除主轴报警，确认 Y53.1 输出为"1"，在 KA10 吸合后，再次启动机床，故障排除，机床恢复正常工作。

故障排除：更换轴承，重新安装好后，用声级计检测，主轴噪声降到 73.5dB。

故障现象 2：CK6140 车床运行在 1200r/min 时，主轴噪声变大。

故障诊断：CK6140 车床采用的是齿轮变速传动。一般来讲，主轴噪声主要有齿轮在啮合时的冲击和摩擦产生的噪声；主轴润滑油箱的油不到位产生的噪声；主轴轴承不良引起的噪声。

将主轴箱上盖的固定螺钉松开，卸下上盖，发现油箱的油在正常水平。检查该档位的齿轮及变速用的拨叉，查看齿轮有没有毛刺及啮合硬点，结果正常，拨叉上的铜块没有摩擦痕迹，且移动灵活。在排除以上故障后，卸下带轮及卡盘，松开前、后锁紧螺母，卸下主轴，检查主轴轴承，发现轴承的外环滚道表面上有一个细小的凹坑碰伤。

故障排除：更换轴承。

课堂互动

1）举例说明主轴直流伺服系统故障的排除方法。
2）举例说明主轴交流伺服系统故障的排除方法。

四、电主轴的装拆步骤

加工中心用电主轴的结构如图 3-28 所示，其装拆步骤如下：

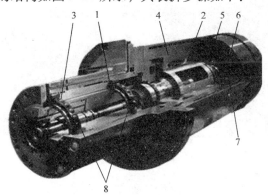

图 3-28　电主轴的结构简图
1—主轴轴系　2—内装式电动机　3—支承及润滑系统　4—冷却系统　5—松拉刀系统
6—轴承自动卸载系统　7—编码器安装调整系统　8—轴承

1）拆除夹紧传感器的支架，如图 3-29 所示。

a)

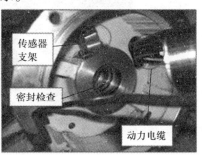

b)

图 3-29　传感器支架

2）拆除旋转切削液接头连接处和开关支架，并做好标记，如图 3-30 所示。

图 3-30　拆除旋转切削液接头连接处和开关支架

3）拆除过渡连接和中间的旋转接头。

4）拆除前端卡爪和弹簧卡套。

5）拆除液压缸、缸筒和活塞，如图 3-31 所示。

图 3-31　拆除液压缸、缸筒和活塞

6）拆除检测速度和主轴定位的鼠齿盘，如图 3-32 所示。

图 3-32　拆除鼠齿盘

7）取出拉杆中的两根 M4 的螺钉，取出外套，更换前端拉杆接头，如图 3-33 所示。

8）图 3-28 中，轴承 8 为不可拆卸轴承。

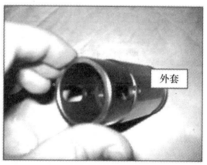

图 3-33　取出拉杆

教学评价 （表 3-25）

表 3-25　考核标准与成绩评定项目表

考核分类	考核项目	考核指标	配分	
职业素养	学习期间的出勤情况、着装情况、课堂纪律和工作态度等	不迟到、不早退、不旷课、不无故请假；着装整齐；遵守课堂纪律；在工作中劳动态度端正、精神面貌好、团结协作，遵守安全操作规程，无安全事故	15	
单项技能考核	主轴故障的判断	主轴故障判别方法及步骤应正确，判断错不得分	15	
	排除主轴故障	排除故障的方法应正确，排除错了不得分	15	
	电主轴的装拆	电主轴的装拆方法、步骤应正确，错误一次扣一分	10	
综合技能考核	判别故障原因	符合企业维修标准和岗位规范，根据具体要求判别	10	
	排除故障方法	根据具体情况排除故障，满足要求	10	
	电主轴的装拆步骤	按工艺顺序装拆电主轴	15	
	职业规范	安全文明规范，无安全事故发生，及时保养、维护和清扫设备，不符合操作标准不得分	10	
考核结果	合格与否	60 分及以上为合格，小于 60 分为不合格		

知识加油站

主轴电动机的维护

要经常按照表 3-26 所列内容进行电动机的维护。

表 3-26　主轴电动机的维护

序号	检测项目	状况	处理方法
1	异常响声或异常振动	1. 出现以前所没有的异常响声以及振动 2. 在最高转速下，电动机的振动加速度在 0.5m/s 以下	1. 检查基座的安装 2. 检查电动机与轴的连接 3. 检查电动机轴承是否有异常响声 4. 检查减速机以及传动带是否有振动以及响声 5. 检查主轴放大器是否有异常响声 6. 检查风扇电动机是否有异常响声

（续）

序号	检测项目	状况	处理方法	
2	冷却风通道	冷却风通道沾有粉尘或油污	定期打扫电动机定子孔和风扇电动机	
3	电动机表面	电动机表面沾有切削液	1. 及时进行清扫 2. 若有大量切削液，应设法加罩覆盖	
4	风扇电动机	不能正常运转	用手可以转动风扇时	更换风扇
			用手不可以转动风扇时	清除异物，若仍出现异常响声或无反应，则更换风扇
		出现异常响声	清除异物，若仍出现异常响声或无反应，则更换风扇电动机	
5	电动机轴承	电动机轴承出现异响	确认轴承是否需要更换，注意轴承规格，如有需要可咨询 FANUC 公司	
6	端子箱内部状况	端子箱内部进入切削液	1. 检查端子箱盖以及管道密封圈 2. 端子箱内部有大量切削液，应用罩覆盖起来	
		端子板螺钉松动	1. 紧固螺钉 2. 电动机旋转时确认是否还有异常振动	
7	传动带	传动带有异常响声	1. 检查主轴和电动机的安装是否松动 2. 检查传动带是否有磨损	

FANUC 主轴电动机一般都带有散热风扇，散热风扇有电动机轴端散热型，也有电动机尾部散热型，不同的主轴电动机，风扇电动机规格也是不同的。

练一练

1. 举例说明直流主轴伺服系统故障的判别及排除方法。
2. 举例说明交流主轴伺服系统故障的判别及排除方法。
3. 举例说明主轴的报警信息有哪些。
4. 电主轴的装拆步骤有哪些？

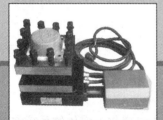

模块四

进给伺服系统的连接、调试与维修

学习目标

【职业知识目标】

- 了解伺服驱动系统的功用和分类、组成以及伺服放大器的维护方法。
- 掌握 FANUC 系统进给伺服硬件以及 αi 系列伺服放大器的连接方法。
- 熟悉数控机床进给系统速度和位置检测装置。

【职业技能目标】

- 知道 FANUC 系统进给伺服硬件以及 αi 系列伺服放大器的连接方法。
- 认识数控机床进给系统速度和位置检测装置，会维护伺服放大器。

【职业素养目标】

- 在学习过程中体现团结协作意识，爱岗敬业的精神。
- 培养学生的综合职业能力、认真负责的工作态度、较强的语言表达能力和动手能力。
- 培养 7S 或 10S 的管理习惯和理念。

任务准备

1. 工作对象（设备）

FANUC 0i－D 数控系统的伺服系统。

2. 工具和学习材料

电笔、万用表和各种螺钉旋具等。

教师准备好学生要填写的考核表格（表 1-1）。

3. 教学方法

应用模拟工厂生产实际的教学模式，采用项目教学法、小组互动式教学法、讲授、演示教学法等进行教学。

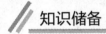

一、伺服驱动系统概述

在自动控制系统中，通常把输出量能够以一定的准确度随输入量变化而变化的系统称为随动系统，也称为伺服系统或拖动系统。在数控机床中，由 CNC 发出指令脉冲，让驱动电动机拖着机床工作台或刀架运动，而电动机按着计算机的指令行事，可以准确无误地完成指令要求的任务，故称为伺服驱动。数控机床一般有进给伺服驱动系统和主轴伺服系统两种，主要用于控制机床的进给运动和主轴转速。本模块主要介绍进给伺服驱动系统。

1. 伺服系统的组成

如图 4-1 所示，数控机床的伺服系统一般由驱动单元、机械传动部件、执行元件和检测反馈环节等组成。驱动控制单元和驱动元件组成伺服驱动系统，机械传动构件和执行元件组成机械传动系统，检测元件和反馈电路组成检测装置（也称检测系统）。

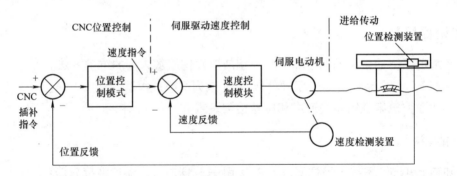

图 4-1　伺服系统的组成

2. 伺服系统的分类

（1）按伺服系统的控制方式分类

1）开环控制伺服系统。开环控制系统没有检测反馈装置，数控装置发出的指令信号是单方向传递的，步进电动机为驱动元件，由步进驱动装置和步进电动机组成驱动系统。开环控制系统结构简单，易于控制，但精度低、低速平稳性差、高速转矩小，一般用于轻载、负载变化不大或经济型的数控机床上。

2）半闭环控制伺服系统。半闭环控制系统的位置检测装置安装在电动机上或丝杠轴端，通过角位移的测量，间接测量机床工作台的实际位置，并与 CNC 装置发出的指令值进行比较，用差值控制运动。半闭环控制系统以交、直流伺服电动机作为驱动元件，由位置比较、速度控制、伺服电动机等组成。因为半闭环控制系统只检测电动机的旋转角度而不检测机械间隙等，所以整个系统位置环增益较大，且调试比较容易，稳定性较好。

3）全闭环控制伺服系统。全闭环控制系统的位置检测装置安装在机床工作台上，直接测量工作台的实际位移，并与 CNC 装置的指令值进行比较，用差值控制运动。全闭环控制系统以交、直流伺服电动机作为驱动元件，用于高精度设备的控制。

（2）按伺服电动机的类型分类

1）步进伺服系统。步进伺服系统是典型的开环伺服系统，由步进电动机及其驱动系统组成。步进伺服系统是一种用脉冲信号进行控制，并将脉冲信号转换成相应的角位移的控制系统。其角位移与脉冲数成正比，转速与脉冲频率成正比，通过改变脉冲频率可调节电动机的转速。如果停机后某些绕组仍保持通电状态，则系统还具有自锁能力。其精度差、能耗高、速度低，且其功率越大，移动速度越低，主要用于速度要求不高的经济型数控机床及旧设备改造。

2）直流伺服系统。直流伺服系统常用的伺服电动机有小惯量直流伺服电动机和永磁直流伺服电动机（也称大惯量直流伺服电动机）。直流伺服系统虽有优良的调整性能，但由于其在结构上采用了易磨损的电刷和换向器，因此需要经常维护，而且且结构复杂、制造困难、材料消耗多，因此制造成本高。

3）交流伺服系统。将直流电动机做"里翻外"的处理，即把电枢绕组装在定子、转子上作为永磁部分，由转子轴上的编码器测出磁极位置，就构成了永磁无刷电动机。

交流伺服电动机可依据电动机运行原理的不同，分为感应式（又称异步）交流伺服电动机、永磁式同步伺服电动机、永磁式无刷直流伺服电动机和磁阻同步交流伺服电动机。目前市场上的交流伺服电动机产品主要是永磁同步伺服电动机和无刷直流伺服电动机。

4）直线伺服系统。直线伺服系统采用的是一种直接驱动方式（Direct Drive），其最大的特点是取消了电动机到工作台间的一切机械中间传动环节，即把机床进给传动链的长度缩短为零。直线电动机的主要特点是结构简单，定位精度高，反应速度快，极大地提高了系统的灵敏度、快速性和随动性，且操作安全可靠、寿命长。

直线电动机有直流、交流、步进、永磁、电磁异步等多种方式；从结构来讲，又有动圈式、动铁式、平板形和圆筒形等形式。

（3）按反馈比较控制方式分类　数控机床位置闭环伺服系统是由指令信号与反馈信号相比较后得到偏差，再实现偏差控制的。根据采用的位置检测元件不同，位置指令信号与反馈信号的比较方式通常可分为三种，即脉冲比较、相位比较和幅值比较。所以伺服系统按反馈比较控制方式可分为脉冲数字比较伺服系统、相位比较伺服系统和幅值比较伺服系统三种。

1）脉冲数字比较伺服系统。在数控机床中，如果插补器给出的指令信号是数字脉冲，选择磁尺、光栅、光电编码器等元件作为机床移动部件位移量的检测装置，输出的位置反馈信号也是数字脉冲信号。这样，给定量与反馈量的比较就是直接的脉冲，由此构成的伺服系统就称为脉冲比较伺服系统，简称脉冲比较系统，也称为数字伺服系统。

2）相位比较伺服系统。如果位置检测元件采用相位工作方式，控制系统中要把指令信号与反馈信号都变成某个载波的相位，通过二者相位的比较，得到实际位置与指令位置的偏差，从而实现位置和速度的控制，这样的系统称为相位比较伺服系统，简称相位伺服系统。

3）幅值比较伺服系统。如果位置检测元件处于幅值工作状态，则输出幅值大小与机械位移成正比的模拟信号，若将此信号作为位置反馈信号与指令信号相比较，实现由位置和速度控制构成的闭环系统，该系统就称为幅值比较伺服系统，简称幅值伺服系统。

相位伺服系统与幅值伺服系统常用的位置检测元件是旋转变压器、感应同步器、磁栅和光栅等。

（4）按伺服驱动对象分类

1）进给伺服驱动系统。数控机床的进给伺服驱动系统以机床移动部件的位置和速度为控制量，接收来自插补装置或插补软件生成的进给脉冲指令，并将这些脉冲指令经过一定的信号变换及电压、功率放大、检测反馈，最终实现机床工作台相对于刀具运动的控制。

数控机床的进给伺服系统主要由伺服驱动控制系统与机床进给机械传动机构两大部分组成，可采用开环、闭环和半闭环三种控制方式。开环伺服系统只能由步进电动机驱动，闭环伺服系统则有直流电动机和交流电动机两种驱动方式。

2）主轴伺服系统。数控机床的主轴伺服系统以转速、切削功率和转矩为主要控制目标，分为直流主轴系统和交流主轴系统两种。数控机床主轴伺服系统可由数控装置直接控制，也可由数控装置通过可编程序控制器控制。

3. 进给伺服驱动系统简介

随着自动控制领域技术的飞速发展，伺服控制系统从早期的模拟量控制逐步发展到目前大多数数控厂家普遍使用的全数字控制系统，而且随着伺服系统控制的软件化，使伺服系统的控制性能有了更大的提高。

数控机床进给伺服系统一般由伺服放大器、伺服电动机、机械传动组件和检测装置等组成，如图4-2所示。

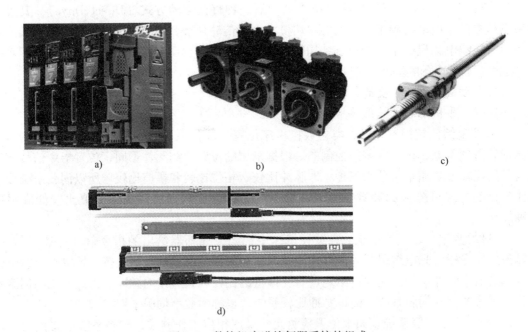

图4-2　数控机床进给伺服系统的组成
a）伺服放大器　b）伺服电动机　c）机械传动组件（丝杠螺母副）　d）检测装置（光栅尺）

1）伺服放大器。伺服放大器的作用是接收系统（伺服轴板）的伺服信息传递信号，实施伺服电动机控制，并采集检测装置的反馈信号，实现伺服电动机闭环电流矢量控制及进给执行部件的速度和位置控制。

目前FANUC系统常用的伺服放大器有α系列伺服单元、β/βiS系列伺服单元、α/αi系

列伺服模块和 β/βiS 系列驱动单元,如图 4-3 所示。

2)伺服电动机。伺服电动机是进给伺服系统的电气执行部件。现代数控机床进给伺服电动机普遍采用交流永磁式同步电动机,由定子部分、转子部分和内装编码器组成,如图 4-4 和图 4-5 所示。

FANUC 系统进给伺服电动机一般采用 α/αi 系列伺服电动机和 β/βi 系列伺服电动机。

图 4-3 FANUC 系统常用
的伺服放大器

图 4-4 伺服电动机外形图

a)   b)   c)

图 4-5 FANUC 系列进给伺服电动机内部组成
a)定子部分 b)转子部分 c)内装编码器

4. 机械传动组件

图 4-6 所示为 CAK6140/1000 数控机床传动系统图。

数控机床进给伺服系统的机械传动组件将伺服电动机的旋转运动转变为工作台或刀架的直线运动,以实现进给运动,主要包括伺服电动机与丝杠的连接装置、滚珠丝杠螺母副及其固定或支承部件、导向元件和润滑辅助装置等,其传动质量直接关系到机床的加工性能。数控机床机械传动组件的具体组成如图 4-7 所示。

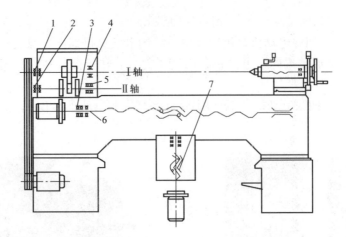

图 4-6　CAK6140/1000 数控机床传动系统图
1、2、3、4、5—轴承　6—纵向进给丝杠　7—横向进给丝杠

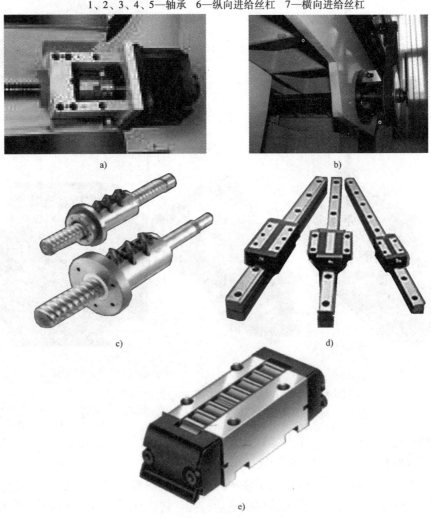

图 4-7　机械传动组件
a）电动机与滚珠丝杠直连　b）电动机与同步带轮相连接，同步带轮连接滚珠丝杠
c）滚珠丝杠螺母副　d）直线导轨　e）滚动导轨

（1）伺服电动机与滚珠丝杠的连接装置　数控机床伺服电动机与丝杠的连接形式有通过联轴器与丝杠直连、同步带连接和经过减速器连接三种，实际中根据机床的具体要求进行选择，如图4-7a、b所示。

（2）滚珠丝杠螺母副　滚珠丝杠传动系统是一个以滚珠作为滚动媒介的滚动传动体系，是在丝杠与螺母间加入钢球，以钢球的滚动运动取代传统丝杠的滑动摩擦传动，实现旋转运动转换成直线运动或直线运动转换成旋转运动，如图4-8所示。

图4-8　滚珠丝杠螺母副

（3）直线滚动导轨　数控机床导轨起导向和支承作用，即支承运动部件并保证其能在外力的作用下准确地沿着规定的方向运动。目前数控机床导轨普遍采用直线滚动导轨，如图4-7d所示，其主要特点是定位精度高，重现性好；摩擦阻力小，可长时间维持精度；可承受四个方向的高负载；适合高速化应用场合；组装容易并具有互换特性。

（4）丝杠和导轨的润滑　润滑剂可提高耐磨性和传动效率。润滑剂可分为润滑油和润滑脂两大类。润滑油一般为全损耗系统用油，润滑脂可采用锂基润滑脂。润滑脂一般加在螺纹滚道和安装螺母的壳体空间内，而润滑油则经过壳体上的油孔注入螺母的空间内。数控机床采用润滑脂润滑时，每半年更换一次滚珠丝杠上的润滑脂，清洗丝杠上的旧润滑脂，涂上新的润滑脂；采用润滑油润滑时，每次开机自动润滑一次，间隔一定时间（用户可调整）或按累计移动行程进行自动间歇润滑。

5. 数控机床检测装置

数控机床的进给系统速度和位置检测装置有伺服电动机内装编码器和分离型检测装置两种形式。进给伺服系统的位置控制形式按检测装置位置不同分为半闭环控制和全闭环控制两种形式。

（1）半闭环控制　所谓半闭环控制是指数控机床的位置（如刀架的移动位置、工作台的移动位置）反馈为间接反馈，即用丝杠的转角作为位置反馈信号，而不是机床位置的直接反馈。数控机床半闭环控制进给伺服电动机内装编码器的反馈信号即为速度反馈信号，同时又作为丝杠的位置反馈信号。

（2）全闭环控制　如果数控机床采用分离型位置检测装置作为位置反馈信号，则进给伺服控制形式为全闭环控制。在全闭环控制中，进给伺服系统的速度反馈信号是来自伺服电动机的内装编码器信号，而位置反馈信号是来自分离型位置检测装置的信号。

分离型位置检测装置有旋转式位置检测装置（如旋转编码器）和直线式位置检测装置（如光栅尺）两种，如图4-9所示。旋转式位置检测装置的进给伺服控制实质上还属于半闭环控制，而直线式位置检测装置的进给伺服控制才属于全闭环控制。采用光栅尺作为分离型位置检测装置的全闭环控制伺服系统，进给伺服电动机的内装编码器信号作为工作台的实际速度反馈信号，光栅尺的信号作为工作台实际移动位置的反馈信号。

图 4-9 位置检测装置
a）编码器外形图 b）光栅尺外形图

二、FANUC 交流进给伺服系统

1. FANUC 数控系统伺服控制

一般典型数控系统伺服控制中有三个控制环，即位置环、速度环和电流环。

1）位置环接收 CNC 位置移动指令，与系统中的位置反馈进行比较，从而精确控制机床定位。

2）速度环速度控制单元接收位置环传入的速度控制指令，与速度反馈进行比较后输入速度调节器进行伺服电动机的速度控制。

3）电流环通过设定力矩电流，并根据实际负载的电流反馈状况，由电流调节器实现对伺服电动机的恒转矩控制。

2. FANUC 伺服放大器与伺服电动机

FANUC 伺服电动机采用交流永磁式同步电动机，由定子部分、转子部分和内置编码器组成。伺服电动机分为增量式位置/速度反馈和绝对式位置/速度反馈两种类型。

FANUC 数控系统与伺服放大器及伺服电动机的配套关系见表 4-1。

表 4-1　FANUC 数控系统与伺服放大器及伺服电动机的配套关系

FANUC 数控系统		伺服放大器及伺服电动机
0i – A		α/αC/β 系列
0i – B/C/D	0i – B/C/D	αi 系列和 βi 系列
	0i Mate – B/C/D	βi 系列
30i/31i/32i		αi 系列和 βi 系列
16i/18i/21i		αi 系列和 βi 系列

βi 系列伺服放大器和伺服电动机有两种规格结构，一种是伺服放大器单独模块结构，简称 βiSV 系列，另一种是伺服放大器与主轴放大器一体化的结构，简称 βiSVSP 系列。

3. FANUC 数字伺服

（1）伺服放大器　多伺服轴/主轴一体型 βiSVSP 伺服放大器与 βi 系列伺服电动机的外

观如图 4-10 所示。

图 4-10 βiSVSP 伺服放大器与 βi 系列伺服电动机的外观

βiSVSP 伺服放大器一般根据伺服电动机和主轴电动机型号来确定。选定了进给伺服电动机和主轴电动机后，就可以通过手册查到对应的伺服放大器型号，可以参考 FANUC 公司的产品样本选型。

另外，还有一种可以单独安装和使用的集成型伺服放大器——βiSV 伺服放大器，其外观如图 4-11 所示。βiSV 伺服放大器有两种控制接口，一种是 FSSB 接口，另一种是 I/O Link 接口。FSSB 接口比较常用。带 FSSB 接口的 βiSV 伺服放大器可以用来作为基本坐标轴使用，带 I/O Link 接口的 βiSV 伺服放大器可以用来作为 I/O Link 轴使用。βiSV 伺服放大器根据伺服电动机型号来确定。选定伺服电动机后，可以通过手册查到对应的伺服放大器型号，也可以参考 FANUC 公司的产品样本确定。

图 4-11 βiSV 伺服放大器的外观

（2）βis 系列伺服电动机 βis 系列伺服电动机是 FANUC 公司推出的用于普通数控机床的高速小惯量伺服电动机，其外观及接口如图 4-12 所示。

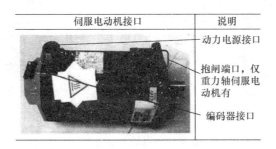

图 4-12 βis 系列伺服电动机外观及接口

βis 系列伺服电动机的编码器需要作为绝对式编码器使用时，只需要在放大器上安装电池和设置系统参数就可以了，有一种用于重力轴上的伺服电动机会带有抱闸端口。

> **操作提示**
> 选择电动机时，需要进行严格的计算后查电动机参数表，主要内容如下：
> 1）根据实际机床的进给速度、切削力和转矩要求选择。
> 2）根据是否是重力轴伺服电动机选择是否需要带抱闸端口。
> 3）绝对式编码器需要配置编码器电池。
> 4）根据安装要求选择安装方式和电动机轴的结构方式。

（3）αi 系列伺服放大器 αi 系列伺服放大器是 FANUC 数控系统常用的高性能伺服驱动产品，采用模块化的结构形式，由电源模块（PSM）、伺服驱动模块（SVM）和主轴驱动模块（SPM）组成。主轴驱动模块是用于控制主轴电动机的模块，图 3-13 所示 αi 主轴放大器模块的结构和功能与伺服驱动模块类似。主轴驱动模块可分为 200V 与 400V 两大系列。实际使用中，选用 200V 的居多。αi 系列伺服放大器各模块组合连接图如图 4-13 所示，其接口说明如图 4-14 所示。

图 4-13 αi 系列伺服放大器各模块组合连接图

αi 系列伺服放大器的选择基本与 βis 系列伺服放大器相似，所不同的是需要清楚控制轴数，再选择伺服驱动模块、直流短路棒。其他的伺服放大器可以根据电动机来选择。

（4）αi 系列伺服电动机 αi 系列伺服电动机属于高性能电动机，β 系列伺服电动机属于经济型电动机。由于两者在使用材料等方面有很大的不同，所以造成其价格与性能上的差异，特别是在加减/速能力、高速与低速输出特性、调速范围等方面有较大的差别。αi 系列伺服电动机的编码器有绝对式与增量式两种，在选择时需要综合考虑，其外部接口与 βis 系列伺服电动机基本一样。

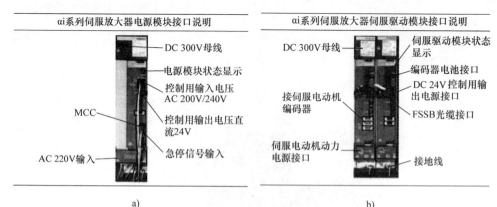

图 4-14 αi 系列伺服放大器各模块接口说明
a）电源模块 b）伺服驱动模块

课堂互动

1) 进给伺服系统包括哪些元器件?

2) 说说伺服放大器的接口,并举例说明伺服电动机铭牌的含义。

任务实施

一、FANUC 进给伺服硬件连接

FANUC 进给伺服单元有 αi 系列和 βi 系列。

1. αi 伺服单元接口

αi 伺服单元由电源模块、伺服放大器模块和主轴单元模块等组成。αi 伺服单元各部件示意图如图 4-15 所示,其功能见表 4-2。

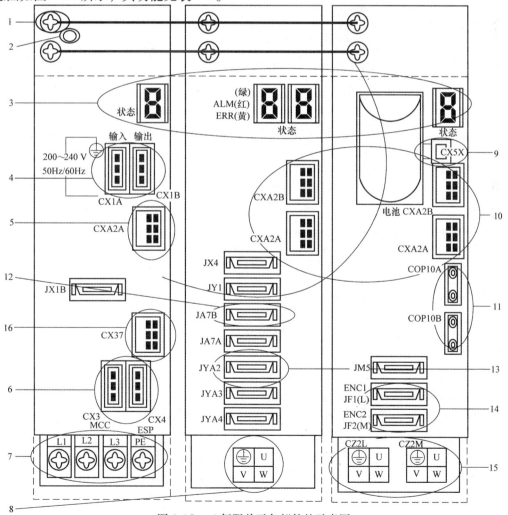

图 4-15 αi 伺服单元各部件的示意图

表 4-2　αi 伺服单元各部件的功能

序号	标注名称	功　能
1		DC Link。输入主电源电压为交流 200V 时，直流母线 DC Link 的电压为直流 300V；输入主电源电压为交流 400V 时，直流母线 DC Link 的电压为直流 600V
2		DC Link 的充电指示灯
3		电源模块、主轴放大器模块和伺服放大器模块的状态指示
4	CX1A/CX1B	CX1A 接口是电源模块交流 200V 的控制电压输入接口，CX1B 接口是电源模块交流 200V 电压输出接口
5	CXA2A	电源模块的 CXA2A 输出控制电源直流 24V，给主轴放大器模块和伺服放大器模块提供直流 24V 电源，同时电源模块上的 a：ESP（急停）等信号由 CXA2A 串联接至主轴放大器模块和伺服放大器模块
6	CX3/CX4	CX3 接口用于伺服放大器输出信号控制机床主电源接触器（MCC）吸合；CX4 接口用于外部急停信号输入
7		电源模块的三相主电源输入
8		主轴放大器到主轴电动机的动力电缆接口
9	CX5X	伺服放大器电池的接口（使用绝对式编码器）
10	CXA2A/CXA2B	用于放大器间直流 24V 电源、*ESP（信号）、绝对式编码器电池的连接。接线顺序从 CXA2A 到 CXA2B
11	COP10B/COP10A	伺服放大器的光缆接口，连接顺序是从上一个模块的 COP10A 到下一个模块的 COP10B
12	JA7B	数控系统连接主轴放大器模块的主轴控制指令接口
13	JYA2	主轴电动机内置传感器的反馈接口
14	JF1/JF2	伺服位置和速度反馈接口
15	CZ2L/CZ2M	伺服放大器与对应伺服电动机的动力电缆接口
16	CX37	断电检测输出接口

2. αi 电源模块与伺服放大器模块的连接

αi 电源模块（Power Supply Module，PSM）与伺服放大器模块（Servo AmplifierModule，SVM）的连接图如图 4-16 所示。

1）从图 4-16 可以看出，三相交流 200V 主电源通过电源模块产生直流电压，提供给伺服放大器模块作为公共动力直流电源，其电压约为 300V。控制电源为单相 200V，由 CX1A 接口输入，除提供电源模块内部的电源本体使用外，还产生直流 24V 电压，直流 24V 电压以及 *ESP 信号由 CXA2A 输出到伺服放大器模块。若 CX1A 没有引入 200V 电压，则电源模块、伺服放大器模块和主轴放大器模块都没有显示。

2）当有意外情况时，可以按下急停开关，从 CX4 接口输入急停信号。主电源接触器 MCC 由电源模块的内部继电器触点控制。当伺服系统没有故障、CNC 没有故障，且没有按下急停开关时，该内部继电器吸合，MCC 触点由 CX3 接口输出。

3）伺服放大器模块主电源来自电源模块直流 300V 电压。控制用直流 24V 电压和急停信号来自电源模块，输入接口为 CXA2B，它们也可以为下一个伺服放大器模块同步提供电压和急停信号。若没有控制用直流 24V 电压，伺服放大器模块没有任何显示。

4）伺服放大器模块与 CNC 信息交换（信号控制和信息反馈）的物理连接由 FSSB 实现，连接接口为 COP10B，COP10A 用于连接下一个伺服放大器模块。若 FSSB 断开，则会有 SV5136 等报警。

5）伺服放大器模块最终控制伺服电动机，伺服电动机尾部的编码器反馈电缆连接至伺服放大器模块 JF1，用于速度和位置等反馈。如果编码器损坏或编码器的反馈电缆破损导致速度和位置信息通信故障，系统会出现 SV0368 等报警。

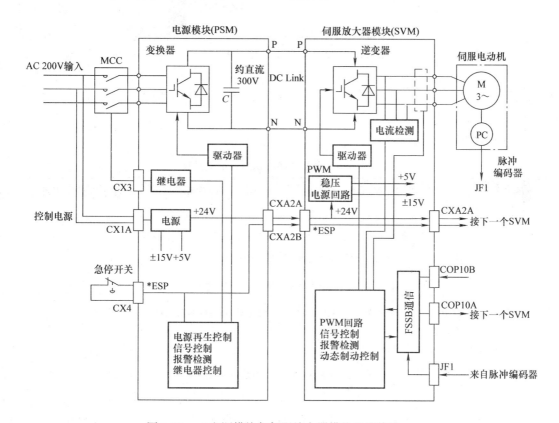

图 4-16　αi 电源模块与伺服放大器模块的连接图

图 4-17 所示为 αi 伺服单元总体连接图，断路器 1 保护主电源输入，接触器控制伺服单元主电源通电，电抗器平滑电源输入，浪涌保护器用于抑制电路中的浪涌电压。由于浪涌保护器本身为保护器件，在工作过程中极易损坏，因此断路器 2 用于浪涌保护器短路保护，同时该断路器也可用于伺服单元控制电源、主轴电动机风扇以及其他辅助部件的保护。

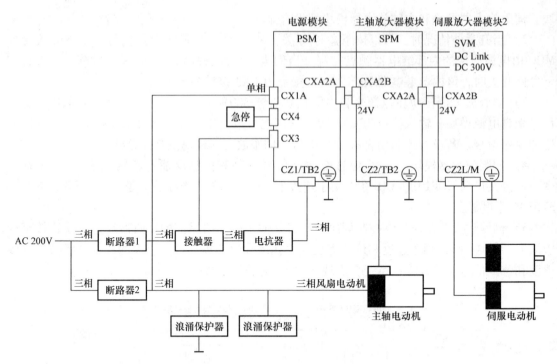

图 4-17 αi 伺服单元总体连接图（以两轴为例）

教学评价 （表 4-3）

表 4-3 考核标准与成绩评定项目表

考核分类	考核项目	考核指标	配分	得分
职业素养	学习期间的出勤情况、着装情况、课堂纪律和工作态度等	不迟到、不早退、不旷课、不无故请假；着装整齐；遵守课堂纪律；在工作中劳动态度端正、精神面貌好、团结协作，遵守安全操作规程，无安全事故	15	
单项技能考核	伺服系统的组成	伺服系统的组成，电动机、放大器的类型	15	
单项技能考核	FANUC 伺服系统硬件模块的连接	视 FANUC 伺服系统硬件模块的连接方式、步骤正确与否酌情扣分	20	
综合技能考核	伺服电动机及放大器结构认识方法	认识 FANUC 0i－D 所应用的伺服电动机及放大器	15	
综合技能考核	FANUC 伺服系统连接的方法、步骤	视 FANUC 0i－D 系统伺服功能模块的连接过程正确与否酌情扣分	20	
综合技能考核	职业规范	安全文明规范，无安全事故发生，及时保养、维护和清洁设备，不符合操作标准不得分	15	
考核结果	合格与否	60 分及以上为合格，小于 60 分为不合格		

 知识加油站

伺服系统的维护

伺服放大器是精密的电子部件，对工作环境要求较高，必须按照 FANUC 公司的维护要求进行日常和定期维护。

FANUC 伺服放大器虽然分为 αi 和 βi 系列，但是其维护的主要内容是一样的。

1. 伺服放大器的日常维护（表 4-4）

表 4-4 伺服放大器日常维护

检查部位	检查项目	检查周期 日常	检查周期 定期	判定基准
环境	温度	○		强电盘四周应为 0 ~ 45℃；强电盘内应为 0 ~ 55℃
环境	湿度	○		相对湿度小于 90%（不应结露）
环境	尘埃、油污	○		伺服放大器附近不应粘附有此类物质
环境	冷却通风	○		空气流动是否畅通
环境	异常振动、响声	○		1）不应有以前没有的异常响声或者振动 2）伺服放大器附近的振动应小于或等于 0.5g
环境	电源电压	○		αiSV 系列：应在 200 ~ 240V 的范围内 αiSVHV 系列：应在 400 ~ 480V 的范围内
伺服放大器	整体	○		是否出现异常响声和异常气味
伺服放大器	整体	○		是否粘附有尘埃、油污
伺服放大器	螺栓		○	螺栓是否松动
伺服放大器	风扇电动机	○		1）运转是否正常 2）不应有异常振动、响声 3）不应粘附有尘埃、油污
伺服放大器			○	是否有松动
伺服放大器			○	1）是否有发热迹象 2）包覆是否出现老化（变色或者裂纹）
外围设备	电磁接触器	○		不应出现异响和颤动
外围设备	漏电断路器	○		漏电跳闸装置应正常工作
外围设备	交流电抗器	○		不应有"嗡嗡"的声响

从表 4-4 中可以看出，维护好伺服放大器不是简单地把伺服放大器单独维护好，而是需要用系统的概念运行整体维护，也就是做好伺服放大器本体、周围的环境、相连的部件等的电气整体维护。比如，尘埃、油污、空气流通等都影响伺服放大器散热，从而降低伺服放大器的使用寿命；风扇电动机是伺服放大器的辅助部件，但是若风扇电动机运转不正常，或粘附尘埃、油污，必然也影响伺服放大器散热，从而降低伺服放大器的使用寿命。

2. 伺服放大器绝对式编码器电池的更换

绝对式编码器的码盘上有绝对零点，该点作为脉冲的计数基准。因此绝对式编码器的计

数值既可以反映位移量，也可以实时地反映机床的实际位置。另外，关机后机床的位置由电池保护，不会丢失。开机后不用返回参考点，可立即投入加工运行。

> **操作提示** 　电池的寿命随所连接的绝对式编码器的数量而变化，不管有无报警，建议用户每年定期更换一次电池。

绝对式编码器的位置是由电池来保护的，当电池电压降低为 0V 时，必须更换电池，同时必须重新进行返回参考点操作。更换绝对式编码器电池有以下注意事项。

1）更换电池前，必须按照硬件连接注意事项核对硬件连接。

2）更换电池前，仔细核对电池的订货号是否合适。

3）αi 系列和 βi 系列伺服放大器在其绝对式编码器内部安装了高容量的后备电容器，可以保证在 10min 内完成电池的更换，不需要进行返回参考点操作。

4）FANUC 数控系统的伺服电动机绝对式编码器用电池，必须符合 FANUC 公司的产品要求。

3. 伺服电动机的维护

伺服电动机不能长时间满载使用，伺服电动机及接口不能浸入切削液，以免造成伺服放大器损坏；油污和切削液浸入脉冲编码器会影响器件使用，产生故障。绝对式编码器要定期更换电池，避免等到电池电压为 0V 时再更换，那样会造成伺服电动机位置数据的丢失。要经常检查伺服电动机及编码器现场电缆是否有破皮及电缆张力太大等现象。αi 系列和 βi 系列伺服电动机一般不存在磨耗部分，但为了使伺服电动机得到更好的利用以及防故障于未然，建议用户定期对伺服电动机进行维护。由于伺服电动机内设置有精密的检测器，错误操作和输送、组装时造成的损伤，都可能会导致故障和事故的发生，因此需要对设备进行定期检查。

（1）使用环境的注意事项

1）不适合在极度潮湿且易结露的场所使用。

2）不适合温度变化异常的场所。

3）不适合时常有振动的场所（可能造成轴承座损坏）。

4）不适合灰尘较多的场所。

（2）伺服电动机日常检验的注意事项

1）振动、噪声检查。平时注意伺服电动机在停止、加速/减速过程中有无异常振动或噪声。

2）外部损伤检查。确认绝对式编码器盖板（红色塑料部分）是否开裂，伺服电动机表面（黑色涂装部分）是否有损伤、龟裂现象。如果绝对式编码器盖板出现开裂，应及时更换。伺服电动机表面的损伤、龟裂等现象，用户应根据情况予以修理。对于油漆脱落的部分，在干燥后建议使用聚氨酯等机床涂料进行部分涂装或者全面涂装。

3）污垢检查。确认伺服电动机表面和螺栓部分等凹陷处是否留有油迹或切削液。应擦去附着在表面上的油迹或切削液。

4）发热状态的检测。在伺服电动机表面粘贴热标签，通过肉眼确认在日常运行循环中伺服电动机是否处于过热状态。

注意：根据运行条件，伺服电动机表面温度可能达到80℃以上，勿用手触摸。

4. 串行编码器的维护

1）由于脉冲编码器及伺服电动机属精密设备，操作时应轻拿轻放。注意不要使脉冲编码器上附着粉尘与垃圾。

2）日常工作中注意检查串行脉冲编码器是否有外部损伤，有无油或切削液浸入。若浸入了油或切削液，需拆下进行处理。

课堂互动

1）怎样维护伺服放大器和伺服电动机？

2）怎样维护编码器？怎样更换编码器的电池？

1. 伺服系统是如何分类的？

2. 进给伺服系统由哪些部分组成？

3. 连接 FANUC 进给伺服系统硬件和 αi 系列伺服放大器。

4. 怎样维护伺服放大器、电动机和编码器？怎样更换绝对编码器的电池？

任务二　进给伺服驱动系统的参数设定

学习目标

【职业知识目标】

🔹 掌握伺服参数的设定以及 FSSB 电缆的连接方法。

🔹 熟悉伺服系统的构成和伺服增益的调整方法。

【职业技能目标】

🔹 能对伺服系统进行构成分析和伺服增益进行调整。

🔹 能举例说明 FSSB 连接及伺服参数设定。

【职业素养目标】

🔹 在学习过程中体现团结协作意识，爱岗敬业的精神。

⊃ 培养学生的综合职业能力、认真负责的工作态度、较强的语言表达能力和动手能力。

⊃ 培养 7S 或 10S 的管理习惯和理念。

任务准备

1. 工作对象（设备）

FANUC 0i－D 伺服系统。

2. 工具和学习材料

电笔、万用表和螺钉旋具。

教师准备好学生要填写的考核表格（表 1-1）。

3. 教学方法

应用模拟工厂的生产实际的教学模式，采用项目教学法、小组互动式教学法、讲授、演示教学法等进行教学。

知识储备

一、伺服参数的初始设定

1. 伺服系统的构成分析

FANUC 伺服系统是一个全数字的伺服系统，系统中的轴卡是一个子 CPU 系统，由它完成用于伺服控制的位置、速度、电流三环的运算控制，并将 PWM 控制信号传给伺服放大器，用于控制伺服电动机的变频。

FANUC 伺服系统的控制框图如图 4-18 所示，主要由以下几个部分组成。

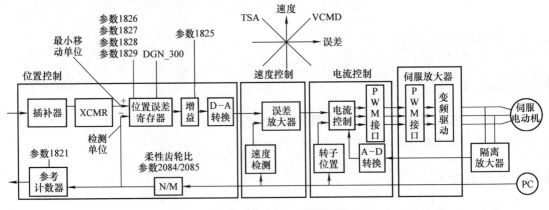

图 4-18　FANUC 伺服系统的控制框图

（1）位置控制部分　位置控制部分是伺服系统的核心部分，包括插补器、位置误差寄存器和参考计数器三部分。插补器完成坐标轴的插补运算，将系统给定的运动指令转换成以一定规律输出的脉冲串，该脉冲串和来自电动机反馈的脉冲都输入到位置误差寄存器中，两者的脉冲相位是相反的，位置误差寄存器的值即为指令位置与电动机实际位置的位置差，该值的大小直接影响电动机的速度。参考计数器用于回零控制，由它和机床的减速开关来确定机床的零点位置。

（2）速度控制部分　速度控制是三环控制的中间环，用于实现电动机的速度控制，它的指令来自于位置指令的输出，反馈来自于电动机的实际速度。

（3）电流控制部分　电流控制是伺服控制的内环，用于稳定电动机的电流，它的输入是速度控制的输出，反馈来自电动机电流。电流控制完成交流电动机三相电流的转换控制。

伺服参数的作用就在于调整出合理的三环控制参数，达到最优的控制性能。

从伺服系统的控制框图上分析，需要注意几个概念（以下概念的解释都建立在半闭环系统的基础上）。在伺服调试的初步阶段，需要进入"参数设定支援"页面中的"伺服设定"菜单中进行伺服设定，以确定这些参数的设定值。

1）指令倍乘比（CMR）。设定从 CNC 到伺服系统的移动量的指令倍率，CMR = 指令单位/检测单位。

该参数的设定值确认方法为：

指令倍乘比为 1/27 ~ 1/2 时，设定值 = 1/指令倍乘比 + 100，有效数据范围为 102 ~ 127。

指令倍乘比为 1 ~ 48 时，设定值 = 2 × 指令倍乘比，有效数据范围为 2 ~ 96。

通常，指令单位 = 检测单位（CMR = 1），因此将该值设为 2。

2）柔性齿轮比。用于确定机床的检测单位，即反馈给位置误差寄存器的一个脉冲所代表的机床位移量。

3）电动机回转方向的设定。用于确定坐标轴正方向的运动方向。

4）参考计数器的设定。用于设定返回参考点的计数器容量。通常，计数器容量设定为电动机每转的位置脉冲数（或者其整数分之一）。从伺服系统的控制框图中可以看出，该值与检测单位有关。

例如：电动机每转移动 12mm，检测单位为 1/1000mm 时，参数计数器设定为 12000（6000，4000）。

2. 伺服参数的设定

在进行伺服系统的伺服设定后，已能够接受 CNC 的指令并且正确运行，但是为了达到较好的运行特性，还需要进入"参数设定支援"页面中的"伺服参数"菜单，如图 4-19 所示，进行进一步的伺服参数设定。

需要设定的参数较多，有关参数的详情可以参阅参数说明书，一般用户只须进行初始化操作即可。利用数字伺服参数的初始设定来进行电动机的一转移动量以及电动机种类的设定。

3. 伺服增益的调整

（1）速度环增益　各轴的速度环增益可通过"参数设定支援"页面中的"伺服增益调整"菜单进行自动优化设定和手动调整，如图 4-20 所示。

（2）位置环增益　位置环增益可在"参数设定支援"页面中的"伺服调整"页面中进行设定或者直接在参数 1825 中设定。进行直线与圆弧等插补时，需将所有轴设定相同的值。只进行定位时，各轴可以设定不同的值。环路增益越大，则位置控制的响应越快，在同样的速度下位置偏差量越小。但如果环路增益太大，伺服系统不稳定。伺服电动机设定页面如图

4-21 所示。

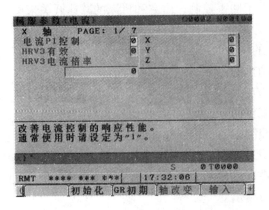

图 4-19　"参数设定支援"页面

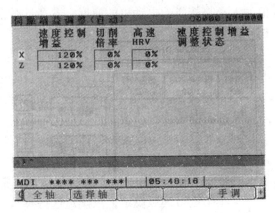

图 4-20　"伺服增益调整"菜单

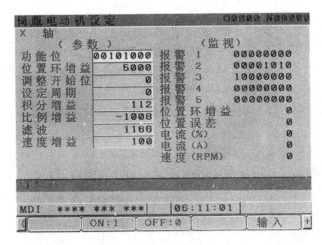

图 4-21　伺服电动机设定页面

4. FSSB 电缆连接

FSSB 是 Fanuc Serial Servo Bus（FANUC 串行伺服总线）的缩写，该总线用来连接 FANUC 0i 系统和伺服系统、主轴系统，是传输伺服信号的总线。FSSB 总线是通过光缆传输的。FANUC 公司伺服放大器与控制器之间的 FSSB 电缆连接如图 4-22 所示。

FSSB 电缆连接具备如下特点。

1）用光纤连接控制单元接口 COP10A 与第一台伺服放大器接口 COP10B。

2）用光纤连接多个伺服放大器时，总是从伺服放大器的 COP10B 接口接入，再从当前伺服放大器的 COP10A 接口接出，连接到下一个伺服放大器的 COP10B 接口。

3）在最后的伺服放大器 COP10A 接口上装上盖板，以防污染光纤插接器的内部结构。

4）用 FSSB 电缆与控制单元连接的伺服放大器模块称为从控装置。

二、FSSB 的初始设定

FANUC 0i－D 系统通过高速串行伺服总线（FSSB）连接 CNC 控制器和伺服放大器，这些放大器和分离式检测器接口单元称为从控装置。两轴放大器由两个从控装置组成，三轴放

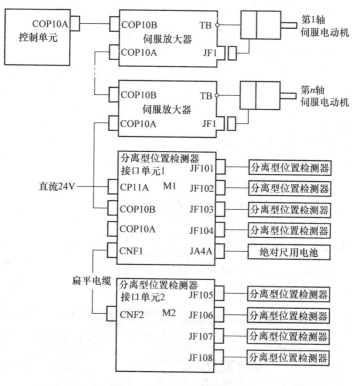

图 4-22 FSSB 电缆连接

大器则由三个从控装置组成。按照离 CNC 由近到远的顺序赋予从控装置 1、2、…、10 的编号（从控装置号）。FSSB 配置示例如图 4-23 所示。

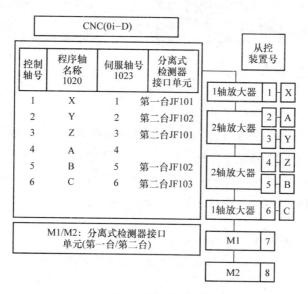

图 4-23 FSSB 配置示例

使用 FSSB 的系统中，需要设定如下参数将 FSSB 上所连接的放大器分配给对应的机床坐标轴，即 1023、1905、1936、1937、14340～14349、14376～14391。

利用 FSSB 设定页面、输入轴和放大器的关系，进行轴设定的自动计算，即自动设定参数 1023、1905、1936、1937、14340 ~ 14349、14376 ~ 14391。

在进行自动设定之前设定参数 1902#1、1902#0 为 0，重新上电。

参数	#7	#6	#5	#4	#3	#2	#1	#0
1902								

参数 1902 的含义如下：

#1：ASE   FSSB   设定方式为自动设定方式（参数 1902#0 = 0）

　　　　　　0：自动设定未完成

　　　　　　1：自动设定已经完成

#0：FMD   0：FSSB 的设定方式为自动设定方式

　　　　　　1：FSSB 的设定方式为手动设定方式

（1）FSSB（AMP）设定—建立驱动器号与轴号之间的对应关系   进入"参数设定支援"页面，单击【操作】按钮，将光标移动至"FSSB（AMP）"处，再单击【选择】按钮，出现参数设定页面。此后的参数设定就在该页面中进行，如图 4-24 所示。

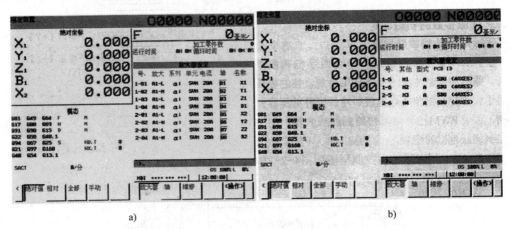

a)　　　　　　　　　　　　　　　　b)

图 4-24　参数设定页面

由图 4-24 可知，如果 FSSB 总线及线上所连接的硬件正常，CNC 自动识别驱动器号，且自动按照从控装置号顺序分配给各轴。例如，1 号从控装置分配给轴 1。如果默认这些设置，按以下步骤进行设定即可。如果需要改变这些默认设置，则需在轴选项中改变轴号。

放大器设定页面上显示如下项目。

1）号——从控装置号。

2）放大——放大器类型。

3）轴——控制轴号，通过修改轴号改变放大器号与轴号之间的对应关系。

4）名称——控制轴名称。

5）作为放大器信息，显示下列项目。

单元——伺服放大器单元种类。

系列——伺服放大器系列。

电流——最大电流值。

6）作为分离式检测器接口单元信息，显示下列项目。

其他——在表示分离式检测器接口单元的开头字母"M"之后，显示从靠近 CNC 一侧数起的表示第几台分离式检测器接口单元的数字。

型式——分离式检测器接口单元的型式，以字母显示。

PCB ID——以 4 位十六进制数显示分离式检测器接口单元的 ID。

在设定上述相关项目后，单击【操作】按钮，显示如图 4-25 所示，再单击【设定】按钮。

图 4-25　单击【操作】显示

（2）FSSB（轴）设定　建立驱动器号与分离式检测器接口单元号及相关伺服功能之间的对应关系，进入"参数设定支援"页面，如图 4-26 所示，单击【操作】按钮，将光标移动至"FSSB（轴）"处，再单击【选择】按钮，出现参数设定页面。此后的参数设定就在该页面中进行。

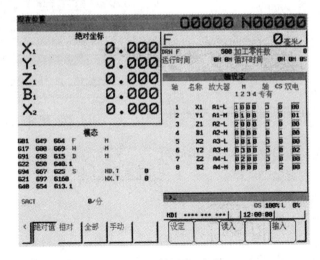

图 4-26　轴设定页面

轴设定页面上显示如下项目。

1）轴——控制轴号。

2）名称——控制轴名称。

3）放大器——连接在各轴上的放大器的类型。

4）M1——用于分离式检测器接口单元 1 的插接器号。

5）M2——用于分离式检测器接口单元 2 的插接器号。

6）轴专有。伺服 HRV3 控制轴上以一个 DSP 进行控制的轴数有限制时，显示可由保持在 SRAM 上的一个 DSP 进行控制的可能轴数。0 表示没有限制。

7）CS——CS 轮廓控制轴。显示保持在 SRAM 上的值。在 CS 轮廓控制轴上显示主轴号。

8）设定。在设定上述相关项目后，单击【操作】按钮，再单击【设定】按钮。

（3）CNC 重启动　通过以上操作进行自动计算，设定参数 1023、1905、1936、1937、14340 ~ 14349、14376 ~ 14391。此外，表示各参数的设定已经完成的参数 ASE（1902#1）设定为 1，进行电源的 OFF/ON 操作时，按照各参数进行轴设定。

当变更 FSSB 的设定时，将参数 1902#1（ASE）设定为 0，再进行一次上述操作。电源接通时，进行伺服放大器与伺服电动机的组合确认。组合不正确时，会发出报警 SV0466，即"电动机/放大器不匹配"。

三、伺服参数调整和诊断页面

数控系统经过硬件连接正常通电后，必须进行伺服参数初始化以及光缆初始化。但是，要使机床能真正满足用户使用要求，还有很多参数需要调整。

1. 伺服参数调整页面的含义

FANUC 数控系统为了使用户能直观了解伺服电动机运行情况以及运行中是否有报警情况等，专门设计了伺服参数调整页面，如图 4-27 所示。各参数含义如下。

① 功能位：对应参数 2003。

② 位置环增益：对应参数 1825，一般默认设置为 3000，也可以根据机床情况调整此参数。

③ 调整开始位：在伺服自动调整功能中使用。

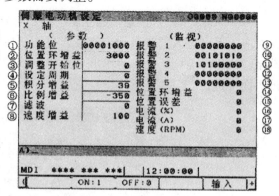

图 4-27　伺服参数调整页面

④ 设定周期：在伺服自动调整功能中使用。

⑤ 积分增益：对应参数 2043。

⑥ 比例增益：对应参数 2044。

⑦ 滤波：对应参数 2067。

⑧ 速度增益：设定值 = [f(参数 2021/256) + 1] × 100，其中参数 2021 为负载惯量比。

⑨ 报警 1：对应诊断号 0200，具体内容见表 4-5。

⑩ 报警 2：对应诊断号 0201，具体内容见表 4-5。

⑪ 报警 3：对应诊断号 0202，具体内容见表 4-5。

⑫ 报警 4：对应诊断号 0203，具体内容见表 4-5。

⑬ 报警 5：对应诊断号 0204，具体内容见表 4-5。

⑭ 位置环增益：表示实际环路增益。在此能看到伺服初始化和调整以后的实际值。

⑮ 位置误差：表示实际位置误差值（对应诊断号 0300）。

⑯ 电流（%）：以相对于伺服电动机额定值的百分比表示电流值。

⑰ 电流（A）：以峰值表示实际电流。

⑱ 速度（RPM）：表示该页面中所示的进给轴伺服电动机的实际转速。

在图 4-27 所示页面中，可以通过单击【 + 】按钮查看其他轴同样参数的值。伺服参数调整页面对日常维护是非常重要的。页面中①~⑧项用户可以根据需要进行修改，从维修角度来讲，一般不需要修改。页面中⑨～⑬项报警1～报警5的含义，要查阅维修资料才能理解。鉴于现在系统诊断信息细化，当有故障报警时，已经在页面中显示报警原因了，因此可以把此报警信息作为维修综合参考因素。页面中⑭～⑮项可以实时显示伺服电动机的运行状态。

2. 伺服参数调整页面中维修用检测内容

在伺服参数调整页面中，⑨～⑬项为五组报警，当FANUC数控系统有故障报警，且具体报警原因不清楚时，可以先检查一下伺服参数调整页面的⑨～⑬项有无为1的报警，再检查诊断号0200～0204每一位状态变化。诊断号0200～0204各位内容见表4-5。

表4-5　诊断号0200～0204各位内容

诊断号	#7	#6	#5	#4	#3	#2	#1	#0
0200	OVL	LV	OVC	HCA	HVA	DCA	FBA	OFA
0201	ALD	PCR		EXP				
0202		CSA	BLA	PHA	RCA	BZA	CKA	SPH
0203	DTE	CRC	STB	PRM				
0204		OFS	MCC	LDA	PMS			

在表4-5中，诊断号每一位都用报警英文缩写来表示，具体含义可查阅维修手册，或参考下文介绍。

（1）诊断号0200　诊断号0200各位的含义如下所述。

0200#0：OFA溢流报警。

0200#1：FBA反馈电缆断线报警。

0200#2：DCA放电报警。

0200#3：HVA过电压报警。

0200#4：HCA异常电流报警。

0200#5：OVC过电流报警；

0200#6：LV电压不足报警。

0200#7：OVL过载报警。

（2）诊断号0201　诊断号0201各位的含义如下所述。

1）诊断号0201#4和0201#7状态位的含义见表4-6。

表4-6　诊断号0201#4和0201#7状态位的含义

	0201#7（ALD）	0201#4（EXP）	含义
过载报警	0	—	伺服电动机过热
	1	—	伺服放大器过热
断线报警	1	0	内置脉冲编码器反馈电缆断线（硬件）
	1	1	外置脉冲编码器反馈电缆断线（硬件）
	0	0	脉冲编码器反馈电缆断线（软件）

2）诊断号0201#6：PCR，手动返回参考点时，捕捉到了位置检测器的一转信号。由于已经建立起了用于手动返回参考点的栅格，所以可以手动返回参考点。此位在没有开始手动返回参考点方式的动作时没有意义。

（3）诊断号 0202　诊断号 0202 各位的含义如下所述。

0202#0：SPH，串行脉冲编码器或反馈电缆异常或反馈脉冲信号的计数不正确。

0202#1：CKA，串行脉冲编码器异常，内部块停止工作。

0202#2：BZA，电池电压降为 0，应更换电池，并设定参考点。

0202#3：RCA，串行脉冲编码器异常，转速的计数不正确。

0202#4：PHA，串行脉冲编码器或反馈电缆异常，反馈脉冲信号的计数不正确。

0202#5：BLA，电池电压下降（警告）。

0202#6：CSA，串行脉冲编码器的硬件异常。

（4）诊断号 0203　诊断号 0203 各位的含义如下所述。

0203#4：PRM，数字伺服一侧检测出参数非法，再查阅诊断号 0352 中所描述的原因和对策。

0203#5：STB，串行脉冲编码器通信异常，传输过来的数据有误。

0203#6：CRC，串行脉冲编码器通信异常，传输过来的数据有误。

0203#7：DTE，串行脉冲编码器通信异常，没有通信的响应。

（5）诊断号 0204　诊断号 0204 各位的含义如下所述。

0204#3：PMS，由于串行脉冲编码器 C 或反馈电缆异常，反馈不正确。

0204#4：LDA，串行脉冲编码器的 LED 异常。

0204#5：MCC，伺服放大器中的电磁开关触点熔化。

0204#6：OFS，数字伺服电流值的 A－D 转换异常。

多按几次▣按钮，单击【诊断】按钮，就进入诊断页面，输入 200，再单击【搜索】按钮就进入诊断号 0200 诊断页面。

3. 常见伺服参数的调整

一般来说，伺服参数初始化以后，若有机床在静态或动态运行时振动、低速运行时爬行、运行过冲等不正常现象，可以根据 FANUC 公司提供的伺服参数调整方法进行调整。

在调整伺服参数的过程中，有几个与轴误差相关的参数，若进给轴运行或停止，实际误差超过设定值，就会产生相应的报警。

（1）位置环增益　参数 1825——设定各轴的位置环增益。

数据形式：字轴型；

数据单位：$0.01s^{-1}$；

数据范围：1～9999。

该参数设定各轴位置环的增益。位置环增益越大，则位置控制的响应越快，但如果位置环增益太大，伺服系统不太稳定。位置环增益与位置偏差量有很大的关系，一般设为 3000。

（2）位置偏差量　参数 1828——设定各轴移动中的最大允许位置偏差量。

数据形式：双字轴型；

数据单位：检测单位（一般为 μm）；

数据范围：0～99999999。

该参数设定各轴移动中的最大允许位置偏差量。移动中位置偏差量超过最大允许位置偏差量，会出现伺服报警并立即停止移动。理论位置偏差量 = 进给速度/（60 × 位置环增益）。其中，位置偏差量单位为 mm，进给速度单位为 mm/min，位置环增益单位为 s^{-1}。如 JOG

最大跟随误差 = JOG 进给速度（参数 1423）/（60 × 位置环增益）。由于数控系统中规定位置环增益单位为 $0.01 s^{-1}$，位置偏差量单位为 μm，因此 JOG 最大跟随误差（参数 1828）= $2000 \times 1000/[60 \times (3000 \times 0.01)]$ = 1111，此式中，由于 JOG 进给速度可以选择 JOG 快速运行速度或切削最大速度或自动加工快速速度等，因此实际 JOG 最大跟随误差是按照该轴最大速度并考虑裕量来设置的。若伺服轴在移动过程中实际位置偏差量超过参数 1828 设定值，相应的伺服轴就产生 SV0411、SV0421、SV04nl 报警，并立即停止运行。

（3）各轴到位宽度 参数 1826——设定各轴到位宽度。

数据形式：双字轴型；

数据单位：检测单位（μm）；

数据范围：0 ~ 99999999。

该参数设定各轴的到位宽度，当机床实际位置与指令位置的差比到位宽度小时，机床即认为到位（机床处于到位状态），可以产生机床到位信号。

（4）各轴停止时最大允许位置偏差量 参数 1829——设定各轴停止时最大允许位置偏差量。

数据形式：双字轴型；

数据单位：检测单位（μm）；

数据范围：0 ~ 99999999。

该参数设定各轴停止时最大允许位置偏差量。停止时位置偏差量超过最大允许位置偏差量时，会出现伺服报警，并立即停止伺服运行，主要的伺服报警是 SV0410、SV0420 和 SV04nl。

（5）各轴反向间隙偏差量 参数 1851——设定各轴反向间隙补偿量。

数据形式：字轴型；

数据单位：检测单位（μm）；

数据范围：-9999 ~ 9999。

该参数设定各轴的反向间隙补偿量。接通电源后，机床向返回参考点相反的方向移动时，进行第一次反向间隙补偿。

在新生产和使用时间较长的数控机床中，必须进行机床精度检测后修改这项参数的设置。

课堂互动

1）怎样调整伺服参数？

2）怎样进行 FSSB 的初始设定？

任务实施

FSSB 连接及伺服参数设定分析（以 850 型数控加工中心为例）

步骤 1：FSSB 的设定。

该机床的 FSSB 连接及伺服轴号分配如图 4-28 所示。

1）按下急停按钮后，接通电源。

2）设定参数 1902#1、1902#0 为 0，重新上电。

3）进行 FSSB 的放大器设定。进入"参数设定支援"页面，单击【操作】按钮，将光标移动至"FSSB（AMP）"处，再单击【选择】按钮，出现参数设定页面，如图 4-26 所示。

当光标显示位于放大器设定页面的"轴"栏时，输入与各机床轴对应的控制轴号，页面右侧的"名称"栏中显示的是控制轴名称（参数 1020）。

依次单击【操作】→【设定】按钮，切断电源并重启。

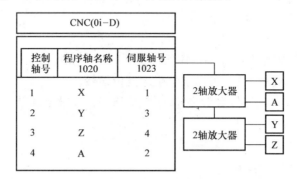

图 4-28　FSSB 连接及伺服轴号分配

4）进行 FSSB 的轴设定。

由于没有连接分离式检测器接口单元，直接依次单击【操作】→【设定】按钮，切断电源并重启。

5）FSSB 的设定结束，确认参数 1902#1（ASE）变为 1。

步骤 2：伺服设定。

（1）准备　在紧急停止状态下进入"参数设定支援"页面，单击【操作】按钮，将光标移动至"伺服设定"处，再单击【选择】按钮，出现参数设定页面。单击【+】按钮，显示【切换】，单击该菜单后，显示如图 4-29 所示的"伺服设定"页面，此后的参数设定就在该页面中进行。

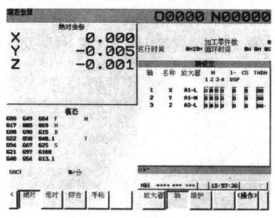

图 4-29　"伺服设定"页面

注：图中的数值无参考意义。

"伺服设定"页面中的各项目对应的参数见表4-7。

表4-7 "伺服设定"页面中的各项目对应的参数

项目	参数
初始化设定位	2000
电动机代码	2020
AMR	2001
指令倍乘比	1820
柔性齿轮比	2084，2085
方向设定	2022
速度反馈脉冲数	2023
位置反馈脉冲数	2024
参考计数器容量	1821

（2）初始设定

1）初始化设定位。

初始化设定位	00000000

初始化设定正常结束后，再进行CNC电源的OFF/ON操作时，自动地设定为：DGRP（＃1）＝1、PRMC（＃3）＝1，即初始化设定位为

初始化设定位	00001010

2）电动机代码的设定。设定电动机代码，从表4-8中选择案例机床所用的αis系列伺服电动机的电动机代码。其余型号电动机的代码参见相应电动机的参数说明书。机床电动机代码见表4-9。

表4-8 常用电动机代码

电动机型号	电动机规格	电动机代码
αis2/5000	0212	262
αis2/6000	0234	284
αis4/5000	0215	265
αis8/6000	0240	240
αis12/4000	0238	288
αis22/4000	0265	315
αis3 0/4000	0268	318
αis40/4000	0272	322
αis50/5000	0274	324
αis50/3000	0275	325
αis100/2500	0285	335

（续）

电动机型号	电动机规格	电动机代码
αis200/2500	0288	338
αis300/2000	0292	342
αis500/2000	0295	345
βis0.2/5000	0111	260
βis0.3/5000	0112	261
βis0.4/5000	0114	280
βis0.5/6000	0115	281
βis1/6000	0116	282
βis2/4000	0061	253
βis4/4000	0063	256
βis8/3000	0075	258
βis12/3000	0078	272
βis22/2000	0085	274

表 4-9　机床电动机代码

电动机型号	轴	电动机规格
αis22/4000	X、Y、Z 轴伺服电动机，22N·m，4000r/min	0265
αis8/4000	A 轴伺服电动机，8N·m，4000r/min	0235

3）AMR 的设定。此参数相当于伺服电动机级数的参数。若是 αis/αiF/βis 电动机，务必将其设定为 00000000。

4）指令倍乘比的设定。设定从 CNC 到伺服系统的移动量的指令倍率。通常，指令单位 = 检测单位，因此将其设定为 2。

5）柔性齿轮比的设定（以 X 轴为例）。本机床为半闭环检测结构，X 轴电动机与丝杠齿轮比为 1:1，丝杠螺距为 10mm，检测单位为 μm，电动机每旋转一周（10mm）所需的脉冲数为 10/0.001 = 10000。则柔性齿轮比 = 10000/1000000 = 1/100。

柔性齿轮比的设定见表 4-10。

表 4-10　柔性齿轮比的设定

项目	设定值
柔性齿轮比分子：N	1
柔性齿轮比分母：M	100

6）方向的设定。根据机床的坐标系正方向要求和连接方式的情况确定方向，见表 4-11。

表 4-11　方向的设定

轴	旋转方向
X、Y、Z 轴伺服电动机，22N·m，4000r/min	111
A 轴伺服电动机，8N·m，4000r/min	−111

7）速度反馈脉冲数、位置反馈脉冲数的设定。本机床采用半闭环的检测结构，反馈脉冲数的设定见表4-12。

表4-12　反馈脉冲数的设定

项目	旋转方向
速度反馈脉冲数	8192
位置反馈脉冲数	12500

8）参考计数器容量的设定（以 X 轴为例）。本机床采用半闭环的检测结构，设定参考计数器容量等于电动机每旋转一周所需的位置脉冲数，见表4-13。

表4-13　参数计数器容量的设定

项目	参考计数器容量
丝杠螺距：10mm 检测单位：0.001mm	10000

9）设定完成后的参数列表如图4-30所示。

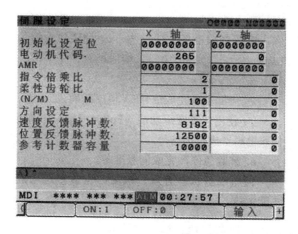

图4-30　设定完成后的参数列表

10）CNC 重新上电。

至此，伺服初始设定结束。在 JOG 方式下各轴已能正确运行，运动的方向和定位精度已得到保证，而为了得到更好的加工性能，还需进行伺服参数的调整。

11）按照前述顺序操作，显示"伺服设定"页面，确认初始化设定位（从右边数第二位）为1，完成设定，即初始化设定位为

初始化设定位	00001010

注：系统发生 SV0417 报警是由于伺服系统参数没有正确地初始化，此时参数系统诊断页面中 DGN280 排除故障，需要再次进行初始化操作，详细的处理方法参见伺服电动机参数说明书。

步骤 3：确认放大器与电动机的连接。

1）为防止垂直轴掉落而使用伺服电动机内装式抱闸时，连接抱闸的电源线。

2）在急停状态下接通电源。

3）解除急停状态，确认伺服放大器的电磁接触器能够动作。

用伺服放大器的 LED 显示伺服放大器的状态，确认伺服准备完成，αi 伺服放大器的 LED 由 " – " 变为 "0"。伺服准备未完成时，显示报警 SV401。

4）确认伺服准备完成信号 SA 输出。

5）使用位置跟踪功能（Follow Up）确认伺服电动机送出反馈信号。

① 解除急停，完成伺服准备。

② 伺服准备状态有效一次后，位置跟踪功能才能生效。

③ 使伺服放大器处于急停状态。

④ 按下功能键 [图POS] 数次，显示相对坐标页面，如图 4-31 所示。

依次单击【操作】→【归零】按钮，将所有轴的相对位置值清零。

⑤ 确认位置反馈信号。

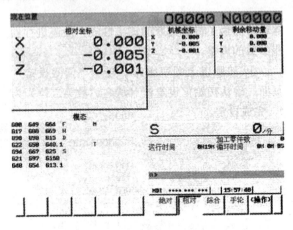

图 4-31　相对坐标页面

6）用手转动伺服电动机的轴，对当前位置的显示值进行如下确认。

① 伺服电动机与控制轴的组合是否正确？

② 电动机每转的移动量是否正确？

③ 旋转方向与当前位置显示的符号是否正确？

④ 轴的组合不正确时，请再确认 FSSB 设定页面。

移动量与旋转方向不正确时，请再确认伺服参数设定页面的设定。车床上的 X 轴用直径值表示，显示值为移动量的 2 倍。

步骤 4：伺服参数的设定。

在急停状态下进入"参数设定支援"页面，单击【操作】按钮，将光标移动至"伺服参数"处，再单击【初始化】按钮，执行标准值设定。

步骤 5：调整伺服增益（以 X 轴为例）。

在急停状态下进入"参数设定支援"页面，单击【操作】按钮，将光标移动至"伺服增益调整"处，依次单击【操作】→【选择】按钮，进入"伺服增益调整（自动）"页面，如图 4-32 所示，执行伺服速度环增益的调整。

（1）各轴增益的自动优化调整　单击【选择轴】按钮，进入轴选择菜单，如图 4-33 所示，选择 X 轴，再选择 MDI 方式，单击【调整始】按钮，电动机开始速度环增益优化调整。

（2）调整结束后，可自动得到一组数据　这组数据代表伺服系统根据电动机所带的机械特性在各种运行速度下所应有的最优速度环增益值。如果自动优化调整后的效果不能达到要求，还可以通过手调功能单独调整。伺服增益数据如图 4-34 所示。

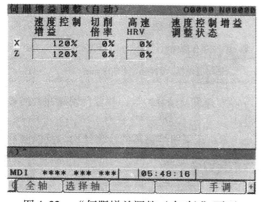

图 4-32　"伺服增益调整（自动）"页面

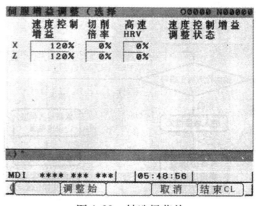

图 4-33　轴选择菜单

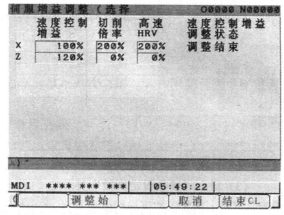

图 4-34　伺服增益数据

教学评价（表 4-14）

表 4-14　考核标准与成绩评定项目表

考核分类	考核项目	考核指标	配分	得分
职业素养	学习期间的出勤情况、着装情况、课堂纪律和工作态度等	不迟到、不早退、不旷课、不无故请假；着装整齐；遵守课堂纪律；在工作中劳动态度端正、精神面貌好、团结协作，遵守安全操作规程，无安全事故	15	
单项技能考核	对伺服系统的构成进行分析	视分析得正确与否酌情扣分	10	
	对伺服增益进行调整	视调整正确与否酌情扣分	20	
	FSSB 连接及伺服参数设定分析	视设定分析得正确与否酌情扣分	20	
综合技能考核	FSSB 连接、伺服参数设定方法、步骤	按正确与否酌情扣分	20	
	职业规范	安全文明规范，无安全事故发生，及时保养、维护和清洁设备，不符合操作标准不得分	15	
考核结果	合格与否	60 分及以上为合格，小于 60 分为不合格		

知识加油站

数控机床故障排除应遵循的原则

在检测故障的过程中，应充分利用数控系统的自诊断功能，如系统的开机诊断、运行诊断、PLC的监控功能，根据需要随时检测有关部分的工作状态和接口信息，同时还应灵活应用数控系统故障检查的一些行之有效的方法，如交换法和隔离法等，还应掌握以下原则。

（1）先方案后操作（或先静后动）　维护维修人员碰到机床故障后，先静下心来，考虑出方案再动手。维修人员本身要做到先静后动，不可盲目动手，应先询问机床操作人员故障发生的过程及状态，阅读机床说明书和图样资料后，方可动手查找和处理故障。

（2）先安检后通电　确定方案后，先在机床断电的静止状态下，通过观察、测试、分析，确认为非恶性循环性故障或非破坏性故障后，方可给机床通电，然后在运行工况下进行动态的观察、检验和测试，查找故障。对恶性的破坏性故障，必须先排除危险后，方可通电，然后在运行工况下进行动态诊断。

（3）先软件后硬件　机床通电后，应先检查软件的工作是否仍正常。因为有些故障可能是软件的参数丢失或者是操作人员使用方式、操作方法不对而造成的，切忌一上来就大拆大卸。

（4）先外部后内部　数控机床是机械、液压、电气一体化的机床，故其故障应从机械、液压、电气这三者综合反映出来，要求维修人员掌握先外部后内部的原则。即当数控机床发生故障后，维修人员应先采用望、闻、听、问等方法，由外向内逐一进行检查。比如，数控机床中，外部的行程开关、按钮、液压气动元件以及印制电路板插头、边缘插接件与外部或相互之间的连接部位、电控柜插座或端子排这些机电设备之间的连接部位，因接触不良造成信号传递失灵，是产生数控机床故障的重要因素。此外，由于工业环境中，温度、湿度变化较大，油污或粉尘对元件及电路板的污染和机械的振动等，对于信号传送通道的插接件都将产生严重影响。在检修中应重视这些因素，首先检查这些部位，就可以迅速排除较多的故障。另外，应尽量避免随意地启封、拆卸，因为不适当的大拆大卸往往会扩大故障，使机床大伤元气，丧失精度，降低性能。

（5）先机械后电气　数控机床是一种自动化程度高、技术较复杂的先进机械加工设备。一般来讲，机械故障较易察觉，而数控系统故障的诊断难度则要大些。先机械后电气就是在数控机床的检修中，首先检查机械部分是否正常，行程开关是否灵活，气动、液压部分是否正常等。从经验看来，数控机床的故障中有很大部分是由机械动作失灵引起的。所以，在检修故障之前，首先逐一排除机械性的故障，往往可以达到事半功倍的效果。

（6）先公用后专用　公用性的问题往往影响全局，而专用性的问题只影响局部。如机床的几个进给轴都不能运动时，应先检查排除各轴公用的CNC、PLC、电源、液压等公用部分的故障，然后再设法排除某轴的局部问题。又如电网或主电源故障是全局性的，因此一般应首先检查电源部分，看看熔丝是否正常，直流电压输出是否正常。总之，只有先解决主要矛盾，局部的、次要的矛盾才有可能迎刃而解。

（7）先简单后复杂　当出现多种故障相互交织掩盖、一时无从下手的情况时，应先解决容易的问题，后解决难度较大的问题。常常在解决简单故障的过程中，难度大的问题也可能变得容易，或者在排除简易故障时受到启发，对复杂故障的认识更为清晰，从而也有了解决办法。

（8）先一般后特殊　在排除某一故障时，要先考虑最常见的可能原因，然后再分析很少发生的特殊原因。例如，数控车床 Z 轴回零不准，常常是由于降速挡块位置走动所造成的。一旦出现这一故障，应先检查该挡块位置，在排除这一常见的可能性之后，再检查脉冲编码器和位置控制等环节。

总之，在数控机床出现故障后，应视故障的难易程度以及故障是否属于常见性故障，合理采用不同的分析问题和解决问题的方法。

练一练

1. FSSB 的含义？
2. 伺服系统由哪些部分构成？
3. 怎样设定伺服参数？
4. 怎样调整伺服增益？
5. 怎样连接 FSSB 电缆？
6. 举例分析 FSSB 连接及伺服参数的设定方法。

任务三　伺服系统故障诊断与排除

学习目标

【职业知识目标】

- 了解伺服系统故障的类型。
- 熟悉伺服放大器故障的种类。
- 掌握伺服单元的故障节点以及 αi 和 βi 伺服单元及伺服放大器故障的报警内容及维修方法。

【职业技能目标】

1. 知道伺服系统故障的类型和伺服放大器故障的种类。
2. 能判断 αi 和 βi 伺服单元及伺服放大器故障节点，并可以进行维修。

【职业素养目标】

1. 在学习过程中体现团结协作意识，爱岗敬业的精神。
2. 培养学生的综合职业能力、认真负责的工作态度、较强的语言表达能力和动手能力。
3. 培养 7S 或 10S 的管理习惯和理念。

任务准备

1. 工作对象（设备）
FANUC 0i–D 伺服系统。

2. 工具和学习材料
电笔、万用表、千分尺和螺钉旋具等。

教师准备好学生要填写的考核表格（表1-1）。

3. 教学方法
应用模拟工厂生产实际的教学模式，采用项目教学法、小组互动式教学法、讲授、演示教学法等进行教学。

知识储备

一、伺服系统故障的类型

当伺服系统出现故障时，通常有三种类型：①在显示屏上或操作面板上显示报警内容或报警信息；②在进给伺服驱动单元上用警告灯或数码管显示故障；③运动不正常，但无任何报警。

二、伺服放大器故障的种类和故障节点

伺服放大器电路的维修分为板级维修和片级维修，相应地，伺服放大器故障诊断分为电路板级诊断维修和芯片级诊断维修，实际上主要进行模块或电路板级维修，对伺服放大器制造商而言，主要进行片级维修，现在高密度的电路板也逐步进行板级维修。在进行现场维修时，一般都是模块或电路板级维修，也就是快速进行故障诊断，再进行电路板或模块的更换处理。

伺服放大器是硬件集成度很高的控制部件，既包括硬件电路也包括软件算法，因此对伺服放大器的维修要通过伺服放大器制造厂家提供维修帮助来判断故障存在的位置。现在的伺服放大器都有故障显示以及丰富的故障诊断软件，以帮助用户进行故障定位。

1. αi 系列伺服单元故障报警及维修

（1）αi 系列伺服单元故障报警及维修的分析方法　αi 系列伺服单元由电源模块、伺服放大器模块以及主轴放大器模块组成。其故障报警诊断除重点根据故障现象进行分析外，还必须结合 αi 伺服单元的概念判断。FANUC 公司已经为用户提供了常见故障的报警内容，用户只要根据表4-15 罗列的报警内容进行分析，一般就能找到故障原因和维修的方法。

表 4-15　αi 系列伺服单元故障报警内容及维修方法

七段 LED 数码管显示	报警内容	报警原因	故障排除方法
2	控制电路部分的散热风扇停止	控制电路部分散热风扇故障	确认散热风扇运行状态，可以更换散热风扇
3	主电路散热器温度异常升高	1. 主电路散热风扇故障 2. 尘埃污染 3. 过载运行 4. 控制基板安装问题	1. 确认散热风扇旋转状态，更换主电路散热风扇 2. 清洁冷却系统 3. 重新探讨运行条件 4. 重新安装控制基板

（2）αi伺服放大器模块故障报警　αi伺服放大器模块与外围硬件的连接如图4-17所示，其接口位置如图4-15所示。αi伺服放大器模块与外界硬件的连接主要分以下几种。

1）直流母线，即电源模块与伺服放大器模块的连接。

2）从电源模块CXA2A到伺服放大器模块CXA2B的串行信号互连线。

3）伺服放大器模块输出到伺服电动机的动力电缆。

4）伺服电动机上的编码器速度和位置信号反馈电缆。

5）伺服放大器模块与CNC通过的FSSB光缆。

6）绝对式编码器用电池与伺服放大器模块的连接。

维修αi伺服放大器模块时，除了前面介绍的六种连接可能产生故障外，其余的故障来自于伺服放大器模块本身，主要依靠伺服放大器模块上提供的七段LED数码管显示和CNC控制器屏幕上提供的报警信息进行分析，还要参考电源模块上提供的七段LED数码管显示信息。

在维修和维护的过程中，若通过伺服放大器模块、电源模块、CNC控制器屏幕提供的报警信息还不能得出具体的故障原因，则需要根据系统提供的从诊断号0200开始的诊断信息，并参考αi系列交流伺服电动机/主轴电动机/伺服放大器维修说明书（B-65285CM）进行具体检查和分析，或参考"伺服参数调整"页面中的"维修用检测内容"进行判断。αi伺服放大器模块部分故障的报警内容与故障解决方法见表4-16。

表4-16　αi伺服放大器模块部分故障的报警内容与故障解决方法

七段LED数码管显示	报警内容	故障解决方法
报警代码1	内部冷却用散热风扇停止	1. 确认散热风扇中有无异物 2. 确认控制印制电路板已按下 3. 确认散热风扇插接器的连接无误 4. 更换散热风扇 5. 更换伺服放大器
报警代码2	控制电源电压低	1. 检查三相电源输入电压 2. 检查电源模块的输出直流24V电压 3. 检查CXA2A和CXA2B之间的连接 4. 更换伺服放大器模块
报警代码P	几个伺服放大器模块之间通信异常	1. 确认伺服放大器模块之间的连接以及CXA2A与CXA2B之间的连接 2. 更换控制印制电路板 3. 更换伺服放大器模块

按伺服单元的组成可以把故障分为CNC（轴卡）故障、伺服放大器模块故障、伺服电动机故障、编码器故障（含电池）、外围连接故障等。

（3）FANUC αi系列伺服单元故障节点　αi系列伺服单元故障节点如图4-35所示，具体内容见表4-17。诊断和判别αi系列伺服单元故障节点需要利用FANUC数控系统软件和伺服诊断软件进行综合判断。

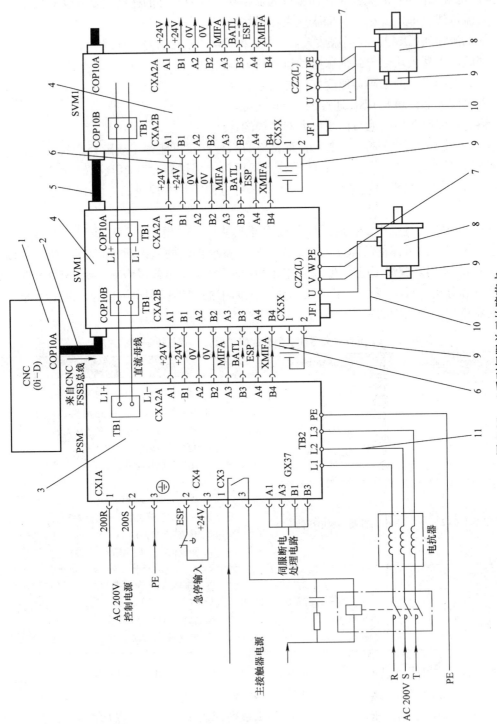

图 4-35 αi 系列伺服单元故障节点

表 4-17　αi 系列伺服单元故障节点的具体内容

序号	故障节点	详细故障可能点	主要措施
1	CNC（轴卡）故障	CNC、轴卡	更换 CNC 或轴卡
2	光缆通信故障	CNC 光缆通信接口、光缆连接、伺服放大器模块（第一个）、光缆通信接口	更换轴卡、光缆、伺服放大器模块或光缆通信板
3	电源模块故障	电源模块本体各部分（控制和动力）	更换电源模块、动力或控制印制电路板
4	伺服放大器模块故障	伺服放大器模块本体各部分（控制和动力）	更换伺服放大器模块、动力或控制印制电路板
5	下一个光缆通信故障	上一个光缆通信接口、光缆、下一个光缆通信接口	更换上一个光缆通信板、光缆、下一个光缆通信板或下一个伺服放大器模块
6	控制信号互连线故障	电源模块控制线输出接口、控制线、伺服放大器模块控制线接口	更换电源模块、电源模块部件、控制线、伺服放大器模块部件
7	电动机动力电缆故障	动力电缆短路或断路	更换动力电缆
8	伺服电动机故障	伺服电动机本体故障	更换伺服电动机
9	编码器故障（含电池）	编码器本体、电池	更换编码器、电池
10	反馈电缆故障	伺服放大器模块控制印制电路板、反馈电缆断路、短路、编码器	更换伺服放大器模块控制印制电路板、反馈电缆、编码器等
11	单元外围物理连接	外围控制电源（单相 200V）、动力电源（三相 200V），急停回路、MCC 控制回路等	更换外围电气部件

2. βi 伺服放大器故障报警及维修

βi 伺服放大器不像 αi 伺服单元那样有独立的电源模块，也没有直观状态显示的七段 LED 数码管，只在本体上提供了一个警告灯，具体的报警原因要结合 CNC 显示屏上显示的具体报警内容和 CNC 提供的系统诊断功能进行分析。

（1）βi 伺服放大器硬件连接　βi 伺服放大器硬件连接如图 4-36 所示，硬件连接按功能主要分为以下几部分。

1）直流 24V 控制电源。

2）急停回路。

3）伺服准备好信号（MCC）与外围器件的连接。

4）能耗制动以及过热报警部件的连接。

5）动力电源三相 200V 输入和伺服输出到伺服电动机动力电缆。

6）伺服电动机速度和位置编码器反馈电缆。

7）伺服放大器与 CNC 的通信光缆 FSSB。

（2）βi 系列伺服放大器故障节点　βi 系列伺服放大器故障节点如图 4-36 所示，其具体内容见表 4-18。具体诊断和判别 βi 系列伺服放大器故障节点，也需要利用 FANUC 数控系统软件和伺服诊断软件进行综合判断。

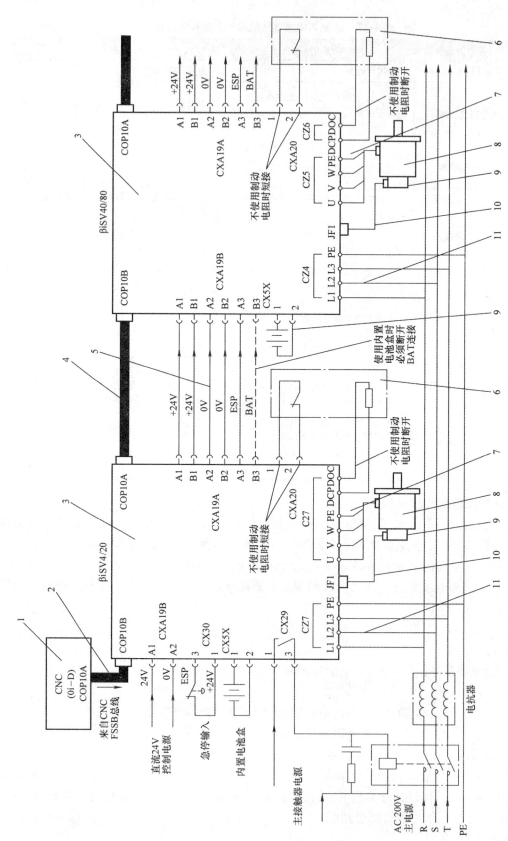

图 4-36　βi 系列伺服放大器硬件连接及伺服单元故障节点

表 4-18   βi 系列伺服放大器故障节点的具体内容

序号	故障节点	详细故障可能点	主要措施
1	CNC（轴卡）故障	CNC、轴卡	更换 CNC 或轴卡
2	光缆通信故障	CNC 光缆通信接口、光缆连接、伺服模块（第一个）、光缆通信接口	更换轴卡、光缆、伺服模块或光缆通信板
3	伺服放大器故障	伺服放大器本体各部分（控制和动力）	更换伺服模块、动力或控制印制电路板
4	下一个光缆通信故障	上一个光缆通信接口、光缆、下一个光缆通信接口	更换上一个光缆通信板、光缆、下一个光缆通信板或下一个伺服模块
5	控制信号互连线故障	电源模块控制线输出接口、控制线、伺服模块控制线接口	更换电源模块、电源模块部件、控制线、伺服模块部件
6	能耗制动模块故障	能耗制动模块电阻或过热检测	更换能耗制动电阻
7	电动机动力电缆故障	动力电缆短路或断路	更换动力电缆
8	伺服电动机故障	伺服电动机本体故障	更换伺服电动机
9	编码器故障（含电池）	编码器本体、电池	更换编码器、电池
10	反馈电缆故障	伺服模块控制印制电路板、反馈电缆断路、短路、编码器	更换伺服模块控制印制电路板、反馈电缆、编码器等
11	单元外围物理连接	外围控制电源（单相 200V）、动力电源（三相 200V）、急停回路、MCC 控制回路等	更换外围电气部件

βi 伺服放大器故障诊断除需检查上述伺服放大器与外围设备的硬件连接以及观察报警指示灯外，主要根据 CNC 提供的各种报警信息来进行维修。βi 伺服放大器故障的诊断可以参考 βi 系列交流伺服电动机/主轴电动机/伺服放大器维修说明书（B-65325CM 和 B-64305CM）。比较 αi 系列和 βi 系列伺服放大器故障节点示意图及其具体内容可以发现大部分故障节点是一样的。

三、伺服单元的报警代码及故障原因分析

当伺服单元出现故障时，系统会出现"4##"报警。如果伺服单元有状态显示窗口（LED），将显示相应的报警代码。下面以 α 系列伺服单元为例，说明伺服单元的报警代码含义及发生故障的可能原因。

1. 伺服单元过电压报警"1"

伺服单元过电压报警是指伺服单元的 DC 300V 超过了规定值，产生此故障的原因可能如下：

1）输入的交流电源电压过高。

2）制动电阻损坏或连接不良。

3）伺服单元本身不良。

2. 伺服单元控制电压低报警"2"

伺服单元控制电压低报警是指伺服单元控制电路电压过低报警,产生此故障的可能原因如下:

1)伺服单元输入的控制电压低。

2)伺服单元内部控制电路低电压故障(如内部电器元件短路)。

3)伺服单元外部连接有短路故障,如急停开关回路短路或伺服电动机编码器内部短路。

4)伺服单元本身不良。

3. 伺服单元主电路低电压报警"3"

伺服单元主电路低电压报警是指伺服单元的 DC 300V 电压低或为 0V 报警,产生此故障的可能原因如下:

1)交流电源输入电压过低。

2)伺服单元的断路器跳闸。

3)伺服单元本身不良。

4. 伺服单元过热报警"5"

伺服单元过热报警是指伺服单元检测出过热输入信号,产生此故障的可能原因如下:

1)平均再生放电能量过大。

2)分离型再生放电单元的热敏开关不良或外接热敏开关不良(如伺服变压器过热)。

3)伺服单元本身不良。

5. 伺服单元过电流报警"8""9""b"

伺服单元过电流报警是指伺服单元的第 1 轴、第 2 轴及第 3 轴等检测出过电流,产生此故障的可能原因如下:

1)伺服电动机短路。

2)伺服单元的逆变块击穿短路。

3)伺服单元本身不良。

6. 伺服单元的智能功率模块(IPM)报警"8""9""b"

伺服单元的智能功率模块报警是指智能功率模块过热报警、过电流报警及伺服单元控制电路低电压报警。产生此故障的可能原因如下:

1)伺服单元过热(如伺服单元散热风扇损坏)。

2)伺服单元的逆变块击穿短路或电动机短路。

3)伺服电动机编码器内部短路。

4)伺服单元本身不良。

课堂互动

1)伺服放大器的故障种类和节点各有哪些?

2)伺服单元报警代码有哪些?其故障原因是什么?

任务实施

一、进给伺服系统故障的现象、原因及其排除方法

1. 超程

当进给运动超过由软件设定的软限位或由限位开关决定的硬限位时，就会发生超程报警，一般会在 CRT 上显示报警内容。根据数控系统说明书即可排除此故障，解除报警。超程故障的可能原因及排除方法见表 4-19。

表 4-19　超程故障的可能原因及排除方法

故障现象	可能原因	排除方法
系统出错，提示某轴硬件超程	零件太大，不适合在此机床上加工	重新考虑加工此零件的条件
	伺服的超程回路短路	依次检验超程回路，避免超程信号的误输入
系统报警，提示某轴软超程	程序错误	重新编制程序
	刀具起点位置有误	重新对刀

2. 过载

当进给运动的负载过大，频繁正、反向运动以及进给传动链润滑状态不良时，均会引起过载报警，一般会在 CRT 上显示伺服电动机过载、过热或过电流等报警信息，同时在强电柜中的进给驱动单元上，用指示灯或数码管提示驱动单元过载、过电流等信息。其故障的可能原因及排除方法见表 4-20。

表 4-20　过载故障的可能原因及排除方法

可能原因	检查步骤	排除方法
机床负载异常	通过检查电动机电流来判断	需要变更切削条件，减轻机床负载
参数设定错误	检查设置电动机过载的参数是否正确	依参数说明书，正确设置参数
启动转矩超过最大转矩	目测启动或带有负载时的工作状况	采用减电流启动的方式，或直接采用启动转矩小的驱动系统
负载有冲击现象		改善切削条件，减少冲击
频繁正、反向运动	目测工作过程中是否有频繁正、反向运动	编制数控加工程序时，尽量不要有这种现象
进给传动链润滑状态不良	听工作时的声音，观察工作状态	做好机床的润滑，确保润滑的电动机工作正常并且润滑油足够
电动机或编码器等反馈装置配线异常	检查其连接的通断情况，或是否有信号线接反的状况	确保电动机和位置反馈装置配线正常
编码器有故障	测量编码器等的反馈信号是否正常	更换编码器等反馈装置
驱动器有故障	用更换法判断驱动器是否有故障	更换驱动器

3. 振动

分析机床振动周期是否与进给速度有关：①若与进给速度有关，一般与该轴的速度环增

益太高或速度反馈故障有关；②若与进给速度无关，一般与位置环增益太高或位置反馈故障有关；③如振动在加减速过程中产生，往往是系统加减速设定得过小造成的。

工作过程中，振动引起故障的可能原因及排除方法见表4-21。

表4-21　振动引起故障的可能原因及排除方法

可能原因	检查步骤	排除方法
负载过重	重新考虑此机床所能承受的负载	减轻负载，让机床工作在额定负载以内
机械传动系统不良	依次查看机械传动链	保持良好的机械润滑，并排除传动故障
位置环增益过高	查看相关参数	重新调整伺服参数
伺服不良	通过交换法，一般可快速排除	更换伺服驱动器

4. 爬行

爬行发生在启动加速段或低速进给时，一般是由于进给传动链的润滑状态不良、伺服系统增益过低及外加负载过大等所致。尤其要注意连接伺服电动机和滚珠丝杠的联轴器，连接松动或联轴器本身的缺陷，如裂纹等，会造成滚珠丝杠转动和伺服电动机的转动不同步，从而使进给运动忽快忽慢，产生爬行现象。其可能原因及排除方法见表4-22。

表4-22　爬行故障的可能原因及排除方法

可能原因	检查步骤	排除方法
进给传动链的润滑状态不良	听工作时的声音，观察工作状态	做好机床的润滑，确保润滑的电动机工作正常并且润滑油足够
伺服系统增益过低	检查伺服系统的增益参数	依参数说明书正确设置相应参数
外加负载过大	校核工作负载是否过大	改善切削条件，重新考虑切削负载
联轴器的机械传动有故障	可目测联轴器的外形	更换联轴器

5. 窜动

在进给时出现窜动现象的原因：①测速信号不稳定，如测速装置故障、测速反馈信号干扰等；②速度控制信号不稳定或受到干扰；③接线端子接触不良，如螺钉松动等。当窜动发生在由正向运动向反向运动的瞬间时，一般是由于进给传动链的反向间隙或伺服系统增益过大所致。其可能原因及排除方法见表4-23。

表4-23　进给过程中出现窜动的可能原因和排除方法

可能原因	检查步骤	排除方法
位置反馈信号不稳定	测量反馈信号是否均匀与稳定	确保反馈信号正常、稳定
位置控制信号不稳定	在驱动电动机端测量位置控制信号是否稳定	确保位置控制信号正常稳定
位置控制信号受到干扰	测试其位置控制信号是否有噪声	做好屏蔽处理
接线端子接触不良	检查紧固螺钉是否松动等	紧固好螺钉，同时检查其接线是否正常
在正、反向运动的瞬间发生窜动	检查机械传动系统是否不良，如反向间隙是否过大	进行机械的调整，排除机械故障
	检查伺服系统增益是否过大	依参数说明书正确设置参数

6. 伺服电动机不转

数控系统传至进给驱动单元的除了速度控制信号外，还有使能控制信号，一般为 DC 24V 继电器线圈电压。伺服电动机不转故障的可能原因与排除方法见表 4-24。

表 4-24　伺服电动机不转故障的可能原因及排除方法

可能原因	检查步骤	排除方法
速度、位置控制信号未输出	测量数控装置的指令输出端子的信号是否正常	确保控制信号已正常输出正常
使能信号未接通	通过 CRT 观察 I/O 状态，分析机床 PLC 梯形图（或流程图），以确定进给轴的启动条件，如润滑、冷却等是否满足	确保使能的条件都具备并且使能
制动电磁阀未释放	如果伺服电动机本身带有制动电磁阀，应检查制动电磁阀是否释放，确认是控制信号没到位还是电磁阀有故障	确保制动电磁阀能正常工作
进给驱动单元故障	用交换法，可判断出相应单元是否有故障	更换伺服驱动单元
伺服电动机故障		更换伺服电动机

7. 位置误差

当伺服轴运动超过位置允差范围时，数控系统就会产生位置误差过大的报警，包括跟随误差、轮廓误差和定位误差等。其主要原因是：①系统设定的允差范围过小；②伺服系统增益设置不当；③位置检测装置有污染；④进给传动链累积误差过大；⑤主轴箱垂直运动时平衡装置（如平衡油缸等）不稳。报警的原因及排除见表 4-25。

表 4-25　位置跟随误差超差报警的可能原因及排除方法

可能原因	检查步骤	排除方法
伺服过载或有故障	查看伺服驱动器相应的报警指示灯	减轻负载，让机床工作在额定负载内
动力线或反馈线连接错误	检查连线	正确连接电动机与反馈装置的连接线
伺服变压器过热	查看相应的工作条件和状态	观察散热风扇是否工作正常，采取散热措施
保护熔断器熔断		
输入电源电压太低	用万用表测量输入电压	确保输入电压正常
伺服驱动器与 CNC 间的信号电缆连接不良	检查信号电缆的连接，分别测量电缆信号线各引脚的通断	确保信号电缆传输正常
干扰	检查屏蔽线	处理好地线以及屏蔽层
参数设置不当	检查设置位置跟随误差的参数，如伺服系统增益设置是否不当，位置偏差值设定是否错误或过小	依参数说明书正确设置参数
速度控制单元故障	用同型号的备用电路板来测试现在的电路板是否有故障	如果确认故障，更换相应电路板或驱动器
系统主板的位置控制部分故障		
编码器反馈不良	用手转动电动机，看反馈的数值是否相符	如果确认不良，更换编码器
机械传动系统有故障	进给传动链累计误差是否过大或机械结构连接是否不好，从而造成传动间隙过大	排除机械故障，确保工作正常

8. 漂移

当指令值为零时，坐标轴仍移动，从而造成位置误差，通过漂移补偿和驱动单元上的零速调整来消除。引起此故障的可能原因与排除方法见表4-26。

表4-26 漂移补偿量过大报警的可能原因与排除方法

报警内容	可能原因		排除方法
漂移补偿量过大	连接不良	动力线连接不良或未连接	正确连接动力线
		检测元件之间的连接不良	正确连接反馈元件连接线
	数控系统的相关参数设置错误	CNC系统中有关漂移量补偿的参数设置错误	重新设置参数
	硬件故障	速度控制单元的位置控制部分出故障	更换此电路板或直接更换伺服单元

二、故障诊断及排除实例分析

故障现象1：某数控机床，其数控系统是 FANUC 0i-TD 系统，伺服系统配置 αi 系列伺服单元，X轴伺服电动机是 αi8/3000 电动机，数控系统显示 SV0434 报警，整个系统处于急停状态。SV0434 报警页面如图4-37所示。

图4-37 SV0434 报警页面

故障原因：数控系统页面显示"SV0434（X）：逆变器控制电压低"，在维修说明书（B-64305CM）中查阅故障信息和内容，可知产生故障的原因是伺服放大器控制电源的电压下降。αi 伺服放大器模块控制电源由 αi 电源模块产生，根据表4-17罗列的故障节点可知，产生此报警的故障节点可能是下面几个。

1）电源模块没输出直流24V电压。

2）电源模块输出直流24V电压，但与伺服放大器模块互连线有故障。

3）伺服单元本身有故障。

故障分析：

1）打开数控机床电气柜，观察 αi 伺服单元，电源模块上七段LED数码管显示6，伺服放大器模块上七段LED数码管显示2。

2）由电源模块部分故障的报警内容与报警原因及故障解决方法和伺服放大器模块部分故障的报警内容与报警原因及故障解决方法可知，故障原因可能是控制电源电压下降引起电源模块，产生故障报警。

3）在数控机床正常通电的情况下，用万用表的交流250V档测量电源模块的控制电源是否是交流200V。

4）若输入电源是交流 200V，再用万用表的直流 50V 档测量电源模块的 CXA2A 的 A1 和 A2 之间是否输出直流 24V。

5）若没有输出直流 24V，说明电源模块故障；若输出直流 24V，则再在伺服放大器模块的 CXA2B 的 A1 和 A2 之间测量是否为直流 24V。

6）若为直流 24V，说明伺服放大器本身故障；若不为直流 24V，说明电源模块与伺服放大器模块的互连线故障。

7）在断电情况下，测量电源模块与伺服放大器模块之间的互连线是否有断路或短路现象。

故障处理：根据上述故障分析，可能的故障节点都要考虑到。

1）若故障节点是电源模块，更换一个同规格的电源模块。

2）若故障节点是互连线，更换一根新的互连线。

3）若故障节点是伺服放大器模块，更换一个同规格的伺服放大器模块。

故障现象 2：CJK6136 机床运动过程中 Z 轴出现跟踪误差过大报警。

故障分析：该机床采用半闭环控制系统，在 Z 轴移动时产生跟踪误差报警，在参数检查无误后，对电动机与丝杠的连接等部位进行检查，结果正常。将系统的显示方式设为负载电流显示，在空载时发现电流为额定电流的 40% 左右，在快速移动时出现跟踪误差过大报警。用手触摸 Z 轴电动机，明显感到电动机发热。检查 Z 轴导轨上的压板，发现压板与导轨间隙不到 0.01mm，可以判断是压板压得太紧而导致摩擦力太大，使得 Z 轴移动受阻，导致电动机电流过大而发热，快速移动时产生丢步而造成跟踪误差过大报警。

故障处理：松开压板，使压板与导轨间的间隙为 0.02 ~ 0.04mm，锁紧紧定螺母，重新运行，机床故障排除。

教学评价（表4-27）

表4-27　考核标准与成绩评定项目表

考核分类	考核项目	考核指标	配分	得分
职业素养	学习期间的出勤情况、着装情况、课堂纪律和工作态度等	不迟到、不早退、不旷课、不无故请假；着装整齐；遵守课堂纪律；在工作中劳动态度端正、精神面貌好、团结协作，遵守安全操作规程，无安全事故	15	
单项技能考核	判断 FANUC 0i – D αi 伺服单元及伺服放大器故障节点，并可以进行维修	按正确与否酌情扣分	20	
	判断 FANUC 0i – D βi 伺服单元及伺服放大器故障节点，并可以进行维修	按正确与否酌情扣分	20	
综合技能测试	判断和维修中要注意的问题	维修过程要科学合理，不符合岗位规范要求酌情扣分	15	
	判断和维修方法、步骤	判断 FANUC 0i – D αi 及 βi 伺服单元及伺服放大器故障节点，并可以进行维修，按正确与否酌情扣分	15	
	职业规范	安全文明规范，无安全事故发生，及时保养、维护和清洁设备，不符合操作标准不得分	15	
考核结果	合格与否	60 分及以上为合格，小于 60 分为不合格		

知识加油站

数控机床的安装

数控机床的安装是指机床运达用户后，安装到工作场地直至能正常工作这一段的工作。对于小型机床，这项工作比较简单；对于大中型数控机床，用户需要进行组装和重新调试，工作较复杂。

1. 数控机床对地基及环境和湿度的要求

对大型、重型机床和精密机床，制造商一般向用户提供机床地基图。用户事先做好机床地基基础，经过一定时间的保养，等基础进入稳定阶段后再安装机床。一般地基的处理方法可采用夯实法、换土垫层法、碎石挤密法或碎石桩加固法。50t 以上的重型机床，其地基加固可用预压法或采用桩基，在地基周围设置防振沟，并用地脚螺栓紧固。地基平面尺寸应大于机床支承面积的外廓尺寸，并考虑安装、调整和维修所需尺寸。此外，机床旁应留有足够的工件运输和存放空间，机床与机床、机床与墙壁之间应留有足够的通道。一些中小型数控机床对地基没有特殊要求，无须做单独的地基，只须在硬化好的地面上采用活动垫铁稳定机床的床身，用支承件调整机床的水平。

在确定的数控机床安放位置上，根据机床说明书中提供的安装地基图进行施工，同时要考虑机床重量和重心位置，与机床连接的电线、管道的铺设、预留地脚螺栓和预埋件的位置。

机床的安装位置应远离焊机、高频机械等各种干扰源，应避免阳光照射和热辐射的影响，其环境温度应控制在 0 ~ 45℃，相对湿度在 90% 左右，必要时应采取适当措施加以控制。机床不能安装在有粉尘的车间里，应避免腐蚀气体的侵蚀。

2. 数控机床的安装步骤

（1）安装准备　在数控机床运到以前，用户应首先根据设备要求和生产现场情况选择安装位置，然后根据生产厂家提供的基础图做好机床基础，在安装地脚的部位做好预留孔。

（2）开箱验收　机床到货后及时开箱检查，找出装箱单，按照装箱单和合同对箱内物品逐一进行核对检查，并做好记录。

（3）机床吊装与就位　使用制造商提供的专用起吊工具（如不需要专用工具，应采用钢丝绳按说明书的要求进行吊装）叉车或吊车，把机床大部分组件分别吊装到指定位置。就位时，垫铁、调整垫板和地脚螺栓等也应对号入座。

（4）机床组装与连接　机床初步就位后，接下来的工作就是机床部件的组装和数控系统的连接。

机床部件的组装是指将分解运输的机床合成整机的过程。组装前要注意部件表面的清洁工作，将所有连接面、导轨、定位件上的防锈涂料清洗干净，准确可靠地将各部件连接组装成整机。在组装立柱、数控柜、电气控制柜、刀库和机械手的过程中，机床各部件之间的连接定位均要求使用原装的定位销、定位块和其他定位元件，以便更好地还原机床拆卸前的组装状态，保持机床原有的制造和安装精度。各部件组装完毕后，按照说明书电缆、管线接头的标记连接电缆、油管和气管，连接时应注意整洁，保证可靠的接触及密封。

数控系统的连接是针对数控装置及其配套进给和主轴伺服驱动单元而进行的，主要包括外部电缆的连接和数控系统电源的连接。在连接前要认真检查数控系统装置与 MDI/CRT 单元、位置显示单元、电源单元、各印制电路板和伺服单元等，如发现问题应及时采取措施。连接中的连接件是否插入到位、紧固螺钉是否拧紧，应该引起足够的重视，因为由接触不良引起的故障最为常见。此外，数控机床要有良好的接地，以保证设备、人身安全和减少电气干扰，伺服单元、伺服变压器和强电柜之间都要连接保护接地线。

机床电源接线时要根据机床电源容量（功率）选配线缆截面积、铁管管径和铁管弯头；铁管不允许有裂纹，预先埋入地下 200mm，管内预留细钢丝，以便于穿线缆；钢管上焊接两个螺栓，用于钢管接地线，钢管管口加装橡胶护口以免碰伤线缆；5 根（根据机床功率也可选 4 根）线缆中任何 1 根不允许有中间接头，按要求进行连接；从机床电气柜外侧进线需加装蛇皮软管和护线管头；如机床电气柜与主机分离需二次线缆，也要预埋铁管；输入电源的相序要经过确认。

（5）试车调整　机床试车调整是对机床进行通电试运转，粗调机床的主要几何精度。机床安装就位后可通电试车运转，检查机床安装是否稳固，各传动、操纵、控制、润滑、液压、气动等系统是否正常、灵敏、可靠。通电试车前，应按机床说明书要求给机床加注规定的润滑油液和油脂，清洗液压油箱和过滤器，加注规定标号的液压油，接通气动系统的输入气源。

通电试车通常是在各部件分别进行通电试验后再进行的。先应检查机床通电后有无报警故障，然后用手动方式陆续启动各部件，检查安全装置是否起作用，各部件能否正常工作，能否达到工作指标。机床经通电初步运转后，调整床身水平，粗调机床主要几何精度，调整一些重新组装的主要运动部件与主机之间的相对位置，如校正机械手刀库与主机换刀位置，找正自动交换托盘与机床工作台交换位置等。粗略调整完成后，即可用快干水泥灌注主机和附件的地脚螺栓，灌平预留孔。等水泥干固后，就可以进行下一步工作。

练一练

1. 伺服单元故障报警内容及维修方法有哪些？
2. αi 及 βi 伺服放大器故障的报警内容与故障解决方法有哪些？
3. αi 及 βi 伺服单元的故障节点有哪些？
4. 举例说明进给伺服系统故障现象及排除方法。

任务四　位置检测装置的调试与维护

学习目标

【职业知识目标】

● 掌握编码器和光栅尺的调试和维护方法。
● 熟悉旋转变压器和感应同步器的维护方法。

【职业技能目标】

⊙ 能调试和维护编码器和光栅尺。
⊙ 能维护旋转变压器和感应同步器。

【职业素养目标】

⊙ 在学习过程中体现团结协作意识，爱岗敬业的精神。
⊙ 培养学生的综合职业能力、认真负责的工作态度、较强的语言表达能力和动手能力。
⊙ 培养 7S 或 10S 的管理习惯和理念。

任务准备

1. 工作对象（设备）

FANUC 系统所应用的检测装置，如编码器、光栅尺、旋转变压器和感应同步器等。

2. 工具和学习材料

电笔、万用表和螺钉旋具。

教师准备好学生要填写的考核表格（表 1-1）。

3. 教学方法

应用模拟工厂的生产实际的教学模式，采用项目教学法、小组互动式教学法、讲授、演示教学法等进行教学。

知识储备

一、检测装置的概述

1. 检测装置的分类

数控系统中的检测装置根据被测物理量分为位移、速度和电流三种类型；根据安装的位置及耦合方式分为直接测量和间接测量两种类型；按测量方法分为增量式和绝对值式两种类型；按检测信号的类型分为模拟式和数字式两大类；根据运动形式分为旋转型和直线型检测装置；按信号转换的原理分为光电效应、光栅效应、电磁感应、压电效应、压阻效应和磁阻效应检测装置。数控机床常用的检测装置有旋转变压器、感应同步器、编码器、磁栅和光栅。

2. 检测元件的使用要求

检测元件是一种极其精密和容易受损的元件，要从下面几个方面进行正确的使用和维护保养。

1）不能受到强烈振动和摩擦，以免损伤码盘（板）；不能受到灰尘和油污的污染，以免影响正常信号的输出。

2）工作环境温度不能超标，额定电源电压一定要满足，以便于集成电路板的正常工作。

3）要保证反馈线电阻、电容的正常，保证正常信号的传输。

4）防止外部电源和噪声干扰，保证屏蔽良好，以免影响反馈信号。

5）安装方式要正确，如编码器连接轴要同心对正，防止轴超出允许的载重量，以保证其性能正常。

在数控设备的故障中，检测元件的故障比例是比较高的。只要正确使用并加强维护保养，对出现的问题进行深入分析，就一定能降低故障率，并能迅速排除故障，保证设备的正常运行。

二、光栅

在高精度数控机床上，使用光栅作为位移检测装置，将机械位移或模拟量转换为数字脉冲，反馈给 CNC 系统，实现闭环位移控制。光栅有物理光栅和计量光栅之分。计量光栅相对来说刻线较粗，栅距为 0.004~0.25mm，常用于数字检测系统，用来检测高精度的直线位移和角位移。计量光栅是用于数控机床的精密检测装置，具有测量精度高、响应速度快、量程宽等特点，是闭环系统中常用的位移检测装置。

光栅根据光线在光栅中是反射还是透射分为透射光栅和反射光栅；根据光栅形状分为直线光栅和圆光栅，直线光栅用于检测直线位移，圆光栅用于检测角位移；此外还有增量式光栅和绝对式光栅之分。

玻璃透射光栅是在光学玻璃的表面涂上一层感光材料或金属镀膜，再在涂层上刻出光栅条纹，用刻蜡、腐蚀、涂黑等方法制成光栅条纹。金属反射光栅是将钢直尺或不锈钢带的表面光整加工成反射光很强的镜面，用照相腐蚀工艺制作光栅条纹。金属反射光栅的线膨胀系数容易做到与机床材料一致，安装调整方便，易于制成较长的光栅。

玻璃透射光栅信号增幅大，装置结构简单，并且刻线密度较大，一般每毫米可达 100 条、200 条、500 条刻纹，因此可以减小电子电路的负担，但光栅长度较小。金属反射光栅的线膨胀系数可以做到与机床的线膨胀系数一致，接长方便，容易安装调整，刻线密度一般为每毫米 4 条、10 条、25 条、40 条、50 条，分辨率比玻璃透射光栅低。

光栅也可以制成圆盘形（圆光栅），用来测量角位移。在圆盘的外环圆周面上，条纹呈辐射状，相互间夹角相等。

三、编码器

脉冲编码器是一种旋转式脉冲发生器，能把机械转角转变成电脉冲，是数控机床上使用广泛的位移检测装置。脉冲编码器经过变换电路也可用于速度检测，同时作为速度检测装置。脉冲编码器分为光电式、接触式和电磁感应式三种。从精度和可靠性方面来看，光电式脉冲编码器优于其他两种。数控机床上主要使用光电式脉冲编码器。脉冲编码器是一种增量检测装置，其型号是由每转发出的脉冲数来区分的。数控机床上常用的脉冲编码器有 2000P/r、2500P/r、3000P/r（脉冲/转）等。在高速、高精度数字伺服系统中，应用高分辨率的脉冲编码器，如 20000P/r、25000P/r、30000P/r 等。现在已有每转发出 10 万个脉冲乃至几百万个脉冲的脉冲编码器，该编码器装置内部应用了微处理器。

图 4-38 所示为光电脉冲编码器的结构图。光电脉冲编码器是数控机床上使用广泛的位移检测装置。编码器的输出信号有两个相位信号输出，用于辨向；一个零标志信号（又称一转信号、栅格零点），用于机床回参考点的控制；另外还有 +5V 电源和接地端。

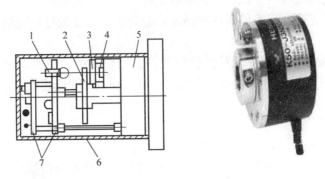

图 4-38　光电脉冲编码器的结构图

1—光源　2—圆光栅　3—指示光栅　4—光电池组　5—机械部件　6—护罩　7—印制电路板

四、旋转变压器

旋转变压器是一种控制用的微电动机，能将机械转角转换成与该转角呈某一函数关系的电信号。旋转变压器在结构上与两相绕线式异步电动机相似，由定子和转子组成。定子绕组为变压器的一次侧，转子绕组为变压器的二次侧。励磁电压接到定子绕组上，其频率通常为 400Hz、500Hz、1000Hz、5000Hz。旋转变压器可单独和滚珠丝杠相连，也可与伺服电动机组成一体。

旋转变压器分为有刷（图 4-39a）和无刷（图 4-39b）两种类型。有刷旋转变压器定子

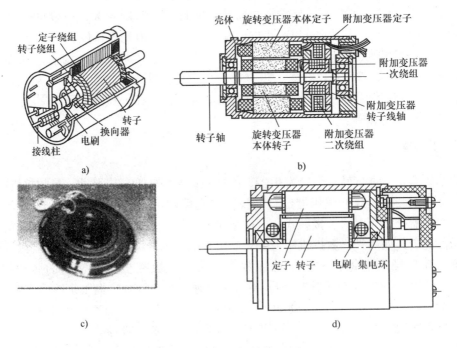

图 4-39　旋转变压器结构图

a）有刷旋转变压器　b）无刷旋转变压器　c）实物图　d）剖面图

与转子上两相绕组分别相互垂直，转子绕组的端点通过电刷与集电环引出。无刷旋转变压器由分解器与变压器组成，无电刷和集电环。分解器的结构与有刷旋转变压器基本相同，变压器的一次绕组安装在与分解器转子轴固定在一起的轴线上，与转子一起转动，二次绕组安装在与转子同心的定子轴线上。分解器定子绕组外接励磁电压，转子绕组输出信号接到变压器的一次绕组，从变压器的二次绕组引出最后的输出信号。无刷旋转变压器的特点是输出信号幅度大，可靠性高且寿命长，不用维修，更适合数控机床使用。旋转变压器的实物图与剖面图如图4-39c、d所示。

五、感应同步器

感应同步器是一种电磁式高精度位移检测装置，是由旋转变压器演变而来的，即相当于一个展开的旋转变压器。感应同步器分为直线式和旋转式两种，直线式用于测量直线位移，旋转式用于测量角位移。

直线式感应同步器由定尺和滑尺两部分组成，结构如图4-40所示。定尺上制有单向的均匀感应绕组，尺长一般为250mm，绕组节距（两个单元绕组之间的距离）为r（有的文献上用$2r$表示，通常为2mm）。滑尺上有两组励磁绕组，一组是正弦绕组，另一组是余弦绕组，两绕组节距与定尺绕组节距相同，并且相互错开1/4节距。当正弦绕组和定尺绕组对准时，余弦绕组和定尺绕组相差$r/2$的距离（即1/4节距），一个节距相当于旋转变压器的一转（即360°），这样两励磁绕组的相位差为90°。

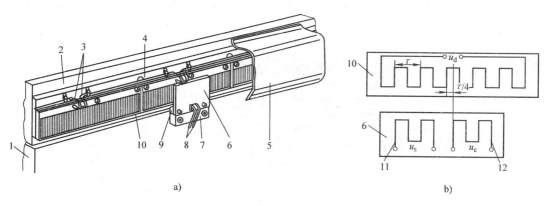

图4-40　感应同步器的结构

a）外观及安装形式　b）绕组

1—固定部件（床身）　2—运动部件（工作台或刀架）　3—定尺绕组引线　4—定尺座　5—防护罩　6—滑尺
7—滑尺座　8—滑尺绕组引线　9—调整垫　10—定尺　11—正弦励磁绕组　12—余弦励磁绕组

> **操作提示**　　安装时，一般定尺固定在机床的固定部件上，滑尺固定在机床的移动部件上，定尺和滑尺都应与机床导轨基准面平行，两者之间保持0.15～0.35mm的气隙，并且在测量全程范围内气隙的允许变化量为+0.05mm。

感应同步器的特点：一是感应同步器有许多极，其输出电压是许多极感应电压的平均值，因此检测装置本身微小的制造误差由于取平均值而得到补偿，其测量精度较高；二是测量距离长，感应同步器可以采用拼接的方法，增大测量尺寸；三是对环境的适应性较强，因其利用电磁感应原理产生信号，所以抗油、水和灰尘的能力较强；四是结构简单，使用寿命长且维护简单。

课堂互动

1）检测装置有哪些类型？
2）简述光栅、编码器、旋转变压器和感应同步器的结构特点。

任务实施

一、光栅的装调与维护

1. 光栅的安装

一般情况下，光栅有两种形式：一是透射光栅，即在一条透明玻璃上刻有一系列等间隔密集线纹；二是反射光栅，即在长条形金属镜面上制成全反射或漫反射间隔相等的密集线纹。光栅输出信号有两个相位信号，用于辨向；一个零标志信号，用于机床回参考点的控制。图 4-41 所示为光栅外观示意图，图 4-42 所示为光栅在数控车床上的安装示意图。

2. 光栅的维护

（1）防污 由于光栅直接安装于工作台和机床床身上，因此极易受到切削液的污染，从而造成信号丢失，影响位置控制精度。

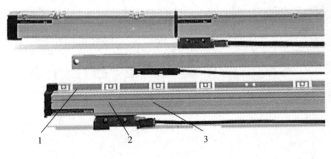

图 4-41 光栅外观图
1—光栅尺 2—扫描头 3—电缆

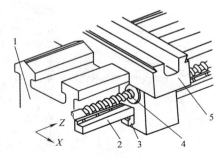

图 4-42 光栅在数控车床上的
安装示意图
1—床身 2—光栅尺 3—扫描头
4—滚珠丝杠螺母副 5—床鞍

1）切削液在使用过程中会产生轻微结晶，这种结晶在扫描头上形成一层薄膜且透光性差，不易清除，故在选用切削液时要慎重。

2）在加工过程中，切削液的压力不要太大，流量不要过大，以免形成大量的水雾进入光栅。

3）光栅最好通入低压压缩空气（10Pa 左右），以免扫描头运动时形成的负压把污物吸入光栅。压缩空气必须净化，滤芯应保持清洁并定期更换。

4）光栅上的污物可以用脱脂棉蘸无水酒精轻轻擦除。

（2）防振 拆装光栅时要用静力，不能用硬物敲击，以免引起光学元件的损坏。

二、光电脉冲编码器的装调与维护

1. 光电脉冲编码器的维护

（1）防振和防污 由于编码器是精密测量元件，使用中要与光栅一样注意防振和污染问题。污染容易造成信号丢失，振动容易使编码器内的紧固件松动脱落，造成内部电源短路。

（2）防止连接松动 光电脉冲编码器用于位移检测时有两种安装形式：一种是与伺服电动机同轴安装，称为内装式编码器；另一种是编码器安装于传动链末端，称为外装式编码器。当传动链较长时，这种安装方式可以减小传动链累积误差对位移检测精度的影响。不管是哪种安装方式，都要注意编码器连接松动的问题，因为连接松动往往会影响位置控制精度。另外，在有些交流伺服电动机中，内装式编码器除了有位移检测作用外，同时还具有测速和交流伺服电动机转子位置检测的作用，如交流伺服电动机中的编码器。因此，编码器连接松动还会引起进给运动的不稳定，影响交流伺服电动机的换向控制，从而引起机床的振动。

2. 光电脉冲编码器的更换

如交流伺服电动机的脉冲编码器不良，就应更换脉冲编码器。更换编码器应按规定步骤进行。以 FANUC S 系列伺服电动机为例，其结构示意图如图 4-43 所示，更换编码器的步骤如下：

1）松开后盖联接螺钉 6，取下后盖 11。

2）取出橡胶盖 12。

3）取出编码器联接螺钉 10，脱开编码器与电动机轴之间的连接。

4）松开编码器固定螺钉 9，取下编码器。

>> 操作提示 由于实际编码器和电动机轴之间是锥度啮合，连接较紧，取编码器时应使用专门的工具，小心取下。

5）松开安装座的联接螺钉 8，取下安装座 7。

编码器维修完成后，再根据图 4-43 所示重新安装上安装座 7，并固定编码器联接螺钉 10，使编码器和电动机轴啮合。

3. 调整

为了保证编码器安装位置正确，在编码器安装完成后，应对转子的位置进行调整，方法如下：

1）将电动机电枢线的 V、W 相（电枢插头的 B、C 脚）相连。

2）将 U 相（电枢插头的 A 脚）和直流调压器的"＋"端相连，V、W 和直流调压器的"－"端相连（图 4-44a），编码器加 X＋5V 电源（编码器插头的 J、N 脚间）。

3）通过调压器对电动机电枢加励磁电流。这时，因为 $I_U = I_V + I_W$，且 $I_V = I_W$，事实上

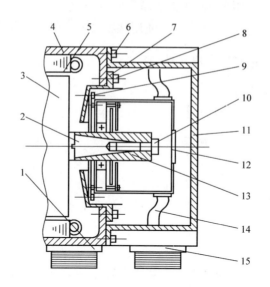

图 4-43 伺服电动机结构示意图

1—电枢线插座 2—连接轴 3—转子 4—外壳 5—绕组 6—后盖联接螺钉 7—安装座
8—安装座联接螺钉 9—编码器固定螺钉 10—编码器联接螺钉 11—后盖 12—橡胶盖
13—编码器轴 14—编码器电缆 15—编码器插座

相当于使电动机工作在图 4-44b 所示的 90°位置，因此伺服电动机（永磁式）将自动转到 U 相的位置进行定位。

注意：加的励磁电流不可以太大，只要保证电动机能进行定位即可（实际维修时调整为 3~5A）。

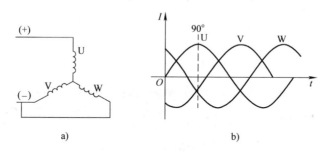

图 4-44 转子位置调整示意图
a）励磁连接图 b）电动机定位示意图

4）在电动机完成 U 相定位后，使编码器的转子位置检测信号 C1、C2、C4、C8（编码器插头的 C、P、L、M 脚）同时为 "1"，使转子位置检测信号和电动机实际位置一致。

5）安装编码器固定螺钉，装上后盖，完成电动机编码器的调整。

三、旋转变压器的维护

1）接线时，定子上有相等匝数的励磁绕组和补偿绕组，转子上也有相等匝数的正弦绕组和余弦绕组，但转子和定子的绕组匝数组却不同，一般定子电阻值大，有时补偿绕组自身壳体短路或接入一个阻抗。

2）由于结构上与绕线转子异步电动机相似，因此，电刷磨损到一定程度后要更换。

四、感应同步器的维护

1）安装时，必须保持定尺和滑尺相对平行，且定尺固定螺栓不得超过尺面，调整间隙为 0.09～0.15mm 为宜。

2）不要损坏定尺表面的耐切削液涂层和滑尺表面一层带绝缘层的铝箔，否则会腐蚀厚度较小的电解铜箔。

3）接线时要分清滑尺的正弦绕组和余弦绕组，其阻值基本相同，但两个绕组必须分别接入励磁电压。

教学评价 （表 4-28）

表 4-28　考核标准与成绩评定项目表

考核分类	考核项目	考核指标	配分	得分
职业素养	学习期间的出勤情况、着装情况、课堂纪律和工作态度等	不迟到、不早退、不旷课、不无故请假；着装整齐；遵守课堂纪律；在工作中劳动态度端正、精神面貌好、团结协作，遵守安全操作规程，无安全事故	15	
单项技能考核	按步骤进行编码器的调试和维护	按编码器装调和维护正确与否酌情扣分	10	
	按步骤进行光栅尺的装调和维护	按光栅尺装调和维护正确与否酌情扣分	15	
	旋转变压器的装调和维护	按旋转变压器装调和维护正确与否酌情扣分	10	
	感应同步器的装拆、调试和维护	按感应同步器的装拆、调试和维护方法正确与否酌情扣分	10	
综合技能测试	装调要注意的问题	装调过程科学合理，符合岗位规范	10	
	装调和维护方法、步骤	按检测装置的结构及编码器、光栅尺以及旋转变压器和感应同步器的调试和维护过程正确与否酌情扣分	20	
	职业规范	安全文明规范，无安全事故发生，及时保养、维护和清扫设备，不符合操作标准不得分	10	
考核结果	合格与否	60 分及以上为合格，小于 60 分为不合格		

知识加油站

数控机床的机电联调

数控机床的调试包括电源的检查、机床功能调试和机床试运行，检查与调试工作关系到数控机床能否正常投入使用。

1. 电源的检查

电源检查包括输入电源电压、频率及相序的确认，直流电源单元电压输出端对地是否短路的确认，数控系统内部直流稳压电源是否对地短路及输出电压值的确认，印制电路板上电压的确认。

2. 机床功能调试

机床功能调试是在机床试车调整后进行的检查和调试机床各项功能的过程。调试前，应先检查机床的数控系统及可编程序控制器的设定参数是否与随机表中的数据一致，然后试验各主要操作功能、安全措施、运行行程及常用指令的执行情况等，如手动操作方式、点动方式、编辑方式（EDIT）、数据输入方式（MDI）、自动运行方式（MEMOTY）、行程的极限保护（软件和硬件保护）以及主轴挂档指令和各级转速指令等是否正确无误，最后检查机床辅助功能及附件的工作是否正常，如机床照明灯、冷却防护罩和各种护板是否齐全，切削液箱加满切削液后，试验喷管能否喷切削液，在使用冷却防护罩时是否外漏，排屑器能否正常工作，主轴箱恒温箱是否起作用等。对于带刀库的数控加工中心，还应调整机械手的位置。调整时，让机床自动运行到刀具交换位置，以手动操作方式调整装刀机械手和卸刀机械手对主轴的相对位置，调整后紧固调整螺钉和刀库地脚螺钉，然后装上几把接近允许质量的刀柄，进行多次从刀库到主轴位置的自动交换，以动作正确、不撞击和不掉刀为合格。

3. 机床试运行

每次机床安装调试完毕后，都要整机带一定负载经过一段时间的自动运行，较全面地检查机床功能及工件可靠性。

（1）通电前的准备　按照机床说明书的要求给机床润滑油箱、润滑点灌注规定的油液或油脂，清洗液压油箱及过滤器，灌足规定标号的液压油，接通气源等。

（2）通电前的电气检查

1）检查电线进口有无损伤，以防引起电源接地、短接等现象。

2）检查熔断器有无烧损痕迹；检查配线、电气元件有无明显的变形损坏或因过热、烧焦和变色而发出臭味。

3）检查限位开关、继电保护器及热继电器是否动作；检查断路器、接触器、继电器等的可动部分动作是否灵活。

4）检查可调电阻的滑动触点和电刷支架是否因窜动而离开原位。

5）检查导线连接是否良好，接头有无松动或脱落。

6）可用万用表对故障部分的导线、元件、电动机等进行通断检查。用兆欧表检查电动机、控制电路的绝缘电阻，通常应不小于 $0.5M\Omega$。

上述检查完成后，根据电路图，依次检查电路和各元件的连接，注意辨别变压器的一次侧、二次侧，开关电源的接线和继电器、接触器线圈触点的接线位置。

（3）通电步骤　机床通电操作是一次同时接通各部分电源的全面通电过程，也可以各部分分别通电，然后再做总供电试验。本任务使用的 CK6140 属于小型机床，采用一次通电的方式。

1）接通三相电源总开关，检查电源是否正常。

2）观察电压表、电源指示灯是否正常。

3）依次接通各断路器，检查电压。

4）检查开关电源的输入输出线。

5）进行数控系统的检查，观察数控现象。

注意：检查中若发现问题，在未解决之前，严禁进行下一步试验。

国家标准 GB/T 9061—2006 中规定，数控车床的自动运行考验时间为 16h，加工中心的自动运行考验时间为 32h，这个过程称为安装后的试运行。试运行中采用的程序称为考机程序，可以直接采用机床厂调试时间用的考机程序，也可自编考机程序。考机程序中应包括数控系统主要功能的使用（如各坐标方向的运动、直线插补和圆弧插补等），自动更换取用刀库中 2/3 的刀具，主轴的最高、最低及常用的转速，快速和常用的进给速度，工作台面的自动交换，主要指令的使用及宏程序、测量程序等。试运行时，机床刀库上应插满刀柄，刀柄质量应接近规定质量；交换工作台面上应加上负载。在试运行中，除操作失误引起的故障外，不允许机床有故障出现，否则表示机床的安装调试存在问题。对于一些小型数控机床，直接进行整体安装，只要调试好床身水平，检查几何精度合格后，经通电试车就可投入运行。

练一练

1. 旋转变压器和感应同步器的维护方法分别有哪些？
2. 编码器和光栅的调试和维护方法分别是什么？

模块五

数控机床机械部件的拆装与维护

 学习目标

【职业知识目标】

- 熟悉主轴传动系统的机械结构及拆装调整方法。
- 掌握主轴系统故障的排除方法。

【职业技能目标】

- 能装拆主轴部件并进行调整。
- 能维护数控主轴传动系统。
- 诊断并排除主轴传动系统的故障。

【职业素养目标】

- 在学习过程中体现团结协作意识，爱岗敬业的精神。
- 培养学生的综合职业素养、认真负责的工作态度、较强的语言表达能力和动手能力。
- 培养 7S 或 10S 的管理习惯和理念。

任务准备

1. 工作对象（设备）

数控车床和数控铣床主轴部件。

2. 工具和学习材料

数控车床和数控铣床若干台，锤子、活扳手、螺钉旋具、游标卡尺、千分表和黄油等。

教师准备好学生要填写的考核表格（表 1-1）。

3. 教学方法

应用模拟工厂的生产实际的教学模式，采用项目教学法和小组合作教学法进行教学；对主轴传动系统进行装拆、预紧、调整等操作。

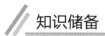 知识储备

一、数控机床主传动系统的类型

主传动系统是用来实现机床主运动的传动系统，应具有一定的转速（速度）和一定的变速范围，并能方便地实现运动的开停、变速、换向和制动等，主要由电动机、传动系统和主轴部件组成。数控机床主传动系统按变速方式分为普通主轴系统、变频主轴系统、伺服主轴系统和电主轴系统等。

二、主传动系统的常见故障及排除方法

1. 主传动系统常见故障的故障现象、故障原因及其排除方法（表5-1）

表5-1 主传动系统常见故障的故障现象、故障原因及其排除方法

序号	故障现象	故障原因	排除方法
1	主轴发热	主轴轴承损伤或轴承不清洁	更换轴承，清除脏物
		主轴前端盖与主轴箱体压盖研伤	修磨主轴前端盖，使其压紧主轴前轴承，轴承与后盖有0.02～0.05mm间隙
		轴承润滑油脂耗尽或润滑油脂涂抹过多	涂抹润滑油脂，每个轴承3mL
2	主轴在强力切削时停转	连接电动机与主轴的传动带过松	移动电动机座，拉紧传动带，然后将电动机座重新锁紧
		传动带表面有油	用汽油清洗传动带后擦干净，再装上
		传动带使用过久而失效	更换新传动带
		摩擦离合器调整过松或磨损	调整摩擦离合器，修磨或更换摩擦片
3	主轴噪声	缺少润滑	涂抹润滑脂，保证每个轴承涂抹润滑脂量不得超过3mL
		小带轮与大带轮传动平稳情况不佳	带轮上的平衡块脱落，重新进行动平衡
		连接主轴与电动机的传动带过紧	移动电动机座，调整传动带松紧度
		齿轮啮合间隙不均匀或齿轮损坏	调整啮合间隙或更换新齿轮
		传动轴承损坏或传动轴弯曲	修复或更换轴承，校直传动轴
4	主轴没有润滑油循环或润滑不足	油泵转向不正确，或间隙太大	改变油泵转向或修理油泵
		吸油管没有插入油箱的油面下	将吸油管插入油面以下2/3
		油管和滤油器堵塞	清除堵塞物
		润滑油压力不足	调整供油压力

（续）

序号	故障现象	故障原因	排除方法
5	润滑油泄漏	润滑油过量	调整供油量
		密封件损坏	更换密封件
		管件损坏	更换管件
6	刀具不能夹紧	蝶形弹簧位移量较小	调整蝶形弹簧行程长度
		松紧弹簧上的螺母松动	顺时针方向旋转松紧弹簧上的螺母，使其最大工作负载不超过13kN
7	刀具夹紧后不能松开	松刀弹簧压合过紧	逆时针方向旋转松紧弹簧上的螺母，使其最大工作负载不超过13kN
		液压缸压力和行程不够	调整液压压力和活塞行程开关的位置

2. 典型故障诊断及排除

故障现象1：CK6140车床在1200r/min时，主轴噪声变大。

故障分析：CK6140车床采用的是齿轮变速传动，一般来讲主轴噪声的噪声源主要有齿轮在啮合时的冲击和摩擦产生的噪声、主轴润滑油箱的油不到位产生的噪声和主轴轴承不良引起的噪声。将主轴箱上盖的固定螺钉松开，卸下上盖，发现油箱的油在正常水平。检查该档位的齿轮及变速用的拨叉，看看齿轮有没有毛刺和啮合硬点，结果正常，拨叉上的铜块没有摩擦痕迹，且移动灵活。在排除以上故障后，卸下带轮及卡盘，松开前锁紧螺母，卸下主轴，检查主轴轴承，发现轴承的外环滚道表面上有一个细小的凹坑碰伤。

故障处理：更换轴承，重新安装好后，用声级计检测，主轴噪声降到73.5dB，故障排除。

故障现象2：ZJK7532铣钻床加工过程中漏油。

故障分析：该铣钻床为手动换档变速，通过主轴箱盖上方的注油孔加入润滑油。在加工时只要速度达到400r/min，油就会顺着主轴流下来。观察油箱油标，油标显示油在上限位置。拆开主轴箱上盖，发现油已注满了主轴箱（还未超过主轴轴承端），油标也被油浸没。可以肯定是油加得过多，在达到一定速度时造成漏油。原因应该是加油过急导致油标的空气来不及排出，油将油标浸没，从而给加油者假象，导致加油过多，造成漏油。

故障处理：放掉多余的油后主轴运转时漏油问题解决，从外部观察油标正常。

故障现象3：CK6032车床主轴箱部位有油渗出。

故障分析：将主轴外部的防护罩拆下，发现油是从主轴编码器处渗出的。该CK6032车床的编码器安装在主轴箱内，属于第三轴，编码器采用O形密封圈的密封方式。拆下编码器，将编码器轴卸下，发现该O形密封圈的橡胶已磨损，弹簧已露出来，属于安装O形密封圈不当所致。

故障处理：更换密封圈后问题解决。

故障现象4：CK6136车床车削的工件表面质量不合格。

故障分析：该机床在车削外圆时，车削纹路不清晰，精车后表面质量达不到要求。在排除工艺方面的因素（如刀具、转速、材质、进给量、吃刀量等）后，将主轴挂到空档，用手旋转主轴，感觉主轴较松。

故障处理：打开主轴防护罩，松开主轴止退螺钉，收紧主轴锁紧螺母并用手旋转主轴，感觉主轴松紧合适后，锁紧主轴止退螺钉，重新进行精车削，问题得到解决。

课堂互动

主传动系统有哪些类型？其常见故障有哪些？如何排除？

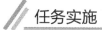任务实施

安装主轴部件，其流程见表5-2。

表5-2　安装主轴部件流程

步骤	图示	说明
1		从左至右分别为 H4063 隔环 1 个、H4064 隔环 1 个、角接触球轴承两个、内、外隔环各一个、角接触球轴承两个、H4068 隔环 1 个、锁紧螺母 1 个
2	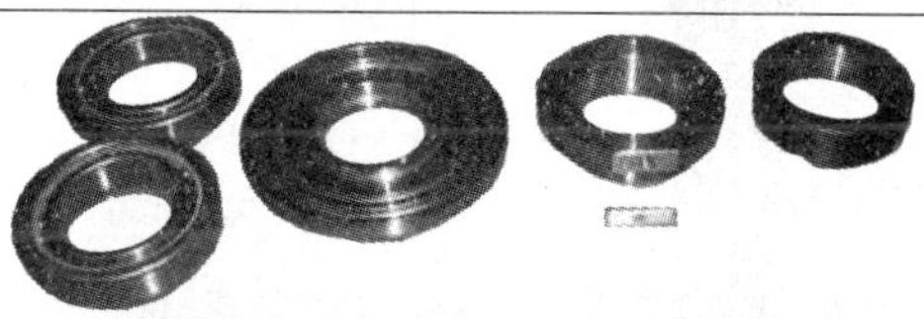	从左至右分别为角接触球轴承两个、隔环 1 个、感应环 1 个、锁紧螺母 1 个
3		主轴和轴承套
4		轴承端盖和轴承套外环
5		将主轴固定于工作台，将主轴擦干净并涂上黄油

（续）

步骤	图示	说明
6		将下隔环装上主轴并检查 1）隔环平行度误差是否在 0.02mm 之内 2）隔环与主轴的贴平面是否贴紧 3）隔环内孔不可干涉主轴
7		再装入隔环，且需加入少量黄油润滑
8		安装轴承 1）按照标准给轴承加入适量黄油 2）装入轴承之前必须将轴承加热至比室温高 20℃，目的是使轴承内径胀大，便于装入 3）用轴承加热器加热需要退磁，因为电加热过程会产生磁性效应 轴承外环有箭头一侧朝下装入到底
9		装入第二个轴承

（续）

步骤	图示	说明
10		再装入内隔环
11	 	装入轴承
12		装入隔环
13	 	装入锁紧螺母并锁紧

（续）

步骤	图示	说明
14		用千分表找正内外隔环
15		用千分表找正轴承误差
16	 	装入两个轴承
17		安装轴承套

（续）

步骤	图示	说明
18	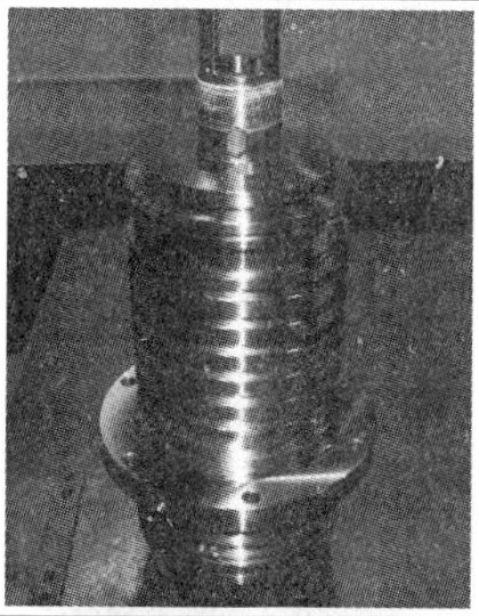	安装隔环
19	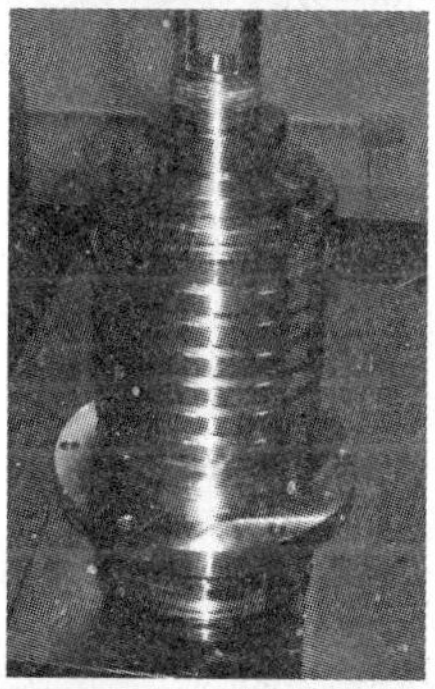	安装感应环
20		安装螺母并锁紧
21	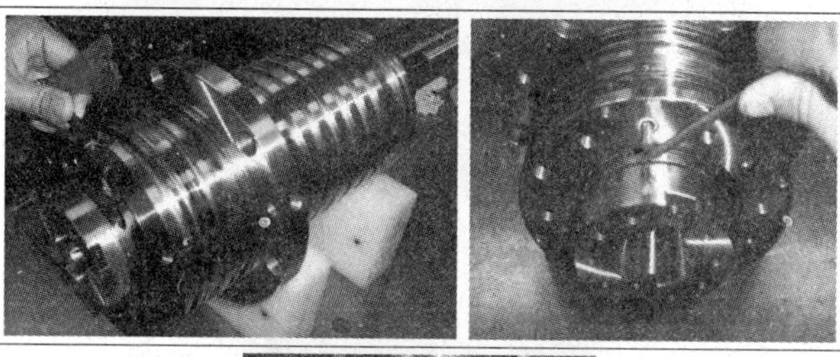	将主轴放平，用量规测量间隙
22		安装轴承套外环

（续）

步骤	图示	说明
23		安装轴承端盖
24	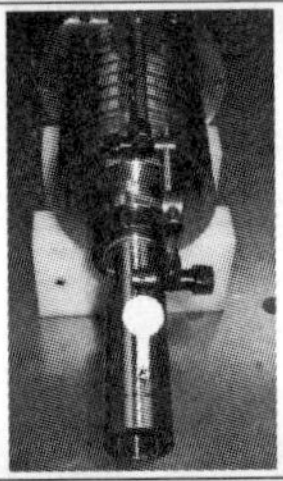	测量主轴轴线的摆动误差
25		锁紧感应螺母
26	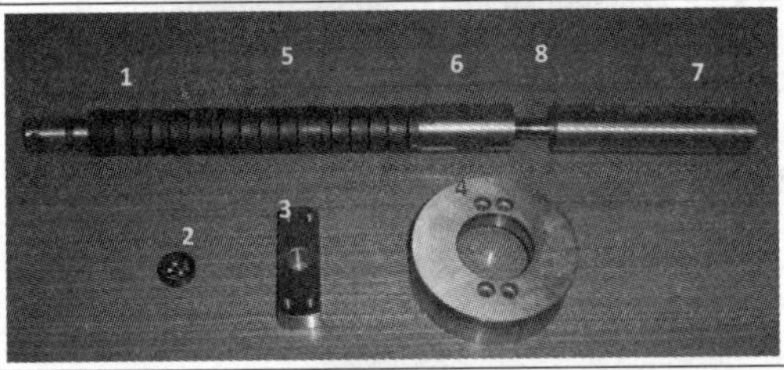	安装拉杆，图中各零件名称如下 1—拉杆　2—钢珠　3—定位柱 4—压盘　5—隔环　6—蝶形弹簧 7—导柱　8—定位柱
27		装配拉杆，具体步骤如下 1）研磨隔环 2）给碟形弹簧涂上黄油 3）装入隔环和碟形弹簧 4）将拉杆完全锁紧 5）装上压盘 6）再装上钢珠 7）检查拉杆的防松螺母是否锁紧

（续）

步骤	图示	说明
28		将拉杆装入主轴
29		安装定位柱，检查螺母并锁紧
30		锁紧压盘
31	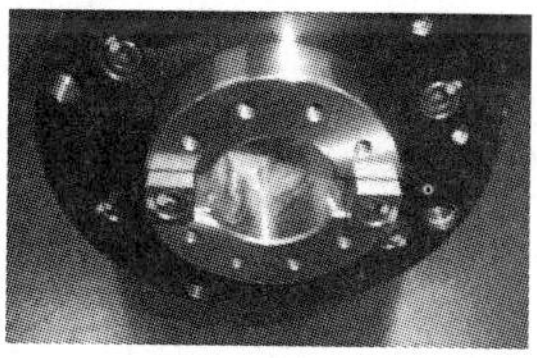	测量主轴偏差是否在规定值内

教学评价 （表5-3）

表5-3 考核标准与成绩评定项目表

考核分类	考核项目	考核指标	配分	得分
职业素养	学习期间的出勤情况、着装情况、课堂纪律和工作态度等	不迟到、不早退、不旷课、不无故请假；着装整齐；遵守课堂纪律；在工作中劳动态度端正、精神面貌好、团结协作，遵守安全操作规程，无安全事故	10	
单项技能考核	进行主轴模块的安装	按步骤进行主轴模块的安装，按安装的正确与否酌情扣分	15	
	进行精度检测	根据测量的正确与否酌情扣分	15	
	根据故障现象分析故障原因和排除方法	根据故障分析和排除情况酌情扣分	20	
综合技能考核	职业规范	安装过程要科学合理，符合岗位规范，不符合要求的酌情扣分；安全文明规范，无安全事故发生，及时保养、维护和清扫设备，不符合操作标准不得分	10	
	安装和排除故障的方法、步骤	进行主轴模块的安装，并进行故障排除，按正确与否酌情扣分	15	
	进行精度检测	根据测量的正确与否酌情扣分	15	
考核结果	合格与否	60分及以上为合格，小于60分为不合格		

知识加油站

主轴部件的维护与保养

主轴部件是数控机床机械部分中的重要组成部件，主要由主轴、轴承、主轴准停装置、自动夹紧和切屑清除装置组成。数控机床主轴部件的润滑、冷却与密封是机床使用和维护过程中值得重视的几个问题。

首先，良好的润滑效果可以降低轴承的工作温度，延长其使用寿命。为此，在操作中要注意：低速时采用油脂、油液循环润滑；高速时采用油雾、油气润滑方式。但是，在采用油脂润滑时，主轴轴承的加脂量通常为轴承空间容积的10%，切忌随意填满，因为油脂过多会加剧主轴发热。对于油液循环润滑，在操作中要做到每天检查主轴润滑恒温油箱，看油量是否充足。如果油量不够，应及时添加润滑油，同时要注意检查润滑油温度范围是否合适。

为了保证主轴有良好的润滑，减少摩擦发热，同时又能把主轴组件的热量带走，通常采用循环式润滑系统，用液压泵强力供油润滑，并使用油温控制器控制油液温度。高档数控机床主轴轴承采用了高级油脂封存方式润滑，每加一次油脂可以使用7～10年。新型的润滑冷却方式不但要减少轴承温升，还要减少轴承内外圈的温差，以保证主轴热变形小。

常见的主轴润滑方式有两种，油气润滑方式近似于油雾润滑方式，但油雾润滑方式是连续供给油雾，而油气润滑则是定时定量地把油雾送进轴承空隙中，这样既实现了油雾润滑，又避免了油雾太多而污染周围空气；喷注润滑方式是用较大流量的恒温油（每个轴承 3 ~ 4L/min）喷注到主轴轴承，以达到润滑、冷却的目的。较大流量喷注的油必须靠排油泵强制排油，而不是自然回流。同时，还要采用专用的大容量高精度恒温油箱，油温变动范围控制在 ±0.5℃。

其次，主轴部件的冷却主要以减少轴承发热、有效控制热源为主。

最后，主轴部件的密封则不仅要防止灰尘、切屑和切削液进入主轴部件，还要防止润滑油的泄漏。主轴部件的密封有接触式和非接触式两种。对于采用油毡圈和耐油橡胶密封圈的接触式密封，要注意检查其老化和破损；对于非接触式密封，为了防止泄漏，重要的是保证回油能够尽快排掉，即保证回油孔通畅。

综上所述，在数控机床的使用和维护过程中必须高度重视主轴部件的润滑、冷却与密封问题，并且仔细做好这方面的工作。

练一练

1. 主传动系统有哪些类型？
2. 怎样维护主轴部件？
3. 怎样判别和排除主轴部件的故障？
4. 装拆主轴的步骤有哪些？

任务二　进给传动系统机械结构的拆装与维护

学习目标

【职业知识目标】

- 掌握滚珠丝杠螺母副的支承形式以及预紧、调整间隙的方法。
- 熟悉工作台和导轨的结构与间隙调整方法。
- 掌握滚珠丝杠螺母副、工作台和导轨的维护、维修方法。

【职业技能目标】

- 能装拆滚珠丝杠螺母副及其支承，并调整预紧力。
- 能检测工作台、导轨精度。
- 诊断并排除滚珠丝杠螺母副、工作台及导轨故障。

【职业素养目标】

- 在学习过程中体现团结协作意识，爱岗敬业的精神。
- 培养学生的综合职业素养、认真负责的工作态度、较强的语言表达能力和动手能力。

➦ 培养 7S 或 10S 管理习惯和理念。

任务准备

1. 工作对象（设备）

CK6140 数控车床滚珠丝杠螺母副、工作台及导轨。

2. 工具和学习材料

CK6140 数控车床一台，三爪顶拔器一套，十字螺钉旋具、一字螺钉旋具各若干把，煤油和棉纱若干，铜棒和铝棒各若干根，内六角扳手若干套等。

教师准备好学生要填写的考核表格（表 1-1）。

3. 工作方法

应用模拟工厂的生产实际的教学模式，采用项目教学法进行教学。

知识储备

一、滚珠丝杠螺母副

滚珠丝杠作为数控机床进给传动链中的重要组成部分，在整个传动链中起着将旋转运动转化为直线运动的重要作用，其结构如图 5-1 所示。作为数控机床的进给机构，一般情况是伺服电动机通过联轴器将动力直接传递给滚珠丝杠，丝杠旋转带动丝杠螺母横向移动。有的进给机构将动力传递给丝杠螺母，丝杠螺母旋转推动丝杠前后移动，完成将旋转运动转化为直线运动这一过程。

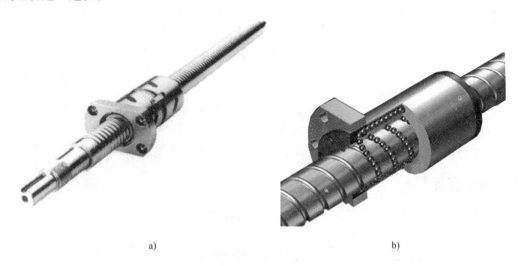

a)   b)

图 5-1　数控机床用滚珠丝杠的结构图

a）滚柱丝杠外形图　b）滚柱丝杠部视图

1. 滚珠丝杠螺母副间隙的调整

滚珠丝杠螺母副的调整主要是消除丝杠螺母副轴向间隙。轴向间隙指丝杠和螺母在无相对转动时，两者之间的最大轴向窜动量。除了结构本身的游隙之外，在施加轴向载荷后，轴向变形所造成的窜动量也包括在其中。一般在机加工过程中消除滚珠丝杠螺母副的轴向间隙，满足加工精度要求的办法有以下两种。

（1）软调整法　软调整法是在加工程序中加入刀补数。刀补数等于所测得的轴向间隙数或者调整数控机床系统轴向间隙参数的数值。因为滚珠丝杠螺母副的轴向间隙事实上仍是存在的，只是在走刀时或工作台移动时多运行一段距离而已。此间隙的存在会使丝杠螺母副在工作中加速损坏，还会使机床振动加剧、噪声加大、机床精加工期缩短等。

（2）硬调整法　硬调整法是使用机械性的方法使丝杠螺母副的间隙消除，实现真正的无间隙进给。此法对机床的日常维护工作也是相当重要的，是解决机床间隙进给的根本办法。但硬调整法相对软调整法过程要复杂一些，并需经过多次调整，才可达到理想的工作状态。

滚珠丝杠螺母副一般是通过调整预紧力来消除间隙（硬调整）的，消除间隙时要考虑以下情况，即预加力能够有效地减小弹性变形所带来的轴向位移，但不可过大或过小。过大的预紧力将增加滚珠之间和滚珠与螺母、丝杠间的摩擦阻力，降低传动效率，使滚珠、螺母、丝杠过早磨损或破坏，使丝杠螺母副的寿命大为缩短；预紧力过小时会造成机床在工作时滚珠丝杠螺母副的轴向间隙量没有得到消除或没有完全消除，使工件的加工精度达不到要求。所以，滚珠丝杠螺母副一般都要经过多次调整才能保证在最大轴向载荷下既消除了间隙，又能灵活运转。

1）垫片调隙式。垫片调隙式通过改变调整垫片的厚度，使滚珠丝杠的左右螺母不能相对旋转，只产生轴向位移，实现预紧，如图5-2所示。

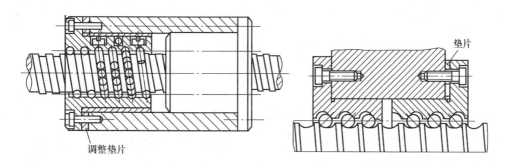

图5-2　垫片调隙式

2）双螺母调隙式。双螺母调隙式是用双螺母来调整间隙，实现预紧的结构。滚珠丝杠左右两螺母副以平键与外套相连，用两个锁紧螺母调整丝杠螺母的预紧量，如图5-3所示。

3）齿差调隙式。齿差调隙式是左右螺母的端部做成外齿轮，齿数分别为 z_1、z_2，而且 z_1 和 z_2 相差一个齿。两个齿轮分别与两端相应的内齿圈相啮合。内齿圈紧固在螺母座上，预紧时脱开两个内齿圈，使两个螺母同向转动相同的齿数，然后再合上内齿圈，两螺母的轴向相对位置发生变化，从而实现间隙的调整并施加预紧力，如图5-4所示。

2. 滚珠丝杠螺母副的常见故障及排除方法

（1）过载　滚珠丝杠螺母副进给传动的润滑状态不良、轴向预加载荷太大、丝杠与导

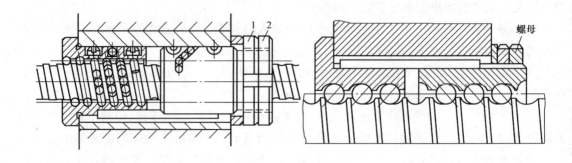

图 5-3　双螺母调隙式

1、2—螺母

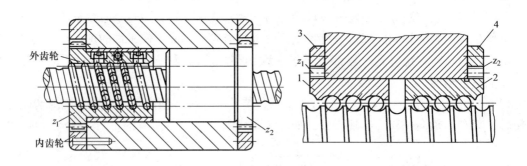

图 5-4　齿差调隙式

1、2—螺母（带外齿圈）　3、4—内齿圈

轨不平行、螺母轴线与导轨不平行、丝杠弯曲变形时，都会引起过载报警。一般会在 CRT 上显示伺服电动机过载、过热或过电流的报警，或在电柜的进给驱动单元上，用指示灯或数码管提示驱动单元过载、过电流信息。

（2）窜动　窜动是滚珠丝杠螺母副进给传动的润滑状态不良、丝杠支承轴承的压盖压合情况不好、滚珠丝杠螺母副滚珠有破损、丝杠支承轴承可能破裂、轴向预加载荷太小，使进给传动链的传动间隙过大，引起丝杠传动时的轴向窜动。

（3）爬行　爬行一般发生在启动加速段或低速进给时，多因进给传动链的润滑状态不良、外加负载过大等所致。尤其是连接伺服电动机和滚珠丝杠的联轴器，如连接松动或联轴器本身缺陷（如裂纹等），会造成滚珠丝杠的转动和伺服电动机的转动不同步，从而使进给运动忽快忽慢，产生爬行现象。

滚珠丝杠螺母副的常见故障及排除方法见表5-4。

表 5-4　滚珠丝杠螺母副的常见故障及排除方法

序号	故障现象	故障原因	排除方法
1	滚珠丝杠螺母副有噪声	丝杠支承轴承的压盖压合情况不好	调整轴承压盖，使其压紧轴承端面
		丝杠支承轴承可能破损	如轴承破损，更换新轴承
		电动机与丝杠联轴器松动	拧紧联轴器锁紧螺钉
		丝杠润滑不良	改善润滑条件，使润滑油量充足
		滚珠丝杠螺母副滚珠有破损	更换新滚珠
2	滚珠丝杠运动不灵活	轴向预加载荷太大	调整轴向间隙和预加载荷
		丝杠与导轨不平行	调整丝杠支座的位置，使丝杠与导轨平行
		螺母轴线与导轨不平行	调整螺母座的位置
		丝杠弯曲变形	校直丝杠
3	滚珠丝杠螺母副传动状况不良	滚珠丝杠螺母副润滑状况不良	用润滑脂润滑的丝杠，需要移动工作台取下套罩，涂上润滑脂

3. 滚珠丝杠常见故障排除实例

故障现象 1：XK713 机床加工过程中 X 轴出现跟踪误差过大报警。

故障分析：该机床采用闭环控制系统，伺服电动机与丝杠采用直联的连接方式。在检查系统控制参数无误后，拆开电动机防护罩，在电动机伺服带电的情况下，用手拧动丝杠，发现丝杠与电动机有相对位移，可以判断是连接电动机与丝杠的胀紧套松动所致。

故障处理：紧定紧固螺钉后，故障消除。

故障现象 2：CK6136 车床在 Z 向移动时有明显的机械抖动。

故障分析：该机床在 Z 向移动时，明显感受到机械抖动，在检查系统参数无误后，将 Z 轴电动机卸下，单独转动电动机，电动机运行平稳。用扳手转动丝杠，振动手感明显。拆下 Z 轴丝杠防护罩，发现丝杠上有很多小铁屑和脏物，初步判断为丝杠故障引起的机械抖动。拆下滚珠丝杠螺母副，打开丝杠螺母，发现螺母反向器内也有很多小铁屑和脏物，造成钢球运转不畅，时有阻滞现象。

故障处理：用汽油认真清洗、清除杂物，重新安装并调整好间隙，故障排除。

4. 滚珠丝杠螺母副的日常维护

（1）滚珠丝杠螺母副的润滑　滚珠丝杠润滑不良可同时引起数控机床多种进给运动的误差，因此滚珠丝杠润滑是日常维护的主要内容。

使用润滑剂可提高滚珠丝杠的耐磨性和传动效率。润滑剂分为润滑油和润滑脂两大类。

润滑油一般为全损耗系统用油，润滑脂可采用锂基润滑脂。润滑脂一般加在螺纹滚道和安装螺母的壳体空间内，而润滑油则经过壳体上的油孔注入螺母的空间内。每半年应更换一次滚珠丝杠的润滑脂，清洗丝杠上的旧润滑脂，涂上新的润滑脂。用润滑油润滑的滚珠丝杠螺母副，可在每次机床工作前加油一次。

（2）丝杠支承轴承的定期检查　定期检查丝杠支承与床身的连接是否松动，连接件是否损坏，以及丝杠支承轴承的工作状态与润滑状态。

（3）滚珠丝杠螺母副的防护　滚珠丝杠螺母副和其他滚动摩擦的传动件一样，应避免硬质灰尘或切屑污物进入其中，因此必须装有防护装置。如果滚珠丝杠螺母副在机床上外露，则应采用封闭的防护罩，如采用螺旋弹簧钢带套管、伸缩套管以及折叠式套管等。安装时，将防护罩的一端连接在滚珠螺母的侧面，另一端固定在滚珠丝杠的支承座上。如果滚珠丝杠螺母副处于隐蔽的位置，则可采用密封圈防护，密封圈装在螺母的两端。接触式的弹性密封圈采用耐油橡胶或尼龙制成，其内孔做成与丝杠螺纹滚道相配的形状，接触式密封圈的防尘效果好，但存在接触压力，使摩擦力矩略有增加；非接触式密封圈又称迷宫式密封圈，采用硬质塑料制成，其内孔与丝杠螺纹滚道的形状相反，并稍有间隙，这样可避免产生摩擦力矩，但防尘效果差。工作中应避免碰击防护装置，防护装置一有损坏应及时更换。

二、数控机床导轨

1. 滚动导轨的预紧方法

为了提高滚动导轨的刚度，应对滚动导轨进行预紧。预紧可提高接触刚度，消除间隙；在立式滚动导轨上，预紧可防止滚动体脱落和歪斜。

常见的预紧方法有以下两种。

1）采用过盈配合。

2）调整法。通过调整螺钉、斜块或偏心轮来进行预紧，如图5-5所示。

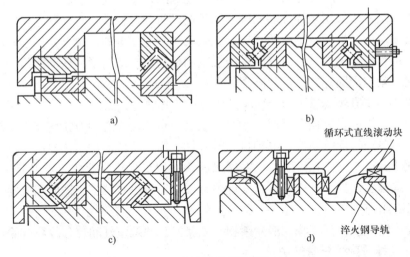

图5-5 滚动导轨的预紧方法

2. 导轨副的常见故障及排除方法（表5-5）

表5-5 导轨副的常见故障及排除方法

序号	故障现象	故障原因	排除方法
1	导轨研伤	机床经长时间使用，地基与床身水平度有变化，使得导轨局部单位面积负载过大	定期进行床身导轨的水平调整，或修复导轨精度
		长期加工短工件或承受过分集中的负载，使得导轨局部磨损严重	注意合理分布短工件的安装位置，避免负载过分集中
		导轨润滑不良	调整导轨润滑油量，保证润滑油压力

（续）

序号	故障现象	故障原因	排除方法
1	导轨研伤	导轨材质不佳	采用电加热自冷淬火对导轨进行处理，导轨上增加锌铝铜合金板，以改善摩擦情况
		刮研质量不符合要求	提高刮研修复的质量
		机床维护不良，导轨里面落入脏物	加强机床保养，保护好机床防护装置
2	导轨上移动部件运动不良或不能移动	导轨面研伤	用170#砂布修磨机床与导轨面上的研伤
		导轨压板研伤	卸下压板，调整压板与导轨间隙
		导轨镶条与导轨间隙太小，调得太紧	松开镶条防松螺钉，调整镶条螺栓，使运动部件运动灵活，保证0.03mm的塞尺不得塞入，然后锁紧防松螺钉
3	加工面在接刀处不平	导轨直线度超差	调整或刮研导轨允差0.015/500
		工作台镶条松动或镶条弯度太大	调整镶条间隙，镶条弯度在自然状态下小于0.05mm/全长
		机床水平度差，使导轨发生弯曲	调整机床安装水平度，保证平行度、垂直度误差为0.02/1000

3. 导轨常见故障排除实例

故障现象： CK6140 车床加工圆弧过程中 X 轴加工误差过大。

故障分析： 在自动加工过程中，从直线到圆弧时接刀处出现明显的加工痕迹。用千分表分别对车床的 Z、X 轴的反向间隙进行检测，发现 Z 轴为 0.008mm，而 X 轴为 0.08mm。可以确定该现象是由 X 轴间隙过大引起的。检查连接电动机的同步带和带轮并确认无误后，将 X 轴分别移动至正、负极限处，将千分表压在 X 轴侧面，用手左右推拉 X 轴中滑板，发现有 0.06mm 的移动值，可以判断是 X 轴导轨镶条引起的间隙。

故障处理： 松开镶条止退螺钉，调整镶条调整螺母，移动 X 轴，X 轴移动灵活，间隙测试值还有 0.01mm，锁紧止退螺钉，在系统参数里将"反向间隙补偿"值设为"10"，重新启动系统运行程序，故障排除。

三、刀架及刀库常见故障的排除

1. 刀架及刀库的常见故障及排除方法（表5-6）

表5-6　刀架及刀库的常见故障及排除方法

序号	故障现象	故障原因	排除方法
1	刀架在某个刀位不停	磁钢磁极装反，磁钢与霍尔元件高度位置不准	调整磁钢磁极方向，调整磁钢与霍尔元件的位置
2	刀库中的刀套不能夹紧刀具	刀套上的调整螺母松动	顺时针方向旋转刀套两边的调整螺母压紧弹簧，顶紧夹紧销
3	交换刀具时掉刀	换刀时主轴箱没有回到换刀点或换刀点漂移；机械手抓刀时没有到位就开始拔刀	重新操作主轴箱，使其回到换刀点位置，重新设定换刀点

（续）

序号	故障现象	故障原因	排除方法
4	刀库不能转动	连接电动机轴与蜗杆轴的联轴器松动	紧固联轴器上的螺钉
5	转动不到位	电动机转动故障，传动机构误差	更换电动机，调整传动机构
6	机械手换刀速度过快或过慢	气压太高或太低，换刀气阀节流开口太大或太小	调整气压大小和节流阀开口

故障现象 1：CK6140 换刀时 3 号刀位转不到位。

故障分析：产生此故障一般有两种原因，一种是电动机相位接反，但调整电动机相位线后故障不能排除；另一种是磁钢与霍尔元件高度位置不准，拆开刀架上盖，发现 3 号磁钢与霍尔元件高度位置相差距离较大。

故障处理：用尖嘴钳调整 3 号磁钢与霍尔元件高度至与其他刀号位基本一致，重新启动系统，故障排除。

故障现象 2：TH42160 龙门加工中心自动换刀时刀链运转还不到位刀库就停止运转，机床报警。

故障分析：由故障报警知道刀库伺服电动机过载，检查电气控制系统，没有发现什么异常。可以假设为刀库链内有异物卡住、刀库链上的刀具太重或润滑不良。经过检查排除了上述可能。卸下伺服电动机，发现伺服电动机不能正常运转。

故障处理：更换电动机，故障排除。

2. 刀库及换刀机械手的维护要点

1）严禁把超重、超长的刀具装入刀库，防止在机械手换刀时掉刀或刀具与工件、夹具等发生碰撞。

2）采用顺序选刀方式时必须注意刀具放置在刀库中的顺序要正确，采用其他选刀方式时也要注意所换刀具是否与所需刀具一致，防止换错刀具导致发生事故。

3）用手动方式往刀库上装刀时，要确保装到位，装牢靠，并检查刀座上的锁紧装置是否可靠。

4）经常检查刀库的回零位置是否正确，检查机床主轴回换刀点位置是否到位，发现问题要及时调整，否则不能完成换刀动作。

5）要注意保持刀具刀柄和刀套的清洁。

6）开机时，应先使刀库和机械手空运行，检查各部分工作是否正常，特别是行程开关和电磁阀能否正常动作。检查机械手液压系统的压力是否正常，刀具在机械手上锁紧是否可靠，发现不正常时应及时处理。

课堂互动

1）如何调整滚珠丝杠螺母副的间隙？滚珠丝杠螺母副的常见故障有哪些？如何排除？

2）怎样排除导轨故障？刀架和刀库故障有哪些？怎样排除？

任务实施

滚珠丝杠螺母副的装拆。

1. 立式铣床 X 轴的拆装操作（表5-7）

表5-7　立式铣床 X 轴的拆装操作

步骤	图示	说明
1		拆卸进给传动链之前，在丝杠端头打表测量，记录拆卸之前的原机床传动链精度（轴向圆跳动），以便于恢复后进行比较
2		拆下防护罩
3		打开轴承座
4		拆卸联轴器锁紧螺钉
5		松联轴器

（续）

步骤	图示	说明
6		拆卸伺服电动机
7		取下联轴器，拆下电动机
8		拆取丝杠，记录原始丝杠锁紧螺纹齿数
9		拿出轴承并分析其配合
10		拆取另一端时，先拆去轴承座，后取去端盖

（续）

步骤	图示	说明
11		用铜棒敲击锁紧螺母并将其取下
12		用铜棒用力敲打丝杠后端，将丝杠敲打至轴承座外，再用铜棒敲打轴承，使轴承各点均匀受力，然后取下轴承并用铁丝穿起，便于安装
13	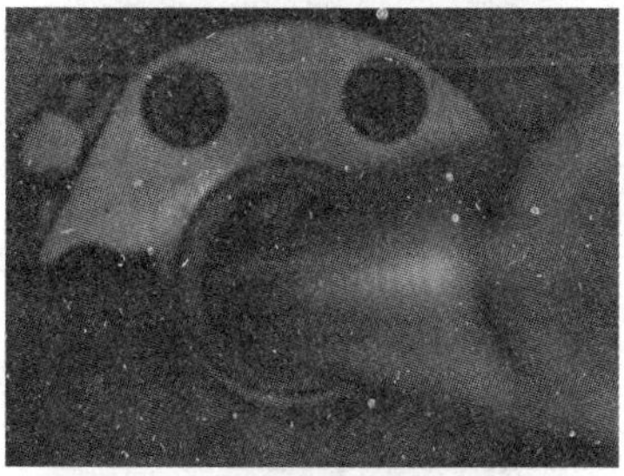	拆丝杠螺母副。将 6 颗螺钉分别拧松，拆下丝杠后就可以取下螺母副
14		打开丝杠螺母，取下垫片

>> 操作
提示

1）拆卸伺服电动机之前必须关断电源，因为带电插拔反馈电缆或动力电缆容易引起接口电路烧损。

2）拆卸电动机时，禁止敲打撞击，防止编码器损坏。

2. 安装丝杠

将丝杠安装在机床上的操作如图 5-6 所示。

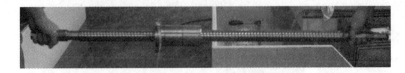

图 5-6   将丝杠安装在机床上的操作

将丝杠安装在机床上的操作流程见表 5-8。

表 5-8   将丝杠安装在机床上的操作流程

步骤	图示	说明
1		配对轴承出厂前外圈已做标志，以保证安装方向正确。装后端轴承并敲至轴承座，受力要均匀
2		安装锁紧螺母止推片，将锁紧螺母拧紧至所记丝杠螺纹齿数
3		装"前"轴承座，装轴承

（续）

步骤	图示	说明
4		测量丝杠的前后窜动量
5	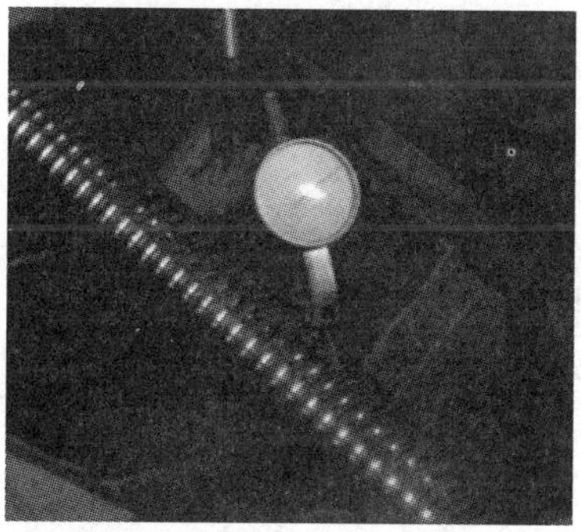	测量丝杠母线的直线度误差
6		测量直线导轨的平行度和直线度误差

教学评价 （表5-9）

表5-9 考核标准与成绩评定项目表

考核分类	考核项目	考核指标	配分	得分
职业素养	学习期间的出勤情况、着装情况、课堂纪律和工作态度等	不迟到、不早退、不旷课、不无故请假；着装整齐；遵守课堂纪律；在工作中劳动态度端正，精神面貌好，团结协作，遵守安全操作规程，无安全事故	10	
单项技能考核	滚珠丝杠螺母副装拆的基本操作	包括轴承的安装，电动机轴、联轴器、滚珠丝杠副基座是否同轴	20	
	导轨的拆装和调试	导轨平行度误差应为0.02~0.06mm；导轨过紧、过松均不得分	20	
	滚珠丝杠的调试	使用量具要熟练、规范，间隙要适中；根据丝杠在通电时是否有噪声、丝杠两端是否调好水平酌情扣分；行程开关不起限位作用不得分	10	
	刀架及刀库的常见故障及排除方法	刀架及刀库常见故障的判别及排除，根据判别及排除情况酌情扣分	10	
综合技能考核	装配工艺	工艺科学合理，符合企业工艺标准和岗位规范	10	
	装配精度	合理控制精度，各项检测项目满足要求	10	
	职业规范	安全文明规范，无安全事故发生，及时保养、维护和清扫设备，不符合操作标准不得分	10	
考核结果	合格与否	60分及以上为合格，小于60分为不合格		

知识加油站

气压、液压系统的故障诊断和维修

1. 气动系统

数控机床上的气动系统用于主轴孔吹屑和开关防护门。有些数控铣床和加工中心依靠气液转换装置实现机械手的动作和主轴松刀。

（1）维护气动系统的要点

1）保证供给洁净的压缩空气。压缩空气中通常都含有水分、油分和粉尘等杂质。水分会使管道、阀和气缸腐蚀；油分会使橡胶、塑料和密封材料变质；粉尘会造成阀体动作失灵。选用合适的过滤器，可以清除压缩空气中的杂质。使用过滤器时应及时排除积存的液体，否则当积存液体接近挡水板时，气流仍可将积存物卷起。

2）保证空气中含有适量的润滑油。大多数气动执行元件和控制元件都要求适度的润滑。如果润滑不良将会发生以下故障：由于摩擦阻力增大而造成气缸推力不足，阀芯动作失灵；由于密封材料的磨损而造成空气泄漏；由于生锈造成元件的损伤及动作失灵。润滑的方法一般采用油雾器进行喷雾润滑，油雾器一般安装在过滤器和减压阀之后。油雾器的供油量一般不宜过多，通常每10m³的自由空气供1mL的油。

检查润滑是否良好的一个方法是找一张清洁的白纸放在换向阀的排气口附近，如果在阀工作 3～4 个循环后，白纸上只有很轻的油斑点，表明润滑是良好的。

3）保持气动系统的密封性。漏气不仅增加了能量的消耗，也会导致供气压力的下降，甚至造成气动元件工作失常。严重的漏气，在气动系统停止运行时，由漏气引起的响声很容易被发现。轻微的漏气可利用仪表，或用涂抹肥皂水的办法进行检查。

4）保证气动元件中运动零件的灵敏性。从空气压缩机排出的压缩空气，包含有粒度为 0.01～0.81 μm 的压缩机油微粒，在排气温度为 120～220℃ 的高温下，这些油粒会迅速氧化，氧化后油粒颜色变深，黏性增大，并逐步由液态固化成油泥。这种微米（μm）级以下的颗粒，一般过滤器无法滤除。当它们进入换向阀后便附着在阀芯上，使阀的灵敏度逐步降低，甚至出现动作失灵。为了清除油泥，保证灵敏度，可在气动系统的过滤器之后安装油雾分离器，将油泥分离出来。此外，定期清洗阀也可以保证阀的灵敏度。

5）保证气动装置具有合适的工作压力和运动速度。调节工作压力时，压力表应当工作可靠，读数准确。调节好减压阀与节流阀后，必须紧固调压阀盖或锁紧螺母，防止松动。

（2）气动系统的点检与定检

1）点检是按有关维护文件的规定，对系统进行定点定时的检查和维护。管路系统点检的主要内容是对冷凝水和润滑油的管理。冷凝水的排放一般应在气动装置运行之前进行。但是当夜间温度低于 0℃ 时，为防止冷凝水冻结，气动装置运行结束后，就应开启放水阀门排放冷凝水。补充润滑油时，要检查油雾器中油的质量和滴油量是否符合要求。此外，点检还包括检查供气压力是否正常、有无漏气现象等。

2）气动元件定检的主要内容是彻底处理系统的漏气现象。例如更换密封元件，处理管接头或联接螺钉的松动，定期检验测量仪表、安全阀和压力继电器等。

2. 液压系统

数控机床上液压系统的主要驱动对象有液压卡盘、静压导轨、液压拨叉、变速液压缸、主轴箱的液压平衡、液压驱动机械手和主轴上的松刀液压缸等。液压系统的维护及其工作正常与否对数控机床的正常工作十分重要。

（1）液压系统的维护要点

1）控制油液污染、保持油液清洁，是确保液压系统正常工作的重要措施。据统计，液压系统的故障有 80% 是由于油液污染引起的，油液污染还会加速液压元件的磨损。

2）控制液压系统中油液的温升是减少能源消耗、提高系统效率的重要环节。一台机床的液压系统，若油温变化范围大，其后果是：影响液压泵的吸油能力及容积效率；系统工作不正常，压力、速度不稳定，动作不可靠；液压元件内外泄漏增加；加速油液的氧化变质。

3）控制液压系统泄漏极为重要，因为泄漏和吸空是液压系统常见的故障。要控制泄漏，首先是提高液压元件零部件的加工精度和元件的装配质量，以及管道系统的安装质量；其次是提高密封件的质量，注意密封件的安装使用与定期更换；最后是加强日常维护。

4）防止液压系统振动与噪声。振动影响液压件的性能，使螺钉松动、管接头松脱，从而引起漏油，因此要防止和排除振动现象。

5）严格执行日常点检制度。液压系统故障存在着隐蔽性、可变性和难以判断性，因此应对液压系统的工作状态进行点检，把可能产生的故障现象记录在日检维修卡上，并将故障

数控机床装调维修技术与实训

排除在萌芽状态，减少故障的发生。

6）严格执行定期紧固、清洗、过滤和更换制度。在工作过程中，由于冲击、振动磨损和污染等因素，使液压设备管件和金属件松动，金属件和密封件磨损，因此必须对液压件及油箱等进行定期清洗和维修，对油液、密封件执行定期更换制度。

（2）液压系统的点检

1）各液压阀、液压缸及管接头处是否有外漏。

2）液压泵或液压马达运转时是否有异常噪声等现象。

3）液压缸移动时工作是否正常、平稳。

4）液压系统的各测压点压力是否在规定的范围内，压力是否稳定。

5）油液的温度是否在允许范围内。

6）液压系统工作时有无高频振动。

7）电气控制或撞块（凸轮）控制的换向阀工作是否灵敏、可靠。

8）油箱内油量是否在油标刻线范围内。

9）行程开关或限位挡块的位置是否有变动。

10）液压系统手动或自动工作循环时是否有异常现象。

11）定期对油箱内的油液进行取样化验，检查油液质量，定期过滤或更换油液。

12）定期检查蓄能器的工作性能。

13）定期检查冷却器和加热器的工作性能。

14）定期检查和紧固重要部位的螺钉、螺母、接头和法兰螺钉。

15）定期检查、更换密封件。

16）定期检查、清洗或更换重要的液压元件。

17）定期检查、清洗或更换滤芯。

18）定期检查、清洗油箱和管道。

（3）液压元件的常见故障及其诊断和排除方法

液压元件的常见故障、原因及排除方法见表5-10。

表5-10 液压元件的常见故障、原因及其排除方法

序号	故 障 现 象	故 障 原 因	排 除 方 法
1	液压泵不供油或流量不足	压力调节弹簧过松	调节压力调节螺钉使弹簧压缩，启动液压泵，调整压力
		流量调节螺钉调节不当，定子偏心方向相反	按逆时针方向逐步转动流量调节螺钉
		液压泵转速太低，叶片不能甩出	将转速控制在最低转速以上
		液压泵转向相反	调转向
		液压油的黏度过高，使叶片运动不灵活	采用规定牌号的液压油
		液压油量不足，吸油管露出油面	加油到规定位置，将滤油器埋入油下
		吸油管堵塞	清除堵塞物
		进油口漏气	修理或更换密封件
		叶片在转子槽内卡死	拆开液压泵进行修理，清除毛刺并重新装配

（续）

序号	故障现象	故障原因	排除方法
2	液压泵有异常噪声或压力下降	液压油量不足，滤油器露出油面	加油到规定位置
		吸油管吸入空气	找出泄漏部位，进行修理或更换零件
		回油管高出油面，空气进入油池	保证回油管埋入最低油面下一定深度
		进油口滤油器容量不足	更换滤油器，进油容量应是液压泵最大排量的两倍以上
		滤油器局部堵塞	清洗滤油器
		液压泵转速过高或液压泵转子装反	按规定方向安装转子
		液压泵与电动机连接的同轴度误差大	调整同轴度误差在 0.05mm 内
		定子和叶片磨损，轴承和轴损坏	更换零件
		液压泵与其他机械共振	更换缓冲胶垫
3	液压泵发热、油温过高	液压泵工作压力过大	按额定压力工作
		吸油管和系统回油管距离太近	调整油管，使工作后的液压油不直接进入液压泵
		油箱油量不足	按规定加油
		摩擦引起机械损失，泄漏引起容积损失	检查或更换零件及密封圈
		压力过高	液压油的黏度过大，按规定更换
4	系统工作压力低，运动部件爬行	泄漏	检查漏油部件，进行修理或更换
			检查是否有高压腔向低压腔的内泄
			对泄漏的管件、接头、阀体进行修理或更换
5	尾座顶不紧或不运动	压力不足	用压力表检查并排除故障
		液压缸活塞拉毛或研损	更换或维修
		密封圈损坏	更换密封圈
		液压阀断线或卡死	清洗、更换阀体或重新接线
		套筒研损	修理研损部件
6	导轨润滑不良	分油器堵塞	更换损坏的定量分油器
		油管破裂或渗漏	修理或更换油管
		没有气体动力源	检查气动柱塞泵是否堵塞
		油路堵塞	清除污物，使油路畅通

练一练

1. 怎样拆卸和装调滚珠丝杠螺母副？
2. 滚珠丝杠螺母副的维修方法有哪些？如何维护滚珠丝杠螺母副？
3. 维修工作台及导轨的步骤是什么？

模块六

验收数控机床

学习目标

【职业知识目标】

⊙ 熟悉数控机床验收的指标。

⊙ 掌握数控机床几何精度检验和定位精度检验的方法。

⊙ 熟悉数控机床的切削精度检验和综合性能检验方法。

【职业技能目标】

⊙ 能正确选择和使用几何精度和定位精度检验工具。

⊙ 能正确检验数控机床的精度和性能。

【职业素养目标】

⊙ 在学习过程中体现团队合作意识和爱岗敬业的精神。

⊙ 培养学生的综合职业能力、认真负责的工作态度、较强的语言表达能力和动手能力。

⊙ 培养 7S 或 10S 的管理习惯和理念。

任务准备

1. 工作对象（设备）

数控车床和数控铣床若干。

2. 工具和材料

数控车床、数控铣床、精密水平仪、大理石方尺、塞尺、直角尺、平尺、千分尺、百分表或千分表、高精度检验棒、专用顶尖、激光干涉仪和环规等，如图 6-1 所示。

教师准备好学生要填写的考核表格（表 1-1）。

3. 教学方法

应用模拟工厂的生产实际的教学模式，采用项目教学法进行教学；对数控机床进行精度检验和性能检验等。

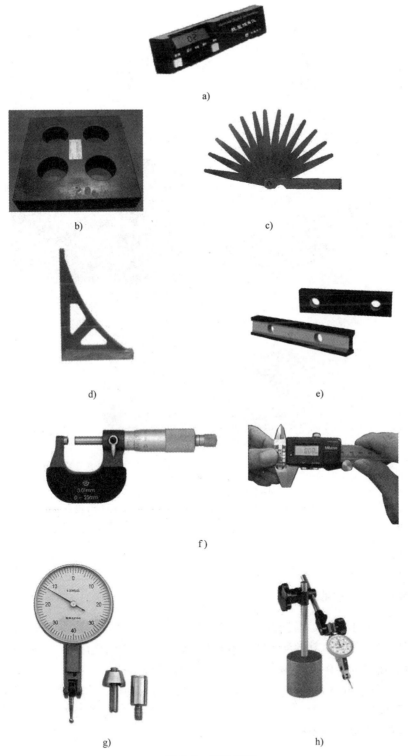

图 6-1 检验工具

a）精密水平仪 b）大理石方尺 c）塞尺 d）直角尺 e）平尺 f）千分尺 g）百分表表头 h）安装上表座的百分表

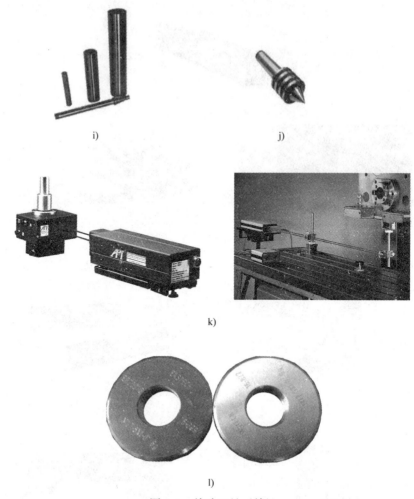

i)   j)

k)

l)

图 6-1 检验工具（续）

i）高精度检验棒 j）专用顶尖 k）激光干涉仪 l）环规

知识储备

一、数控机床的验收

数控机床验收工作主要是根据机床出厂验收技术资料上规定的验收条件，以及实际能够提供的检测手段来部分或全部地测定机床验收资料上的各项技术指标。检测结果作为该机床的原始资料存入技术档案中，作为今后维修时的技术指标依据。

1）预验收。预验收的目的是检查、验证机床能否满足用户要求的加工质量及生产率，检查供应商提供的资料、备件。只有在机床通过正常运行、试切并经检验后生产合格的加工件后，才能进行预验收。预验收多在机床生产厂进行。

2）开箱检验。

3）开机试验。

4）机床试运行。

5）机床精度验收。

机床精度验收的内容主要包括几何精度、定位精度和切削精度的检测。

二、机床几何精度的检测

机床的几何精度综合反映机床各关键零部件及其组装后的几何误差。机床几何精度的许多项目相互影响，必须在精调后一次完成。若出现某一单项经重新调整才合格的情况，则整个几何精度的验收必须重做。

机床几何精度检测的主要内容包括直线运动的平行度、垂直度；回转运动的轴向及径向圆跳动；主轴与工作台的位置精度等。数控车床 CAK6140 的具体精度要求见表6-1。

表 6-1　几何精度检验方法及项目（CAK6140 数控车床）

序号	简　图	检验项目	检验工具	允差范围	检验方法
G₁	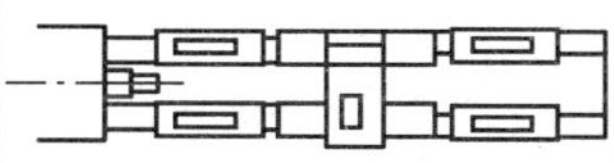	纵向导轨调平后床身导轨在垂直平面内的直线度	精密水平仪	0.020mm（凸）	如左图所示，水平仪沿 Z 轴方向放在溜板上，按直线度的角度测量法，沿导轨全长等距离地在各位置上进行检验，记录水平仪读数，并用做图法计算出床身导轨在垂直平面内的直线度误差
	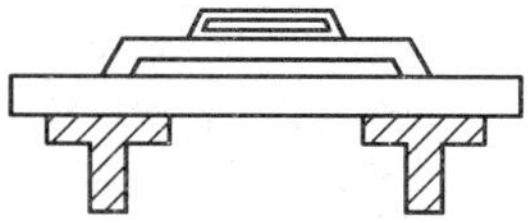	横向导轨调平后床身导轨的平行度	精密水平仪	0.04/1000	如左图所示，水平仪沿 X 轴方向放在溜板上，在导轨上移动溜板，记录水平仪读数，其读数最大差值即为床身导轨的平行度误差
G₂	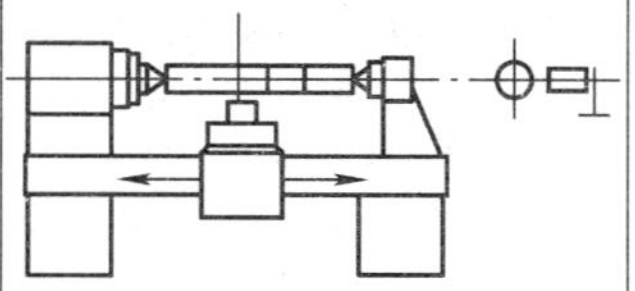	溜板移动在水平面内的直线度	指示器和检验棒，或指示器和平尺（D_e≤2000mm）	$D_e \leq 500$mm 时为 0.015mm；500mm $< D_e \leq 1000$mm 时为 0.02mm	如左图所示，将检验棒顶在主轴和尾座顶尖上，检验棒长度最好等于机床最大顶尖距；再将指示器固定在溜板上，指示器水平触及检验棒母线，全程移动溜板，调整尾座，使指示器在行程两端读数相等，用直线度的平尺测量法检测溜板移动在水平面内的直线度误差
G₃	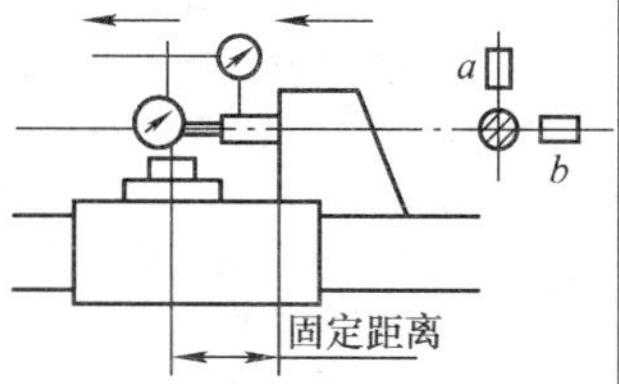 固定距离 第二指示器用来做基准，保持溜板和尾座的相对位置	垂直平面内尾座移动对溜板移动的平行度；水平平面内尾座移动对溜板移动的平行度	指示器	$D_e \leq 1500$mm 时为 0.03mm；在任意 500mm 测量长度内为 0.02mm	如左图所示，将尾座套筒伸出后，按正常工作状态锁紧，同时使尾座尽可能地靠近溜板，把安装在溜板上的第二个指示器相对于尾座套筒的端面调整为零；溜板移动时也要手动移动尾座直至第二指示器读数为零，使尾座与溜板相对距离保持不变。按此法使溜板和尾座全程移动，只要第二指示器读数始终为零，则第一指示器相应指示出平行度误差。或沿行程在每隔300mm 处记录第一指示器读数，指示器读数的最大差值即为平行度误差。第一指示器分别在图中 a、b 位置测量，误差单独计算

（续）

序号	简　图	检验项目	检验工具	允差范围	检验方法
G₄	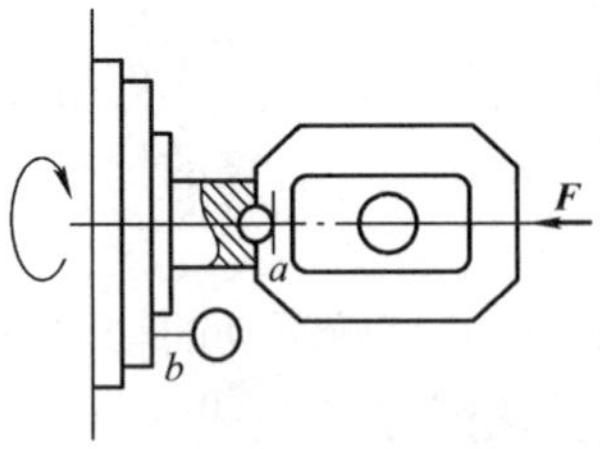	主轴的轴向窜动	指示器和专用装置	0.010mm（包括周期性的轴向窜动）	如左图所示，用专用装置在主轴轴线上加力 F（F 的值为消除轴向间隙的最小值），把指示器安装在机床固定部件上，然后使指示器测头沿主轴轴线分别触及专用装置的钢球和主轴轴肩支承面；旋转主轴，指示器读数的最大差值即为主轴的轴向窜动误差和主轴轴肩支承面的跳动误差
		主轴轴肩支承面的跳动		0.020mm（包括周期性的轴向窜动）	
G₅	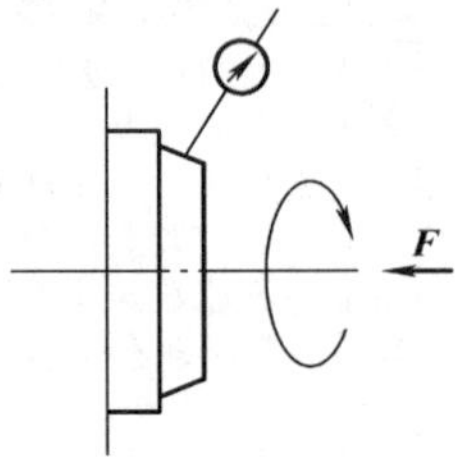	主轴定心轴颈的径向圆跳动	指示器和检验棒	0.01mm	如图所示，用专用装置在主轴轴线上加力 F（F 的值为消除轴向间隙的最小值），把指示器安装在机床固定部件上，使指示器测头垂直于主轴定心轴颈并触及主轴定心轴颈，旋转主轴，指示器读数的最大差值即为主轴定心轴颈的径向圆跳动误差
G₆	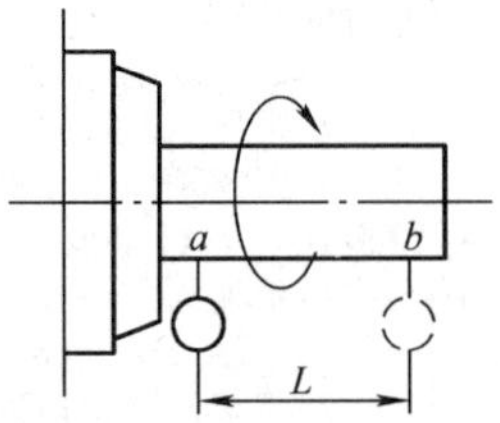	靠近主轴端面主轴锥孔轴线的径向圆跳动	指示器和检验棒	0.01mm	如图所示，将检验棒插在主轴锥孔内，把指示器安装在机床固定部件上，使指示器测头垂直触及被测表面，旋转主轴，记录指示器的最大读数差值，在 a、b 处分别进行测量。标记检验棒与主轴圆周方向的相对位置，取下检验棒，同向分别旋转检验棒 90°、180°、270° 后重新将其插入主轴锥孔，在每个位置分别进行检测。4 次检测的平均值即为主轴锥孔轴线的径向圆跳动误差
		距主轴端面 L（L = 300mm）处主轴锥孔轴线的径向圆跳动		0.02mm	
G₇	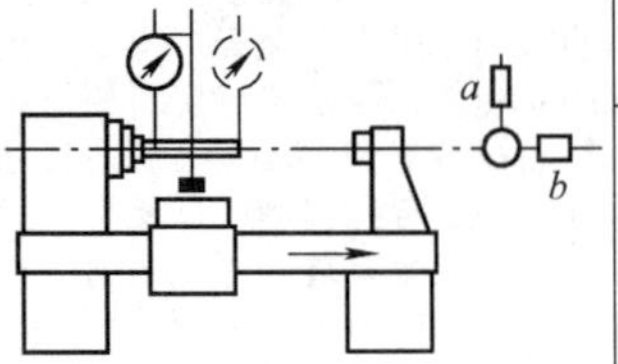	垂直平面内主轴轴线对溜板移动的平行度	指示器和检验棒	0.02/300（只许向上偏）	如左图所示，将检验棒插在主轴锥孔内，把指示器安装在溜板（或刀架）上，然后：① 使指示器测头在垂直平面内垂直触及被测表面（检验棒），移动溜板，记录指示器的最大读数值及方向，旋转主轴 180°，重复测量一次，取两次读数的算术平均值作为在垂直平面内主轴轴线对溜板移动的平行度误差；② 使指示器测头在水平平面内垂直触及被测表面（检验棒），按①的方法重复测量一次，即得水平平面内主轴轴线对溜板移动的平行度误差
		水平平面内主轴线对溜板移动的平行度		0.02/300（只许向前偏）	

（续）

序号	简　图	检验项目	检验工具	允差范围	检　验　方　法
G_8	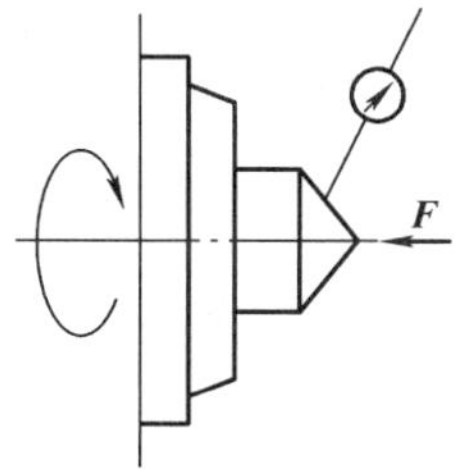	主轴顶尖的跳动	指示器和专用顶尖	0.015mm	如左图所示，将专用顶尖插在主轴锥孔内，用专用装置在主轴轴线上加力 F（力 F 的值为消除轴向间隙的最小值）；把指示器安装在机床固定部件上，使指示器测头垂直触及被测表面，旋转主轴，记录指示器的最大读数差值
G_9	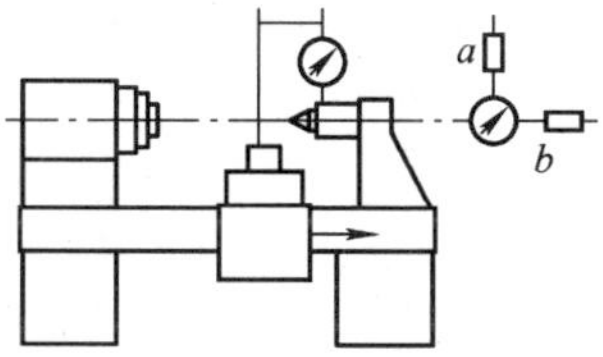	垂直平面内尾座套筒轴线对溜板移动的平行度	指示器	0.015/300（只许向上偏）	如左图所示，将尾座套筒伸出有效长度后，按正常工作状态锁紧。指示器安装在溜板（或刀架）上，然后：①使指示器测头在垂直平面内垂直触及被测表面（尾座套筒），移动溜板，记录指示器的最大读数差值及方向，即得在垂直平面内尾座套筒轴线对溜板移动的平行度误差；②使指示器测头在水平平面内垂直触及被测表面（尾座套筒），按上述①的方法重复测量一次，即得在水平平面内尾座套筒轴线对溜板移动的平行度误差
		水平平面内尾座套筒轴线对溜板移动的平行度		0.01/100（只许向前偏）	
G_{10}	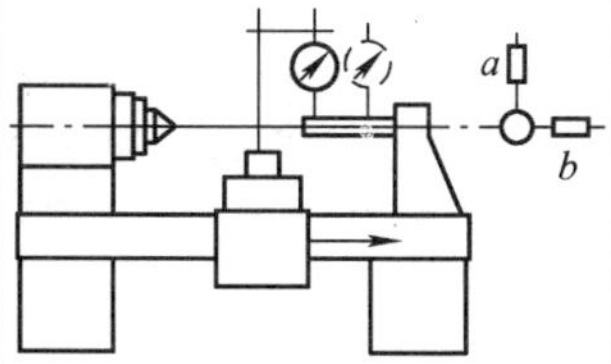	垂直平面内尾座套筒锥孔轴线对溜板移动的平行度	指示器和检验棒	0.03/300（只许向上偏）	如左图所示，尾座套筒不伸出并按正常工作状态锁紧，将检验棒插在尾座套筒锥孔内，指示器安装在溜板（或刀架）上，然后：①使指示器测头在垂直平面内垂直触及被测表面（尾座套筒），移动溜板，记录指示器的最大读数差值及方向，取下检验棒，旋转检验棒180°后，重新插入尾座套筒锥孔，重复测量一次，取两次读数的算术平均值作为在垂直平面内尾座套筒锥孔轴线对溜板移动的平行度误差；②使指示器测头在水平平面内垂直触及被测表面，按上述①的方法重复测量一次，即得在水平平面内尾座套筒锥孔轴线对溜板移动的平行度误差
		水平平面内尾座套筒锥孔轴线对溜板移动的平行度		0.03/300（只许向前偏）	
G_{11}	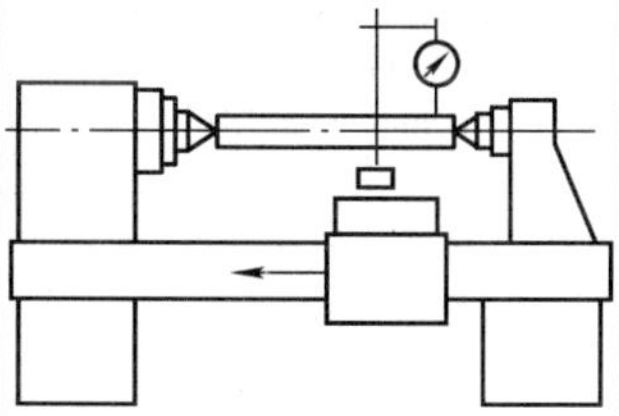	床头和尾座两顶尖的等高度	指示器和检验棒	0.04mm（只允许尾座高）	如左图所示，将检验棒顶在床头和尾座两顶尖上，把指示器安装在溜板（或刀架）上，使指示器测头在垂直平面内垂直触及被测表面（检验棒），然后移动溜板至行程两端，移动小滑板（X轴），记录指示器在行程两端的最大读数值的差值，即为床头和尾座两顶尖的等高度（测量时注意方向）

（续）

序号	简　图	检验项目	检验工具	允差范围	检验方法
G₁₂	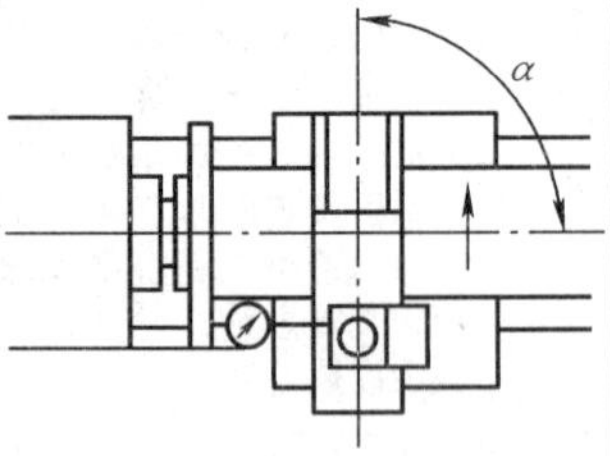	横刀架横向移动对主轴轴线的垂直度	指示器和圆盘或平尺	0.02/300（α＞90°）	如左图所示，将圆盘安装在主轴锥孔内，指示器安装在刀架上，使指示器测头在水平平面内垂直触及被测表面（圆盘），再沿 X 轴方向移动刀架，记录指示器的最大读数差值及方向，将圆盘旋转180°，重新测量一次，取两次读数的算术平均值作为横刀架横向移动对主轴轴线的垂直度误差
G₁₈	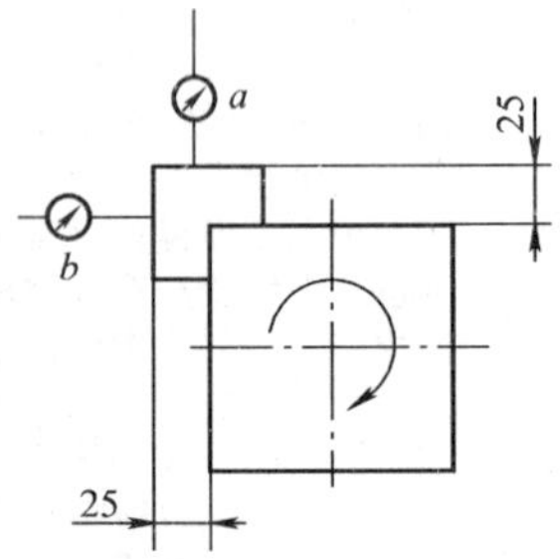	X 轴方向回转刀架转位的重复定位精度	指示器和检验棒（或检具）	0.005mm	如左图所示，把指示器安装在机床固定部件上，使指示器测头垂直触及被测表面（检具），在回转刀架的中心行程处记录读数，用自动循环程序使刀架退回，转位360°，最后返回原来的位置，记录新的读数。误差以回转刀架至少回转三周的最大和最小读数差值计。对回转刀架的每一个位置都应重复进行检验，且测量每一个位置前，指示器都应调到零
		Z 轴方向回转刀架转位的重复定位精度		0.01mm	
G₁₉	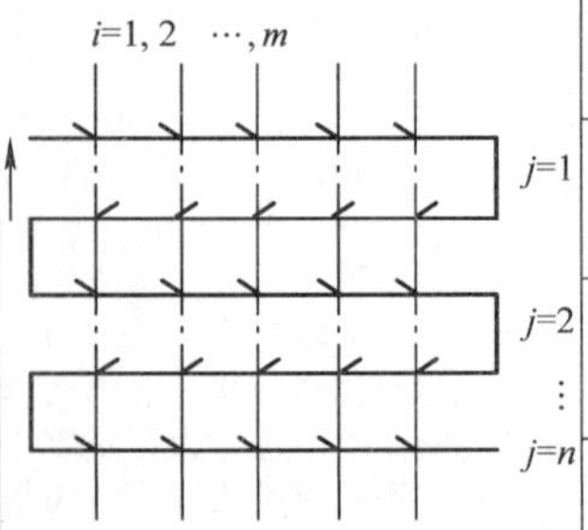	Z 轴重复定位精度（R）	激光干涉仪（或线纹尺，读数显微镜，或专用检具）、步距规	0.02mm	检验方法：测量时，将步距规置于工作台上，并将步距规轴线与 Z（或 X）轴轴线相平行，令 X 轴回零；将杠杆千分表固定在主轴箱上（不移动），表头接触在 P₀ 点，表针置零；用程序控制工作台按标准循环图移动，移动距离依次为 P₁、P₂、…、Pᵢ，表头则依次接触到 P₁、P₂、…、Pᵢ点，表盘在各点的读数则为该位置的单向位置偏差。按标准循环图测量5次，将各点读数（单向位置偏差）记录在记录表中
		Z 轴反相差值（B）		0.02mm	
		Z 轴定位精度（A）		0.04mm	
		X 轴重复定位精度（R）		0.02mm	
		X 轴反相差值（B）		0.013mm	
		X 轴定位精度（A）		0.03mm	
P₁	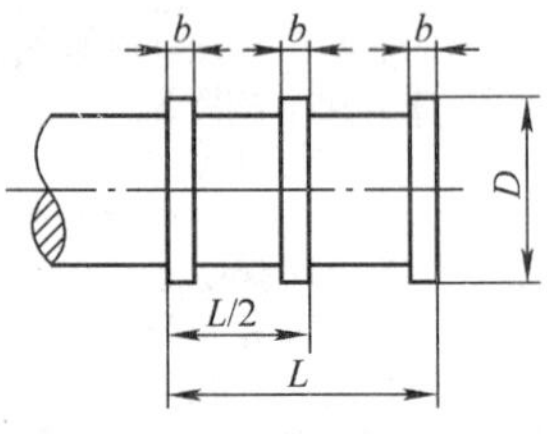	精车圆柱试件的圆度（靠近主轴轴端的检验试件的半径变化）	圆度仪或千分尺	0.005mm	精车试件（试件材料为45钢，正火处理，刀具材料为YT30）外圆 D，用千分尺测量靠近主轴轴端的检验试件的半径变化，取半径变化最大值近似作为圆度误差；用千分尺测量每一个环带直径之间的变化，取最大差值作为该项误差
		切削加工直径的一致性（检验零件的每一个环带直径之间的变化）		300mm 长度上为0.03mm	

（续）

序号	简　图	检验项目	检验工具	允差范围	检验方法
P₂	（b_min=10）	精车端面的平面度	平尺和量块（或指示器）	φ300mm 上为 0.025mm（只许凹）	精车试件端面（试件材料为HT150，180～200HB，外形如图；刀具材料为YG8），使刀尖回到车削起点位置，把指示器安装在刀架上，指示器测头在水平平面内垂直触及圆盘中间，沿负 X 轴向移动刀架，记录指示器的读数及方向；用终点时读数减起点时读数除以 2 即为精车端面的平面度误差；数值为正，则平面是凹的
P₃	L　　D	螺距精度	丝杠螺距测量仪或工具显微镜	任意 50mm 测量长度上为 0.025mm	可取外径为 50mm，长度为75mm，螺距为 3mm 的丝杠作为试件进行检测（加工完成后的试件应充分冷却）
P₄	R82　φ50　φ18　126　190　（试件材料：45钢）	精车圆柱形零件的直径尺寸精度（直径尺寸差）	杠杆卡规和测高仪（或其他量仪）	±0.025mm	用程序控制加工圆柱形零件（零件轮廓用一把刀精车而成），测量其实际轮廓与理论轮廓的偏差
		精车圆柱形零件的长度尺寸精度		±0.035mm	

注：表中检测方法参照简式数控卧式车床　精度（JB/T 8324.1—1996）和机床检测通则（GB/T 17421.1—1998）。

三、机床定位精度的检测

定位精度是指数控机床各移动轴在确定的位置所能达到的实际位置精度，其误差称为定位误差。定位精度检验项目主要有直线定位精度、分度定位精度、失动、重复定位精度、零点定位精度和脉冲步距精度等。

1. 数控机床直线定位精度的检验方法和步骤

直线定位精度是在空载条件下测量的，测量仪器为激光干涉仪。对于一般用户也可采用标准刻度尺，配以光学读数显微镜进行比较测量。两种测量方法如图 6-2 所示。按照标准规定：任意 300mm 测量长度上的定位精度，普通级是 0.02mm，精密级是 0.01mm。

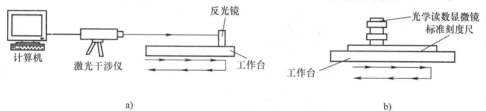

图 6-2　机床直线定位精度检测

a）激光测量　b）比较测量

2. 直线运动重复定位精度的检验方法和步骤

重复定位精度是反映轴运动稳定性的一个基本指标，决定加工工件质量的稳定性和误差的一致性。重复定位精度普通级为 0.016mm，精密级为 0.010mm。

重复定位精度是指对某一测量点的多次重复测量的结果，其测量方法如图 6-3 所示。

对测量点进行 N 次反复测定，记录其实测值，与给定值比较后，得出每次测量的误差值 X_0，求出误差平均值 X_c 与均方根差值 σ，则 $X_c \pm 3\sigma$ 便是该测量点的重复定位精度。同样，重复定位精度也有直线和回转运动两种。

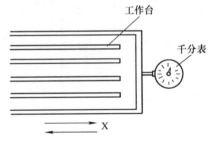

图 6-3　重复定位精度的测量方法

测量重复定位精度的具体步骤如下：

1）在行程全长上选若干测量点，一般行程在 500mm 以下时，每 50mm 为一测量点；行程在 500mm 以上时，每 100mm 为一测量点。若行程很长，则测量点的间隔可以取得更大一些，因此间隔范围可在 50～200mm 范围内选取。

2）以不同的进给速度移动工作台，测量各测量点的精度，而后综合。各测量点的误差范围即可评价该机床的直线定位精度。

3）测量中重复次数越多时，则测量精度越高。但通常最多次数不超过 7 次（按美国机床制造商协会标准规定为 7 次）。因为次数过多，工作量太大。

4）一般数控机床的直线定位精度在 ±（0.015～0.02）mm 范围内。

四、机床切削精度的检测

数控机床切削加工精度检验，又称动态精度检验。数控机床的切削加工精度是一项综合精度，不仅反映了机床的几何精度和定位精度，同时还受到试件的材料、环境温度、刀具性能和切削条件等因素的影响。

对于不同类型的数控系统，其检验项目将随其功能而异。对于连续轮廓控制系统的数控机床，进行加工精度检验时，试件由多种几何体组成，一般采用铝合金或铸铁制造，如图 6-4 所示。

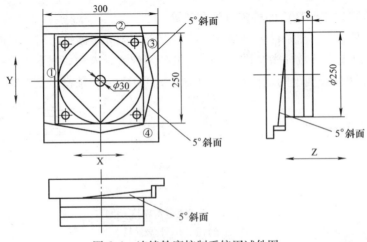

图 6-4　连续轮廓控制系统用试件图

最上层是正菱形几何体，通过这一几何形体可以检验两坐标联动时，刀具移动形成的轨迹，得出直线位置精度结果，如平行度、垂直度和直线度等。此外，它还可以检查超程和欠程，如图6-5所示。

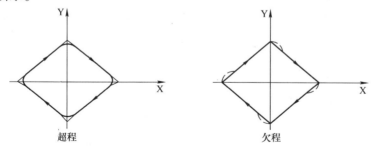

图6-5 超程、欠程检测图

第2层是一个圆，通过这一几何形体可检验出机床的圆度（测量圆周和中心孔之间的距离）。

第3层是一个正方形，是两个坐标交替运动所形成的，通过它可以检查平行度、垂直度和直线度等，同时也可以检查超程与欠程。正方形的四角有4个孔，通过它可以检查孔间距离以及孔的圆度（即孔直径变化量）。

第4层是小角度与小斜率面，面①是由Y、Z两个坐标形成的5°斜面；面②是由X、Z两坐标形成的5°斜面；面③是由X、Y两坐标形成的两个5°斜面，其中X有反向面；面④是由X、Y两坐标所形成的两个5°斜面，其中Y有反向面。小角度的切削是由两个坐标同时运动而形成的。其特点是一个坐标进给很快，而另一个坐标进给却很慢，条件比较严格。通过它可以检查平面度、斜度及定位精度中的周期误差。

五、机床综合性能的检验

机床综合性能包括主轴系统性能，进给系统性能，自动换刀系统、电气装置、安全装置、润滑装置、气液装置及各附属装置的性能。现以一台立式铣床为例说明一些主要项目。

（1）主轴系统性能 用手动方式试验主轴动作的灵活性。用数据输入方式，使主轴从低速到高速旋转，实现各级转速，同时观察机床的振动和主轴的升温，试验主轴准停装置的可靠性。

（2）进给系统性能 分别对各坐标进行手动操作，试验正反方向不同进给速度和快速移动的开、停、点动的平稳性和可靠性。用数据输入方式测定点定位和直线插补下的各种进给速度。

（3）自动换刀系统性能 检查自动换刀系统性能的可靠性、灵活性，测定自动交换刀具的时间。

（4）数控装置及数控功能 检查数控柜的各种指示灯，检查操作面板、电控柜冷却风扇及数控柜的密封性，各种动作和功能是否正常可靠。按机床说明书，用手动或编程的方法，检查数控系统主要的使用功能，如定位、直线插补、圆弧插补、暂停、自动加减速、坐标选择、刀具补偿、固定循环、行程停止、程序结束、单段程序、程序暂停、进给保持、紧急停止、螺距误差补偿以及间隙补偿等功能的准确性及可靠性。

（5）安全装置 检查对操作者的安全性和机床保护功能的可靠性，如安全防护罩，机床各运动坐标行程极限保护自动停止功能，各种电流电压过载保护和主轴电动机过热、过载时的紧急停止功能等。

（6）机床噪声　机床运转时的总噪声不得超过标准规定（80dB）。数控机床大量采用电气调速，主轴箱的齿轮往往不是噪声源，而主轴电动机的冷却风扇和液压系统液压泵的噪声等，可能成为噪声源。

（7）电气装置　在运转前后分别做一次绝缘检查，检查地线质量，确认绝缘的可靠性。

（8）润滑装置　检查定时、定量润滑装置的可靠性，检查润滑油路有无渗漏，以及各润滑点油量分配功能的可靠性。

（9）气、液装置及附属装置　检查压缩空气和液压油路的密封、调压功能，油箱正常工作的情况，检查机床各附件的工作可靠性。

（10）连续无负载运转　用事先编制的功能比较齐全的程序使机床连续运转 8 ~ 16h，检查机床各项运动、动作的平稳性和可靠性，在运行中不允许出故障，对整个机床进行综合检查、考核。达不到要求时，应重新开始运行考核，不允许累积运行时间。

六、填写数控机床验收单（略）

课堂互动

1）简述测量数控车床各几何要素的方法。怎样测量重复定位精度？
2）检验数控机床的具体步骤有哪些？

任务实施

数控铣床精度检测

1. 测量前准备

（1）量具　准备直角尺、平尺、千分表、杠杆百分表，如图6-6所示。

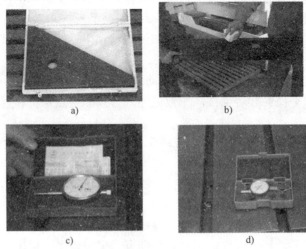

a)

b)

c)

d)

图6-6　量具

a）直角尺　b）平尺　c）千分表　d）杠杆百分表

（2）准备工作　对工作台的处理如图6-7所示。

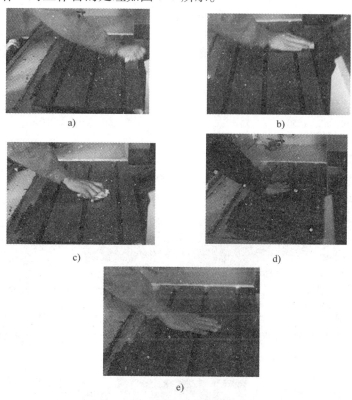

图6-7　对工作台的处理

a）用布清理工作台上的脏物　b）用油石研磨工作台表面（严禁沿Y轴方向研磨）

c）研磨完毕后用布擦干净　d）再用拉丝布擦　e）最后用手擦净

2. 开始测量

测量前对量具进行清洁，如图6-8所示。

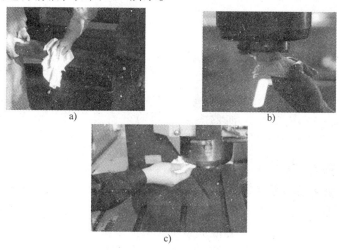

图6-8　清洁量具

a）擦平尺　b）擦主轴锥孔　c）擦主轴端面

（1）测量 X 轴轴线运动的直线度误差　如图 6-9 所示。

1）在 X－Z 平面内测量长度与允差，见表 6-2。

表 6-2　测量长度与允差对照表

测量长度/mm	允　　差/mm
X≤500	0.010
500＜X≤800	0.015
800＜X≤1250	0.020
1250＜X≤2000	0.025

局部公差：在任意 300mm 测量长度上为 0.007mm。

检验工具：平尺和千分尺。

>> **操作
提示**　　检验方法：对所有结构形式的机床，平尺和钢直尺或反射器都应置于工作台上。如主轴能锁紧，则千分表或显微镜或干涉仪可装在主轴上，否则检验工具应装在机床的主轴箱上。

　　测量位置应尽量靠近工作台中央。在工作台和立柱之间放上平尺，平尺的下方放上垫块，使千分尺的测头处于平尺的上表面。沿 X 轴坐标方向移动，以千分表读数的最大值作为测量值。

　　　　a)　　　　　　　　　　b)　　　　　　　　　　c)

图 6-9　测量 X 轴轴线运动的直线度误差

2）在 Y—Z 平面内测量 Y 轴轴线直线度的方法与在 X－Z 平面内相同，只是将平尺调换 90°。

（2）测量 Z 轴轴线运动和 Y 轴轴线运动间的垂直度　如图 6-10 所示，a 和 b 均为 0.020/500。检验工具为平尺或平板、直角尺和千分表。

（3）测量 Z 轴轴线运动和 X 轴轴线运动间的垂直度　如图 6-11 所示，a 和 b 均为 0.020/500。检验工具为平尺或平板、直角尺和千分表。

>> **操作
提示**　　检验方法如下：

　　将直角尺放在工作台上，使千分表的测头触在直角尺上，使 Z 轴上下移动，看千分表的读数大小。以千分表读数的最大值作为测量值。

　　如主轴能缩紧，则指示器可装在主轴上，否则指示器应装在机床的主轴箱上。为了参考和修正方便，应记录 α 值是小于、等于还是大于 90°。

a)　　　　　　　　　　　　b)

图 6-10　测量 Z 轴轴线运动和 Y 轴轴线运动间的垂直度

>> 操作
提示

检验方法：通过直立在平尺或平板上的直角尺检验 Z 轴轴线，即使其沿 Z 轴上下移动，看千分表的读数大小。以千分表读数的最大值作为测量值。

如主轴能缩紧，则指示器可装在主轴上，否则指示器应装在机床的主轴箱上。为了参考和修正方便，应记录 α 值是小于、等于、还是大于90°。

图 6-11　测量 Z 轴轴线运动和 X 轴轴线运动间的垂直度

（4）测量 Y 轴轴线运动和 X 轴轴线运动间的垂直度　如图 6-12 所示，a 和 b 均为 0.020/500。检验工具为平尺、直角尺和千分表。

>> 操作
提示

检验方法：

1）先使直角尺的一直角边平行于 X 轴。

2）使千分表的测头触在直角尺的另一直角边，沿 Y 轴的坐标方向移动。以千分表读数的最大值作为测量值。

如主轴能缩紧，则指示器可装在主轴上，否则指示器应装在机床的主轴箱上。为了参考和修正方便，应记录 α 值是小于、等于、还是大于90°。

图 6-12　测量 Y 轴轴线运动和 X 轴轴线运动间的垂直度

教学评价（表 6-3）

表 6-3　考核标准与成绩评定项目表

考核分类	考核项目	考核指标	配分	得分
职业素养	学习期间的出勤情况、着装情况、课堂纪律和工作态度等	不迟到、不早退、不旷课、不无故请假；着装整齐；遵守课堂纪律；在工作中劳动态度端正、精神面貌好、团结协作，遵守安全操作规程，无安全事故	10	
单项技能考核	机床的验收指标和检验	依验收指标情况酌情扣分	10	
		依几何精度检验情况酌情扣分	20	
		依定位精度检验情况酌情扣分	10	
		依切削精度检验情况酌情扣分	10	
		依综合性能检验情况酌情扣分	10	
综合技能测试	机床的验收指标和检验	方法正确，步骤齐全，测量正确	10	
	操作要求	操作不规范不得分	10	
	职业规范	安全文明规范，无安全事故发生，及时保养、维护和清扫设备，不符合操作标准不得分	10	
考核结果	合格与否	60 分及以上为合格，小于 60 分为不合格		

 知识加油站

数控机床装调维修工标准（中级）

职业功能	工作内容	技能要求	相关知识
一、数控机床机械装调	（一）机械功能部件装配	1. 能读懂本岗位零部件装配图 2. 能读懂本岗位零部件装配工艺卡 3. 能绘制轴、套、盘类零件图 4. 能按照工序选择工具、工装 5. 能钻、铰孔，并达到以下要求：公差等级 IT8，表面粗糙度值 $Ra1.6\mu m$ 6. 能加工 M12 以下的螺纹，没有明显倾斜 7. 能手工刃磨标准麻花钻头 8. 能刮削平板，并达到以下要求：在 $25mm \times 25mm$ 范围内接触点不小于 16 点，表面粗糙度值 $Ra0.8\mu m$ 9. 能完成有配合、密封要求的零部件装配 10. 能完成有预紧力要求或特殊要求的零部件装配（如主轴轴承、主轴的动平衡） 11. 能对以下功能部件中的一种进行装配 （1）主轴箱 （2）进给系统 （3）换刀装置（刀架、刀库与机械手） （4）辅助装置（液压系统、气动系统、润滑系统、冷却系统、排屑、防护等）	1. 机械零部件装配图与零部件配合公差知识 2. 机械零部件装配结构知识 3. 机械零部件装配工艺知识（如轴承与轴承组的装配，有配合、密封要求组件的装配等） 4. 轴、套、盘类零件图的画法 5. 数控机床功能部件（如主轴箱、进给传动系统、刀架、刀库、机械手、液压钻等）的结构、工作原理及其装配工艺知识 6. 典型装配工装结构的原理知识 7. 钳工基本知识（如刀具材料的选择、钻头和丝锥尺寸的选择、锯削、锉削、刮削、研磨等） 8. 手工刃磨标准麻花钻头的知识 9. 加工切削参数的选择 10. 有特殊要求的数控机床部件的装配方法 11. 液压、气动、润滑、冷却知识
	（二）机械功能部件调整与整机调整	1. 能对以上功能部件中的一种进行装配后的试车调整（如主轴箱的空运转试验、刀架的空运转试验、液压站的试验等） 2. 能进行一种型号数控系统的操作（如启动、关机、JOG 方式、MDI 方式、手轮方式等） 3. 能应用一种型号数控系统进行加工编程	1. 功能部件空运转试验知识 2. 功能部件装配精度的测试方法 3. 通用量具、专用量具、检具的使用方法 4. 数控机床系统面板、机床操作面板的使用方法 5. 数控机床操作说明书

（续）

职业功能	工作内容	技能要求	相关知识
二、数控机床机械维修	（一）机械功能部件维修	1. 能读懂维修零部件装配图 2. 能按照工序选择维修的工具、工装 3. 能对以下功能部件中的一种进行拆卸和装配 （1）主轴箱 （2）进给系统 （3）换刀装置（刀架、刀库与机械手）、辅助装置（液压系统、气动系统、润滑系统、冷却系统、排屑、防护等） 4. 能检修齿轮、花键轴、轴承、密封件、弹簧、紧固件等 5. 能检查调整各种零部件的配合间隙（如齿轮啮合间隙、轴承间隙等） 6. 能绘制轴、套、盘类零件图	1. 零部件装配图识图知识 2. 机械零部件结构知识 3. 机械零部件装配工艺知识（如齿轮传动机构的装配，轴承与轴承组的装配，有配合、密封要求的组件的装配等） 4. 机械零部件装配图与零部件配合公差知识 5. 典型工装的结构原理 6. 配合件的检修知识 7. 齿轮、花键轴、轴承、密封件、弹簧、紧固件等的检修方法 8. 齿轮啮合间隙调整知识 9. 轴承间隙调整知识 10. 数控机床结构知识 11. 液压与气动知识 12. 轴、套、盘类零件图的画法
	（二）机械功能部件调整与整机调整	1. 能对上述功能部件中的一种进行维修后的试车调整 2. 能进行一种型号数控系统的操作（如启动、关机、JOG 方式、MDI 方式、手轮方式等） 3. 能应用一种型号数控系统进行加工编程 4. 能判断加工中因操作不当引起的故障	1. 各功能部件空运转试车知识 2. 数控机床操作与数控系统操作说明书 3. 加工中因操作不当引起的故障的表现形式
三、数控机床电气装调	（一）电气功能部件装调	1. 能读懂数控机床电气装配图、电气原理图、电气接线图 2. 能对以下功能部件中的一种进行配线与装配 （1）电气柜的配电板 （2）机床操纵台 （3）电气柜到机床各部分的连接 3. 能根据工作内容选择常用仪器、仪表 4. 能在薄铁板上钻孔 5. 能刃磨标准麻花钻头 6. 能使用电烙铁焊接电气元件 7. 能根据电气图要求确认常见电气元件及导线、电缆线的规格	1. 数控机床电气装配图、电气原理图、电气接线图的识图知识 2. 常用仪器、仪表的规格及用途 3. 仪器、仪表的选择原则及使用方法 4. 焊锡方法 5. 常用电气元件、导线、电缆线的规格 6. 电工操作技术与装配知识 7. 接地保护知识
	（二）电气功能部件调整	1. 能对系统操作面板、机床操作面板进行操作 2. 能进行数控机床一般功能的调试（如启动、关机、JOG 方式、MDI 方式、手轮方式等）	1. 数控机床操作面板的使用方法 2. 数控机床一般功能的调试方法

(续)

职业功能	工作内容	技能要求	相关知识
四、数控机床电气维修	（一）电气功能部件维修	1. 能读懂数控机床电气装配图、电气原理图、电气接线图 2. 能对以下功能部件进行拆卸和再装配 （1）电气柜的配电板 （2）机床操纵台 （3）电气柜到机床各部分的连接 3. 能对电气维修中的配线质量进行检查，能解决配线过程中出现的问题	1. 数控机床电气装配图、电气原理图、电气接线图的识图知识 2. 常用仪器、仪表的规格及用途 3. 仪器、仪表的选择原则及使用方法 4. 焊锡方法 5. 常用电气元件、导线、电缆线的规格 6. 电工操作技术与装配知识 7. 电气装配规范
	（二）整机电气调整	1. 能对系统操作面板、机床操作面板进行操作 2. 能进行数控机床一般功能的调试（如启动、关机、JOG 方式、MDI 方式、手轮方式等） 3. 能使用数控机床诊断功能或电气梯形图等分析故障 4. 能排除数控机床调试过程中常见的电气故障	1. 数控机床操作面板的使用方法 2. 数控机床一般功能的调试方法 3. 分析、排除电气故障的常用方法 4. 机床常用参数知识 5. 数控机床诊断功能或电气梯形图知识

练一练

数控机床的验收标准有哪些？怎样测量数控机床的几何精度和重复定位精度及进行数控机床的综合性检验？

模块七

全国技能大赛试题和设备及维修仿真软件简介

 学习目标

【职业知识目标】

1. 掌握全国数控维修大赛的内容及评分标准。
2. 熟悉全国数控维修大赛的设备和常用维修仿真软件。

【职业技能目标】

1. 知道全国数控维修大赛的设备和常用数控维修仿真软件的类型和应用。
2. 知道全国数控维修大赛的内容及评分标准。

【职业素养目标】

1. 在学习过程中体现团结协作意识，爱岗敬业的精神。
2. 培养学生的综合职业素养、认真负责的工作态度、较强的语言表达能力和动手能力。
3. 培养 7S 或 10S 的管理习惯和理念。

任务准备

1. 工作对象（设备）

各种类型数控机床若干，常用维修仿真软件。

2. 工具和学习材料

万用表和电笔。

教师准备好学生要填写的考核表格（表 1-1）。

3. 教学方法

应用模拟工厂生产过程的教学模式，采用项目教学法、小组互动式教学法，讲授、演示教学法等进行教学。

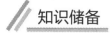 知识储备

数控装调工技能大赛项目设备简介

一、产品概述

全国数控装调工技能大赛项目设备是天煌 THWLZT‑3A/3B/3C/3D 型（亚龙 YL‑569 型）华中世纪星 HNC 210A/TD 或 FANUC 0i mate‑TD 数控系统，如图 7-1 所示。数控车床装调维修实训系统是专门为职业院校、职业教育培训机构研制的数控车床装调维修技能实训考核设备，是根据机电类行业中数控机床维修技术的特点，结合企业的实际需求以及岗位技能工艺规范要求而开发的具有生产型功能与学习型功能的实训设备。该设备采用模块化结构，通过不同的组合，完成数控车床电气装配与测试、十字滑台功能部件机械装配与调整、数控车床功能调试与故障排除、零件试切加工、数控车床维护保养等实训项目，可满足企业对人才的需求，还可用于数控装调维修技能大赛、数控装调工的职业技能鉴定。

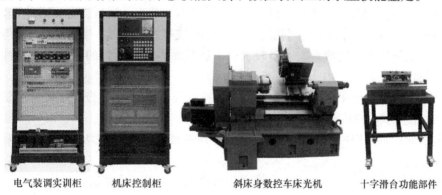

电气装调实训柜　　机床控制柜　　　　斜床身数控车床光机　　十字滑台功能部件

图 7-1　FANUC 0i mate‑TD 或 HNC 210A 数控系统数控车床装调维修实训设备

二、产品结构和组成

1. 实训系统

实训系统由机床控制柜、电气装调实训柜、斜床身数控车床光机和十字滑台功能部件组成。

2. 机床控制柜

1）机床控制柜采用铁质亚光密纹喷塑立式结构，正面装有数控系统和操作面板，背面为机床电气柜，符合真实的数控电气安装环境，所有元器件均采用一线品牌，元器件布局与实际机床一致，符合 GB5226.1—2008 标准，可以更贴合实际岗位要求。

2）机床控制柜作为实训系统的电气控制单元，由数控系统、进给驱动、主轴单元、PMC 单元、刀架控制电路、润滑控制电路、冷却控制电路、接口单元、保护电路、电源电路等组成。该控制单元包含完整的数控车床电气控制部分，内嵌数控机床故障设置模块以及接口转换单元，可以直接与数控车床光机连接，完成数控车床的功能调试，也可以通过接口转换单元和电气装调实训柜连接，完成对数控车床的电气安装与调试训练。

3）数控系统采用西门子、发那科、华中、广州数控等厂家的主流数控系统（用户可

选），主轴单元采用数控机床专用的主轴伺服系统。

4）配套的故障设置模块具有故障设置与排除功能，可设置 16 个数控车床典型的电气故障，通过产生故障、故障分析、故障诊断、线路检查、故障点确定等过程训练学生维修数控机床的能力。

3. 电气装调实训柜

1）电气装调实训柜采用铁质亚光密纹喷塑立式结构，主要是针对数控机床电气安装技能反复训练的需要而设计，电气安装板采用可反复使用的不锈钢网孔板结构，可以更贴合实际岗位要求。

2）电气装调实训柜作为实训系统的电气安装单元，由 PMC 接口单元、刀架控制电路、润滑控制电路、冷却控制电路、接口单元、保护电路和电源电路等组成，通过接口单元和机床控制柜进行连接，完成数控车床的电气安装与调试训练。

4. 斜床身数控车床光机

1）数控车床光机为 45°整体斜床身结构，机床刚性比平床身结构更佳。机床所有零部件和各种计量单位全部符合国际单位（SI）标准，由床身、床鞍、滑板、主轴箱、手动卡盘、尾座、六工位电动刀架、冷却装置、润滑装置、电动机支架及联轴器、带轮及传动带等组成。

2）机床床身采用铸造成形，具备较大的承载截面，具有良好的刚性和吸振性，可保证高精度切削加工。

3）机床主传动系统采用交流伺服电动机，配合高效率并联 V 带直接传动主轴，避免齿轮箱传动链引起的噪声问题。

4）主轴前后端采用精密高速主轴轴承组，并施加适当的预紧力，使主轴具有高刚性和高速运转能力。

5）配置 6 工位电动刀架，并具有较高的可靠性和重复定位精度。

6）机床选用高精度的滚珠丝杠和线性滚动导轨副，传动效率高，精度保持性好，使机床刀架移动快速、稳定，且定位精度高。

7）配套有机床检具，可完成数控车床精度检测项目的实训，机床精度符合 GB/T 16462.1—2007《数控车床和车削中心检验条件第 1 部分：卧式机床几何精度检验》。

5. 十字滑台功能部件

1）本功能部件的设计采用与真实机床完全相同的机械结构，将滚珠丝杠、直线导轨、联轴器、伺服电动机等机械部件拆装过程中的核心技能提炼出来供学生学习，把这些部件集成到一台十字滑台上进行练习，既节约了成本又训练了核心技能，能解决数控机床机械拆装项目的实训难题，满足数控机床机械装调方面的教学和实训要求。

2）十字滑台机械实训模块由底板、中滑板、工作台、滚珠丝杠螺母副、直线导轨副、电动机支座和轴承支座等组成。工作台上设有 3 个 T 形槽，可安装电动刀架等部件。

3）十字滑台的底板、中滑板和工作台、电动机支座等机械部件均采用高刚性的铸铁结构，并经过时效处理，确保长期使用的精度，同时保证了精度与刚性。

4）十字滑台的导轨采用直线导轨，其安装采用与真实机床安装相同的压块结构进行固定；采用精密滚珠丝杠进行传动，轴承采用成对的角接触球轴承，可以完成机械传动部件中的滚珠丝杠、直线导轨、丝杠支架的拆装实训及导轨平行度、直线度、双轴垂直度等精密检测技术的实训，完成机电联调与数控机床机械装配核心技能的训练。

三、技术性能

（1）输入电源　三相四线 AC380V ± 10%，50Hz。

（2）装置容量　<2.5kV·A。

（3）安全保护　漏电保护：漏电动作电流 ≤30mA；断相自动保护、过载保护。

（4）外形尺寸　800mm×600mm×1800mm（机床控制柜）。

800mm×600mm×1800mm（电气装调实训柜）。

（5）数控车床基本参数（表7-1）

表7-1　数控车床基本参数

序号	名称	单位	参数
1	最大回转直径	mm	ϕ360
2	最大切削直径（轴类）	mm	ϕ220
3	最大切削直径（盘类）	mm	ϕ360
4	最大切削长度	mm	450
5	X/Z轴行程	mm	210/500
6	主轴电动机功率	kW	5.5
7	主轴型式	−	ISOA2 – 6
8	主轴最高转速	r/min	4000
9	主轴通孔直径	mm	ϕ52
10	最小分辨率	mm	0.001
11	X轴快速移动速度	m/min	15
12	Z轴快速移动速度	m/min	18
13	切削进给速度	mm/min	0～5000
14	定位精度（X/Z）	mm	0.016/0.020
15	重复定位精度（X/Z）	mm	0.007/0.01
16	刀柄尺寸	mm	20×20
17	内孔刀柄尺寸	mm	ϕ25
18	重量	kg	2200
19	外形尺寸	mm	1750×1000×1460

（6）十字滑台功能部件的参数

1）工作台面积：280mm×250mm。

2）X/Y轴行程：300mm×300mm。

3）滚珠丝杠：磨制5级精度，直径20mm，导程5mm。

4）直线导轨：H级精度，规格20。

5）电动刀架：4工位。

6）外形尺寸：800mm×800mm×960mm。

四、实训项目

1. 数控机床电气部分实训

（1）数控机床电气组成

（2）电气原理图及装配图的识图与绘制

（3）数控机床控制电路安装与连接

（4）数控机床电气控制及 PMC

（5）系统、主轴、进给轴、伺服驱动等参数设置

（6）主轴、进给轴、冷却等模块基本功能调试

（7）行程限位参数设定

（8）回零参数设置

（9）数控系统数据备份

（10）数控机床故障诊断与维修

2. 数控机床机械部分实训

（1）滚珠丝杠螺母副的认识、联轴器拆装、直线导轨副拆装

（2）十字滑台的机械安装与检测

（3）检查导轨滑块接触面、螺母支座接触面与工作台的平行度误差

（4）检查导轨的平行度与直线度误差

（5）十字滑台垂直度误差的检测

（6）数控车床水平的调整

（7）数控机床功能部件几何精度的检测

3. 数控机床编程、操作与加工

略。

五、单套系统配置（表 7-2）

表 7-2　单套系统配置

序号	名　称	主要部件、器件及规格	数量	备注
1	机床控制柜	800mm×600mm×1800mm	1 套	
2	电气装调实训柜	800mm×600mm×1800mm	1 套	
3	数控车床光机	CK36L	1 台	含冷却、润滑系统
4	十字滑台功能部件	TH－2HT300	1 台	
5	数控系统（用户可选）	西门子 SINUMERIK 828D Basic T	1 套	THWLZT－3A 型
6		发那科 FANUC 0imate－TD	1 套	THWLZT－3B 型
7		华中 HNC 210A/TD	1 套	THWLZT－3C 型
8		广州数控 GSK 980TD	1 套	THWLZT－3D 型
9	主轴驱动器	超同步 BKSC－45P5GS	1 台	
10	主轴电动机	超同步 CTB－45P5ZGB15	1 台	
11	伺服驱动（视系统而定）	西门子 S120	2 套	THWLZT－3A 型
12		发那科 βi SV20	2 套	THWLZT－3B 型
13		华中 HSV－160－030	2 套	THWLZT－3C 型
14		广州数控 DA98	2 套	THWLZT－3D 型
15	伺服电动机（视系统而定）	西门子 1FL5060	2 台	THWLZT－3A 型
16		发那科 βis8/3000	2 台	THWLZT－3B 型
17		华中 GK6062－6AC31	2 台	THWLZT－3C 型
18		广州数控 110SJT－M040D	2 台	THWLZT－3D 型

（续）

序号	名　称	主要部件、器件及规格	数量	备注
19	电动刀架	六工位	1台	
20	电子手轮	手摇脉冲发生器	1只	
21	伺服变压器	3～380V/3～220V，2500V·A	2台	
22	控制变压器	380V/220V/110V	2台	
23	电器元件	漏电保护器、断路器、交流接触器、继电器、连接线等	1套	
24	技术资料	含机床检测工艺方案	1套	

六、工具、量具及检具（表7-3）

表7-3　工具、量具及检具

序号	类别	名称	数量
1	工具	剥线钳、斜口钳、尖嘴钳、压线钳、剪刀、钩形扳手、活扳手、内六角扳手、十字螺钉旋具、一字螺钉旋具、试电笔、万用表等	1套
2	量具	普通游标卡尺、杠杆式百分表、磁性表座、水平仪等	1套
3	检具	主轴心棒、等高棒、主轴平面台、尾座心棒、顶尖、水平桥、大理石方尺、大理石平尺等	1套

任务实施

全国职业院校技能大赛试卷
Z-063 数控车床装调与维修技术项目
任务书

一、注意事项

1）本赛题总分为100分，比赛时间为4h。

2）请首先按要求在答题纸密封处填写参赛证号码、场次、工位号等信息。

3）请仔细阅读题目要求，完成比赛任务。

4）不要在试卷上乱写乱画，不要在标封区填写无关内容。

5）选手如果对试卷内容有疑问，应当先举手示意，等待裁判人员前来处理。

6）比赛需要的所有资料都以电子版的形式保存在所在工位计算机的桌面上。

7）选手在竞赛过程中应该遵守相关的规章制度和安全守则，如有违反，则按照相关规定在竞赛的总成绩中扣除相应分值。

8）比赛过程中需裁判确认的部分，参赛选手须举手示意。

9）在排除故障的过程中，如因为选手的原因造成设备出现新的故障，酌情扣分。但如果在竞赛的时间内将故障排除，不予扣分。

10）在裁判员确定机械、电气安全后方可进行精度检测，否则视违规操作，裁判员有权取消其考试资格。

11）竞赛完成后所有文档按页码顺序一并上交，签名只能填写场次和工位。

12）除表7-4中有说明外，不限制各任务的先后顺序。

表7-4　说明

序号	名　称	说　明	配分
	职业素养和安全意识	涵盖全过程	8
任务1	电气线路装配与连接		19
任务2	十字滑台装配		15
任务3	故障排除和功能调试		25
任务4	机床精度检测		8
任务5	零件编程与加工	任务4完成后完成	10
任务6	数据备份	任务5完成或放弃后完成	2
任务7	副柜电气调试	任务3完成或放弃后完成	8
任务8	数控车床维护与保养	任务7完成或放弃后完成	5

13）选手严禁携带任何通信、存储设备，如有发现将取消其考试资格。

14）比赛过程中遇到部分内容不能通过自行判断完成，导致比赛无法进行，60min后可以向裁判员申请求助本参赛队指导教师指导两次，经裁判长批准后，参赛队在赛场指定地点接受两次指导教师指导，每次指导时间不超过5min，求助指导所花费的时间计入比赛总时间之内。

二、职业素养与安全意识（8分）

该项得分、扣分情况按照有关规章制度由裁判裁定记录在表7-5中（总分8分，扣完为止）。

表7-5　职业素质与安全意识

内容		有/无	时间	选手签字	裁判签字
职业素养	有无对裁判不礼貌				
	有无影响比赛纪律				
	有无服装不统一				
	有无服装不规范（电工鞋）				
电气线路装配与连接	有无工具伤害选手				
	有无故意损坏器件				
	有无工具摆放超出施工范围				
十字滑台装配	有无工具伤害选手				
	有无故意损坏部件				
	有无工具摆放超出施工范围				
	其他				

（续）

内容		有/无	时间	选手签字	裁判签字
功能调试	有无工具伤害选手				
	有无故意损坏器件				
	有无工具设备定置摆放				
	有无通电后伤害选手				
	有无通电后器件损坏				
	有无通电后损坏主要系统、伺服、电动机				
	有无通电后错误操作导致设备运动造成机械撞击				
	有无仪表使用错误导致仪器损坏				
机床几何精度检测	有无损坏检测工具、仪表				
	有无操作伤害选手				
	有无损坏机床部件				
	有无工具设备定置摆放				
	有无工具、仪表使用后维护				
	有无造成环境污染				
零件编程与加工	有无造成选手伤害				
	有无造成环境污染				
	有无人离开工件装夹扳手在卡盘上				
	有无工件装夹后扳手在卡盘上				
	有无工件没夹紧影响加工				
	有无滑台运动造成设备撞击				
数据备份	有无损坏备份介质				
	有无损坏系统部件				
	有无备份操作错误				
副柜电气调试	有无造成选手伤害				
	有无损坏器件或通电调试不规范				
	有无工具摆放超出调试范围				
	有无通电后器件损坏				
	有无通电后损坏主要系统、伺服、电动机				
	有无通电后错误操作导致设备运动造成机械撞击				
	有无仪表使用错误导致仪器损坏				
数控车床维护与保养	有无造成选手伤害				
	有无损坏器件				
	有无造成环境污染				
	有无工具摆放超出调试范围				

任务1 电气线路装配与连接（19分）

一、任务提示

1）请选手按照现场电气安装接线电气图进行数控机床电气副柜的线路连接。

2）完成连接后，请仔细检查，认为正确无误后，填写表7-6电气板连接记录，选手和裁判双方签字。

3）选手和裁判双方签字后视为提交完成成果。裁判和技术人员若发现可能危及安全的器件选用和接线错误，由裁判填写表7-7电气连接错误一览表，选手和裁判双方签字确认，由选手改正，并扣除相应分值。

4）必须经裁判和技术人员检查确认后方可连接主柜进行通电。

二、具体要求

1）根据现场电气安装连接图，正确选择元器件并安装到电气底板上。

2）布线规范，所有连接应与电气原理图要求一致。

3）导线线径应符合图样要求，导线颜色符合图样和国家标准。

4）端头压接应牢固可靠。

5）导线与元器件连接处穿号码管，标号与图样一致，整个电气板号码管字符方向一致。

三、任务说明

1）比赛现场提供打印好的导线号码管，请根据需要使用。

2）请不要改变电气底板上已经连接好的电缆接线。

3）电气底板与数控系统、电气底板与各电动机之间的连接均由电气底板上的接线端子排转接，各端子的位置已经排好，请按照标号正确使用。

4）电气底板上的接线完成后，调试时将航空插头与主柜以及机床相连接。

5）由裁判检查后方可通电联调，如果发现可能危及安全的器件选用和接线错误，由选手改正，并扣除相应分值。

表7-6 电气板连接记录

内容	完成/放弃	时间	选手签字	裁判签字
电气板连接情况				

表7-7 电气连接错误一览表

序号	具体内容	数量	具体内容	具体内容
1	号码管使用错误			
2	应压端没有压牢			
3	导线颜色选择错误			
4	导线粗细选择错误			
5	元器件选择错误			
6	元器件布局错误			
7				

选手确认： 裁判确认：

四、回答问题（1分）

冷却泵电动机功率为380V/4kW，断路器整定值设为多少？

任务2 十字滑台装配项（15分）

一、任务提示

1）根据十字滑台装配结构图，利用合适的工具和量具，采用正确的机械装配工艺，组装十字滑台单元，并测量、调整垂直度和平行度误差。

2）每个单项完成安装后，请先自检达到要求后，填写表7-8装配项目记录，选手和裁判双方签字。

二、具体要求

1）十字滑台装置水平调整精度为0.02/1000。

2）线轨平行度调整为0.08/280以内。

3）垂直度调整为0.05/280以内。

4）X轴滚珠丝杠与直线导轨上素线、侧素线的精度调整为0.05/300以内。

表7-8 装配项目记录

项目	工、量具	操作过程确认	选手签字	裁判签字
十字滑台组装准备（1分）		□完成　□放弃		
十字滑台装置水平调整（1.5分）		□完成　□放弃 精度：		
X轴直线导轨安装（5分）		导轨安装 □完成　□放弃 基准导轨水平安装精度 □完成　□放弃 精度： 基准导轨侧向安装精度 □完成　□放弃 精度： 支承导轨水平安装精度 □完成　□放弃 精度： 支承导轨侧向安装精度 □完成　□放弃 精度：		

（续）

项目	工、量具	操作过程确认	选手签字	裁判签字
X 轴滚珠丝杠与直线导轨上素线、侧素线的精度调整（4.5 分）		电动机座、轴承座安装 □完成　　□放弃 电动机座、轴承座水平安装精度 □完成　□放弃 精度： 电动机座、轴承座侧向安装精度 □完成　·□放弃 精度： X 轴装配完工检查、维护 □完成　　□放弃		
十字滑台 X、Z 两轴垂直度精度调整（2 分）		□完成　　□放弃 精度：		

三、回答问题（1 分）

赛场设备的十字滑台丝杠两端（近电动机端和远电动机端）分别采用什么类型的轴承支承？承受什么方向的载荷？这种支承方式有什么特点？

任务 3　故障排除和功能调试（25 分）

一、任务提示

1）根据现场设备电气原理图进行故障排除和功能调试，请将功能调试时出现的故障现象和故障点记录在表 7-24 中。

2）在功能调试的过程中，故障可能涉及硬件或软件，请综合参数、PMC（PLC）程序、硬件等知识，通过必要的检测做出判断，请综合考虑。

3）选手若无法排除故障，且该故障存在影响后续任务进行，在比赛开始 60min 后，最多可请求两次自己参赛队的指导教师进行场外指导。

4）选手比赛过程中遇到排除故障部分的内容不能自行完成，可以提出两次弃权，由技术保障人员帮助完成。第 1 次弃权，该项功能不得分，如申请第 2 次弃权，则本项没有完成内容不得分，同时进行已完成任务的验收，双方在相应表格上签字确认。

5）功能完成后，必须报请现场裁判验收，并且双方在相应表格上签字确认，验收时间含在比赛时间内。

6）选手提交该题结果并验收后，再修改该题硬件和软件数据不改变验收结果。

7）如果故障已经排除但是表格内没有详细记录故障现象和故障点，该功能只能计算 1/2 成绩，若只有记录而验收没有正确成果，只能根据记录的正确性计算 3/10 成绩。

二、具体要求

1）在裁判的监督下，根据现场提供的数据记录介质和表 7-9（1 分）要求，把数据恢复到数控系统中。恢复结果记录在赛题表 7-10 中，涉及故障现象和故障点填写表 7-24（15 分）（若系统没显示，应先排除故障）。

表 7-9 数据恢复要求

系统规格	具体要求
FANUC 系统	系统数据 BOOT 四面恢复，PMC 在正常启动后恢复
华中系统	分别载入系统参数和 PLC 程序
广州数控系统	分别载入系统参数（含 PLC 参数）和 PLC 程序
828D 系统	批量调试的方式载入系统参数和 PLC 程序

表 7-10 数据恢复情况

操作	完成/放弃	选手签字	裁判签字
数据恢复			

2）根据现有设备，通过设定系统参数，填写表 7-11（6 分）。

表 7-11 设置参数

功能要求	参数号	设定值	备注
设定轴名称（标准 ISO 定义 X 轴和 Z 轴）			
各运动轴为直线轴			
移动尺寸为公制单位			
X 轴直径编程			
指令数值单位为 mm			
指令精度 0.001mm			
G00 速度 4000mm/min			
G01 速度最大 2000mm/min			
JOG 速度 2000mm/min			
各轴手动快速（3000mm/min）			
主轴编码器线数 1024p/r			
主轴速度范围 200~3000r/min			
X 轴丝杠反向间隙（实测）			裁判确认
Z 轴丝杠反向间隙（实测）			裁判确认
X 轴正向软限位为离机械挡块 20mm			
X 轴负向软限位为离机械挡块 50mm			
Z 轴正向软限位为离机械挡块 50mm			
Z 轴负向软限位为加工刀具离卡盘 5mm			
各轴参考点坐标值为 0			
X 轴螺距误差补偿参数设置，在软限位范围内设置螺距误差补偿点间隔 20mm，参考点补偿号为 60，螺距误差补偿图如图 7-2 所示	填表 7-12		裁判确认

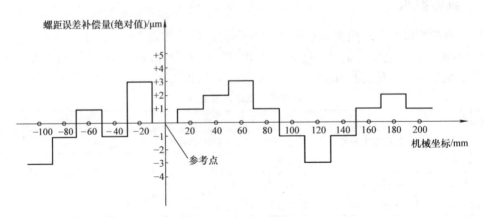

图 7-2 螺距误差补偿图

表 7-12 螺距误差补偿

参数功能	参数号	参数值	参数功能	参数号	参数值
各轴螺距误差补偿最小号			各轴零点螺距误差补偿号		
各轴螺距误差补偿最大号			各轴螺距误差补偿间隔		
机床坐标系	补偿号	补偿值	机床坐标系	补偿号	补偿值

3）完成表 7-13 中的功能，填写表 7-13，涉及故障现象和故障点填写表 7-24。

表 7-13 画面信息显示

内容	完成/放弃	选手签字	裁判签字
系统画面无报警信息			

4）完成表 7-14 中的功能，填写表 7-14，涉及故障现象和故障点填写表 7-24。

表 7-14 急停功能

内容	完成/放弃	选手签字	裁判签字
按下急停按钮，画面有急停显示；松开急停按钮，急停报警信息消失			

5）完成表 7-15 中的功能，填写表 7-15，涉及故障现象和故障点填写表 7-24。

表 7-15　进给功能

内容	完成/放弃	选手签字	裁判签字
按下 X 正向点动键，X 轴正向手动进给，显示机床坐标数据与实际方向和位置吻合，分辨率正确。进给倍率变化，速度显示一致			
按下 X 负向点动键，X 轴负向手动进给，显示机床坐标数据与实际方向和位置吻合，分辨率正确。进给倍率变化，速度显示一致			
按下 Z 正向点动键，Z 轴正向手动进给，显示机床坐标数据与实际方向和位置吻合，分辨率正确。进给倍率变化，速度显示一致			
按下 Z 负向点动键，Z 轴负向手动进给，显示机床坐标数据与实际方向和位置吻合，分辨率正确。进给倍率变化，速度显示一致			

6) X 轴和 Z 轴回参考点功能调试。

① 有挡块回参考点理论设定参数设置填写表 7-16（2 分）。

表 7-16　有挡块回参考点理论设定参数设置

内容	参数号	参数值	选手签字
X 轴有挡块反方向回参考点，回参考点速度 2000mm/min，回参考点减速速度 200mm/min，减速开关低电平有效			
Z 轴有挡块反方向回参考点，回参考点速度 2000mm/min，回参考点减速速度 200mm/min，减速开关低电平有效			

② 根据现有设备情况回参考点，完成情况填写表 7-17，涉及故障现象和故障点填写表 7-24。

表 7-17　回参考点完成情况

功能要求	完成/放弃	选手签字	裁判签字
X 轴回参考点			
Z 轴回参考点			

7) 完成设定软限位位置并填写表 7-18，涉及故障现象和故障点填写表 7-24。

表 7-18　软限位功能设定

功能要求	完成/放弃	选手签字	裁判签字
按 X 轴正向运行键，当运行到离 X 轴正向机械挡块 20mm 时，显示画面有 X 轴正向超程报警			
按 X 轴负向运行键，当运行到离 X 轴负向机械挡块 50mm 时，显示画面有 X 轴负向超程报警			
按 Z 轴正向运行键，当运行到离 Z 轴正向机械挡块 50mm 时，显示画面有 Z 轴正向超程报警			
按 Z 轴负向运行键，当运行到加工刀具离卡盘 5mm 时，显示画面有 Z 轴负向超程报警			

8）完成表 7-19 中的功能，并填写表 7-19 各项内容，涉及故障现象和故障点填写表 7-24。

表 7-19　手轮功能的实现

功能要求	完成/放弃	选手签字	裁判签字
手轮方式下，手轮选择 X 轴方向和倍率正确			
手轮方式下，手轮选择 Z 轴方向和倍率正确			

9）完成表 7-20 中的功能，并填写表 7-20 各项内容，涉及故障现象和故障点填写表 7-24。

注：在进行该项功能调试时，主轴转速误差控制在 ±5% 以内，速度超出的只能计 0 分。

表 7-20　主轴功能调试

操作	功能	完成/放弃	选手签字	裁判签字
MDI 方式下运行 M03 S600；	主轴正方向旋转			
MDI 方式下运行 M04 S600；	主轴负方向旋转			
手动方式按 主轴正转 按键	主轴正方向旋转			
手动方式按 主轴反转 按键	主轴负方向旋转			

10）完成表 7-21 中的功能，并填写表 7-21 各项内容，涉及故障现象和故障点填写表 7-24。

表 7-21　换刀功能的实现

操作	功能	完成/放弃	选手签字	裁判签字
MDI 方式下运行 1 号刀程序	刀架旋转到 1 号刀位置			
MDI 方式下运行 4 号刀程序	刀架旋转到 4 号刀位置			
手动方式下按  [手动选刀] 按键	按一下刀架旋转一个工位			

11）完成表 7-22 中的功能，并填写表 7-22 各项内容，涉及故障现象和故障点填写表 7-24。

表 7-22　完成冷却功能

操作	功能	完成/放弃	选手签字	裁判签字
MDI 方式下运行 M08	冷却接触器 KM1 吸合			
MDI 方式下运行 M09	冷却接触器 KM1 松开			
手动方式先按冷却按键	按一下吸合，再按一下松开			

12）完成表 7-23 中的功能，并填写表 7-23 各项内容，涉及故障现象和故障点填写表 7-24。

表 7-23　直线插补功能的实现

操作	功能	完成/放弃	选手签字	裁判签字
自动方式下运行 G98 G01 U50 W50 F100； M02；	机床从当前位置相对运动程序位移			

表 7-24　故障描述和故障点记录

序号	故障描述	故障点

选手确认：　　　　　　　　　　　　　　　　裁判确认：

三、回答问题（1 分）

数控车床主轴驱动在低速和高速时分别应满足什么特性？

任务4 机床几何精度的检测（8分）

一、任务提示

1）选手根据对 GB/T 16462—2007《数控车床和车削中心检验条件》有关条文进行检验标准的理解，对表7-25中数控机床几何精度进行检测，并将结果填写到表7-25中。

2）每个单项完成安装后，请先自检达到要求后，填写表7-25，选手和裁判双方签字。

二、具体要求

根据精度检验单对各项精度进行检测与调整，并将调整后的最佳精度填写到表7-25中。

表7-25 数控机床几何精度的检测

序号	检测项目	误差范围	结果	裁判确认
1	床身导轨的直线度（3分）	0.016mm		
2	尾座套筒轴线对主轴架溜板移动的平行度（2分）	每300mm测量长度上为0.012mm		
3	主轴轴端的卡盘定位锥面的径向圆跳动	0.008mm		

导轨直线度计算坐标纸

三、回答问题（1分）

球杆仪的主要作用是什么？

任务5 加工程序校验（10分）

一、任务提示

1）根据加工零件图（图7-3），采用合理的加工工艺，满足图样加工要求。

2）加工图示零件，要求采用自动运行加工，否则不得分。

3）完成零件轮廓加工4分（加工误差小于0.5mm），零件加工精度符合图样要求5分。

二、任务要求

根据图 7-3 所示零件图，要求选手自行编制数控加工程序，加工出符合图样要求的零件，并填写表 7-26。

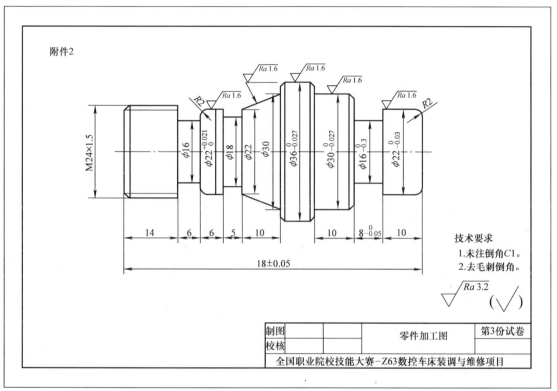

图 7-3　加工零件图

表 7-26　零件加工情况

工件交件情况	选手签字	裁判签字
有□　　　无□		

三、回答问题（1 分）

对于数控车床，共有哪些类型的倍率控制？

任务 6　数据备份（2 分）

一、任务提示

数据备份是竞赛重要任务，请根据要求完成。

二、任务要求

在裁判监督下完成表 7-27 中的内容，完成情况填写在表 7-27 中。

表 7-27 数据备份

操作	完成/放弃	选手签字	裁判签字
系统参数数据备份（系统正常运行画面）			
PMC（PLC）数据备份（系统正常运行画面）			
PMC（PLC）程序（FANUC 系统在 BOOT 画面）			
加工程序（系统正常运行画面）			

任务 7　副柜电气安装与调试（8 分）

一、任务提示

1）调试副柜前须经裁判和技术人员确认是否适合通电调试。

2）调试副柜前后如果裁判和技术人员发现可能危及安全的器件选用和接线错误，会扣除相应分值。由裁判填写表 7-30 电气连接和测试错误一览表，选手和裁判双方签字，并由选手改正。

3）注意测量仪表的使用。在测量过程中，若因选手的测量方法不正确或自身原因导致测量仪器或测量器件损坏，由裁判填写表 7-30 电气连接和测试错误一览表，选手和裁判双方签字。

4）若技术人员和裁判都没检查出错误，产生的责任由问题选手负责。

5）选手测量的数据必须经技术人员或裁判确认并双方签字。

6）调试过程中选手要注意电气安全。

二、任务要求

1. 副柜和主柜未连接前，在裁判监督下完成下列任务

1）在副柜总进线断电的情况下，合上所有的断路器，测量下列端子间的电阻。

① 依次测量表 7-28 要求的测量点间电阻。

② 依次测量两个开关电源的直流电源输出之间的电阻。

2）将测量结果记录在表 7-28 中，选手和裁判双方在表 7-28 上签字。选手可以根据测量数据判断接线是否正确，也可以重新检查电气板接线并改正或放弃调试，但不改变首次测量结果。

表 7-28 断电情况下测量结果

测量点（线号）	电阻值/Ω	测量点（线号）	电阻值/Ω	测量点（线号）	电阻值/Ω
2L1 – 2L2		U32 – V32		U51 – V51	
2L2 – 3L2		V32 – W32		V51 – W51	
2L1 – UIA		U3 – V3		4L1 – U61	
4L2 – V21		U41 – W41		4L2 – V61	
U21 – V21		U42 – W42		5 – 0	
U31 – V31		U43 – W43		202 – 200	
U31 – W31		U46 – W46			
选手签字				技术人员或裁判签字	

2. 在副柜和主柜连接的情况下，在裁判监督下完成下列任务

1）按下急停按钮，断开副柜上的所有断路器，给副柜总电源进线通电。

2）根据电气控制原理，有步骤地规范合理操作竞赛设备，给各部件通电并进行测量，以判断接线是否正确。

3）在各器件正常工作的情况下操作竞赛设备，测量表 7-29 要求的端子间的电压，把测量值记录在表 7-29 中（竞赛设备无该测量点，电压值栏写"/"）。

表 7-29　正常通电工作情况下各测量点的电压

测量点（线号）	电压值/V	测量点（线号）	电压值/V	测量点（器件）	电压值/V
U21 – V21		U3 – V3		KM1 线圈	
V21 – W21		V3 – W3		KA8 线圈	
U1 – V1		U42 – W42		5 – 0	
V1 – W1		U43 – W43		200 – 202	
U31 – V31		U46 – W46		U45 – W45	
V31 – W31		U51 – V51		6 – 7	
U32 – V32		V51 – W51		U48 – W48	
V32 – W32					
选手签字			技术人员或裁判签字		

表 7-30　电气连接和测试错误一览表

序号	电气连接和测量错误内容		选手签字	裁判签字
1	导线连接错误	数量		
2				
3				
4				
5				
6				
7				
8				
9				
10				

3. 在裁判监督下完成下列机床功能的调试

按照表 7-31 功能要求进行功能测试，并由选手与裁判共同签字确认。

表 7-31　副柜通电调试功能

序号	功能	是否实现	选手签字	裁判签字
1	手动方式下，X 轴和 Z 轴的正、负方向运行			
2	主轴以 500r/min 的转速正反向运转			
3	手动能换 2 号刀和 4 号刀			
4	主轴风扇能运转且方向正确			

任务8 数控车床维护与保养（5分）

1）机床本体维护与保养。针对现场设备，把要维护和保养的内容填写在表7-32中，并完成该内容。

表7-32 机床本体维护与保养

维护与保养内容	完成/放弃	选手签字	裁判签字
设置润滑时间3s；间隔15s（赛题中要求）			

2）数控系统维护与保养。按表7-33中的维护与保养要求完成表7-33。

表7-33 数控系统制造信息记录表

维护与保养内容	结果	完成/放弃	选手签字	裁判签字
数控系统的序列号或产品唯一编号				

3）回答问题（1分）。

数控机床接地的作用是什么？有几种接法？

操作起始时间：_____ 操作结束时间：_____。

选手签字：_____ 裁判员签字：_____。

 教学评价

按照国赛的评分标准进行评分，以机械部分为例，见表7-34。

表7-34 Z-063数控车床装调与维修技术项目评分表

项目	评分点	配分	评分标准	扣分	得分
十字滑台装配15分	十字滑台组装准备	1	1. 使用油石打磨导轨安装表面，去除导轨安装面毛刺，没有用油石打磨安装表面扣0.2分 2. 使用汽油清洗丝杠、轴承等部件以及导轨安装表面。所有清洗和擦拭不得用棉纱，清洗中如使用棉纱或无擦拭则扣0.2分 3. 清洗后零件水平放置时应搁在软基面上，零件摆放没有碰撞现象且整齐，所有清洗后的零件都应放在清洁且振动较小的环境，否则扣0.2分		

（续）

项目	评分点	配分	评分标准	扣分	得分
十字滑台 装配 15 分	十字滑台装置水平调整	1.5	1. 工作台面、水平仪用棉布擦拭干净，将 X 轴平台放在 Z 轴滑动块上，将水平仪垂直放置于工作台中间，没有清洁或放在其他位置扣 0.3 分 2. 正确使用水平仪，检查水平仪零位误差。没有校验零位误差扣 0.2 分 3. 使用活扳手调整工作台支撑和地脚螺钉，调整工作台 X、Z 轴两个方向的安装水平，不符合要求扣 0.5 分		
	X 轴直线导轨安装	5	1. 安装 X 轴导轨基面，连接 Z 轴滑块与丝杠螺母并初步预紧。将 X 轴两根导轨、斜压块装在导轨安装基面上，用螺钉顺着一个方向或者从中间向两端依次进行预紧。螺钉完全拧紧扣 0.5 分。 2. 取一根导轨的两个滑块，用以支撑平尺。平尺基准面使用不当扣 0.3 分（平尺宽方向为基准面） 3. 表座吸在滑块上，测量导轨等高直线度，表头触及平尺的上平面，依次调整直线导轨压紧螺钉，要求误差在 0.08/280 以内。仪表使用及操作不规范扣 0.3 分，精度达不到扣 1 分，百分表头垂直于测量体，表头压缩量小于 0.5mm 4. 用平尺测量导轨的侧素线直线度，将大理石平尺一侧两端对零，移动滑块，测量直线度，依次调整拧紧直线导轨压块的螺钉，要求误差在 0.08/280 以内。仪表使用及操作不规范扣 0.3 分，精度达不到扣 0.5 分。杠杆表头垂直于测量体，表头压缩量小于 0.2mm 5. 使用相同的方法装另一根导轨，与装配第一根导轨不同的是，以第一根导轨为基准，表座吸在滑块上，表头触及另一导轨滑块的水平基准面，移动滑块，测量直线度，依次调整拧紧直线导轨压紧的螺钉，要求误差在 0.08/280 以内。仪表使用及操作不规范扣 0.3 分，精度达不到扣 0.5 分。百分表头垂直于测量体，表头压缩量小于 0.5mm 6. 表座吸在滑块上，表头触及另一导轨滑块的侧基准面，移动滑块，测量两导轨平行侧面的平行度，依次调整拧紧直线导轨压块的螺钉，要求误差在 0.08/280 以内。仪表使用及操作不规范扣 0.3 分，精度达不到扣 0.5 分。杠杆表头垂直于测量体，表头压缩量小于 0.2mm		

（续）

项目	评分点	配分	评分标准	扣分	得分
十字滑台 装配 15 分	X 轴滚珠丝杠与直线 导轨上素线、侧素线的 精度调整	4.5	1. 安装电动机座，给角接触球轴承涂上润滑脂，将其装入轴承座，注意安装方向，薄边外圈朝外，拧上压板螺钉，并初步预紧电动机座。仪表使用及操作不规范扣 0.3 分 2. 丝杠穿入电动机座并推到底，上隔套，上丝杠螺母，锁紧丝杠螺母，并初步预紧轴承座。仪表使用及操作不规范扣 0.3 分 3. 表座放于基准导轨滑块上，移动滑块用平头百分表检测电动机座和轴承座心棒上素线，调整使丝杠上素线与导轨间的平行度误差≤0.05/280。仪表使用及操作不规范扣 0.5 分，精度达不到要求扣 0.5 分 4. 表座放于基准导轨滑块上，移动滑块用平头百分表检测电动机座和轴承座心棒侧素线，调整使丝杠上素线与导轨间的平行度误差≤0.05/280。紧固电动机座和轴承座。仪表使用及操作不规范扣 0.3 分，精度达不到要求扣 0.5 分 5. 测 X 轴向窜动，用百分表顶住丝杠尾部转动丝杠，观察百分表的跳动不大于 0.02mm。仪表使用及操作不规范扣 0.3 分，精度达不到要求扣 0.5 分。 6. 导轨、丝杠、平板工作台等部件上润滑油，安装平板工作台，并用螺钉紧固工作台与滑块、丝杠螺母。移动 X 轴工作台，检查其在全程范围内运动是否灵活，有无卡滞现象，如有则重新调整。仪表使用及操作不规范扣 0.3 分		
	十字滑台 X、Z 两轴 垂直度误差的调整	2	1. 在工作台上放上方尺，移动 Z 轴校正方尺一侧的两端，精度要求为≤0.01/280。再移动 X 轴滑台的方尺另一侧，测量垂直度误差，调整位移 X 轴的上底座 X01，修正上底座 X01 的加工误差，使精度≤0.05/280。仪表使用及操作不规范扣 0.3 分，精度达不到要求扣 0.5 分 2. 调整好 X 轴与 Z 轴的垂直度误差后，紧固滑块平台上的螺钉，再紧固上底座 X01 下部的两斜压块螺钉 M4×12 (4) 以及 Z06 的螺钉。仪表使用及操作不规范扣 0.3 分		
	理论题	1			

（续）

项目	评分点	配分	评分标准	扣分	得分
机床几何精度的检测（8分）	床身Z轴导轨的直线度	3	1. 检测工具为水平仪，正确进行水平仪零位校验；水平仪沿Z轴轴向放在溜板上，按直线度的角度测量法，沿导轨全长等距离各位置进行检验，不少于3点；记录水平仪读数，并用做图法计算出床身导轨在垂直平面内的直线度误差。仪表使用及操作不规范扣0.5分 2. 精度检验数值不对扣1分		
	尾座套筒轴线对主轴刀架溜板移动的平行度	2	1. 尾座套筒缩进后，按正常工作状态锁紧；将指示器固定在刀架上，使其测头触及尾座套筒上素线或侧素线，记录读数值 2. 尾座套筒伸出有效长度后，按正常工作状态锁紧；移动刀架溜板，使指示器触及上次测量位置，两次测量差值即为尾座套筒轴线对溜板移动的平行度。仪表使用及操作不规范扣0.3分。表头垂直于测量体，表头压缩量小于0.5mm 3. 精度检验数值不对扣0.5分		
	主轴轴端卡盘定位锥面的径向圆跳动	2	1. 将指示器安装在机床固定部件上，使其测头垂直于主轴定心轴颈锥面并与其接触，旋转主轴，指示器读数最大差值即为主轴的轴向窜动和主轴轴肩支承面的跳动，仪表使用及操作不规范扣0.5分 2. 精度检验数值不对扣0.5分		
	理论题	1			
加工程序校验（10分）	零件轮廓加工	4	完成零件轮廓加工（加工误差小于0.5mm），每少1个轮廓扣0.5分		
	M24×1.5螺纹	1	经螺纹通、止规检验，不合格不得分		
	尺寸有公差要求	3	每项不符合要求扣0.5分，扣完为止		
	其他		表面粗糙度值及其他缺陷，每处扣0.5分，扣完为止		
	理论题				

说明：每小项扣分不能超过该小项的配分，同一扣分点不得重复扣分

知识加油站

数控机床仿真软件简介——以 VNUM 数控机床调试维修教学软件（Virtual Numeral Unit of Maintain）为例

VNUM 数控机床调试维修教学软件（Virtual Numeral Unit of Maintain）如图7-4所示，是按照教育部于2009年新开设的"数控设备应用与维护"专业及人力资源与社会保障部于2007年颁布的新工种"数控机床装调维修工"所提出技能要求和标准的教学培训而研发的以培养优秀的数控设备维护维修人才为目标的仿真教学软件，同时也是 CITTIC 数控机床维修培训认证推荐使用软件，可以对数控机床进行机械装调、电气装调、机电联调、故障诊断与排查。

软件采用目前最先进的三维可视化技术开发，主要服务于数控设备应用与维护专业中数控机床电气控制系统安装与调试、数控机床机械部件装配与调整、数控机床 PLC 控制与调试、数控系统连接与调试、数控机床故障诊断与维修五门核心课程相关专业技能实训以及数

控机床装调维修工各级别相关专业技能要求技能培训。

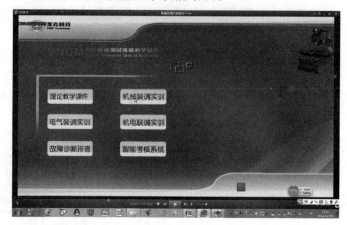

图7-4　VNUM 数控机床调试维修教学软件（Virtual Numeral Unit of Maintain）

练一练

全国"天煌杯"数控机床装调及维修大赛样题

全国职业院校现代制造及自动化技术大赛

"数控铣床装调与维修"实操比赛

（总时间：240min）

任务书

场　次：＿＿＿＿＿＿＿＿＿

工位号：＿＿＿＿＿＿＿＿＿

一、选手须知（请各位选手赛前务必仔细研读）

1）本任务书总分为100分，考试时间为4h（240min）。

2）选手在实操过程中应该遵守竞赛规则和安全守则，确保人身和设备安全。如有违反，则按照相关规定在考试的总成绩中扣除相应分值。

3）记录表中数据用黑色水笔填写，表中数据、文字涂改后无效。

4）考试过程中考生不得使用自带U盘及其他移动设备复制相关文件。

5）禁止使用照相机及手机对试题进行拍照，否则取消考试资格。

6）参赛队的有效信息必须书写在装订密封线以上。

7）故障诊断与维修项任务比赛开始150min后方可申请技术支持，但申请排除的故障不得分。

二、实操比赛部分特别说明

1）在实操比赛过程中需按照任务书的要求完成，总成绩由现场过程得分与操作结果作业得分两部分组成。

2）考察内容包括六个方面。

任务1：机械组件装配与调整；任务2：电气设计与线路连接；任务3：机电联调与故

障排除；任务4：机床精度检测；任务5：试切件加工；任务6：职业素养考核。

3）选手在"机械组件装配与调整"（任务1）的检测环节中记录检测数据时，应向裁判示意，并经裁判确认方为有效。

4）选手在"电气设计与线路连接"（任务2）中，设备上电前必须认真检查电源。对于选手自行连接的线路，须经裁判员或现场技术人员检查后方可上电。

5）选手在"机电联调与故障排除"（任务3）的"设备上电前检查"环节中完成上电前检查后，须经现场裁判确认，方可进行下一步的操作。

6）选手在"机电联调与故障排除"（任务3）的"数控铣床故障诊断与维修"环节中，完成自己所能排除的机床故障后，需向裁判员示意，在裁判员的监督下，验证所完成的故障排除情况；每个故障项下面的"已排除（　）、未排除（　）、申请排除（　）"内容是现场裁判确认填写项，参赛选手不得填写。

7）选手在进行"机床精度检测"（任务4）过程中，操作过程必须经过裁判员确认后，所记录数值才有效。

8）选手在进行"试切件加工"（任务5）环节时，加工前应向裁判示意，并经现场裁判同意后，方可进行。加工后样件的质量须经过现场裁判的确认登记。

9）职业素养与安全操作（任务六），包括：遵守赛场纪律，爱护赛场设备；工作环境整洁，工具摆放整齐；符合安全操作规程等。

三、实操工作任务

任务1　机械组件装配与调整

请根据现场配备的工、量具及机床附件，利用提供的工作台、伺服电动机等零部件，参考工作台装配图，如图7-5所示，完成工作台的装配与调整。

具体要求及检测项目：

装配前的准备工作要充分，安装面应清理。

装配工艺合理，装配顺序和方法及装配步骤正确、规范。

在装配及调试过程中正确使用工具、量具，读数准确，数据处理正确。

在装配及调试的过程中零部件及工、量具的摆放应整齐，分类明确。

根据提供的图7-5，完成工作台（19）、X轴伺服电动机（45）、联轴器（5）、X轴防护罩（18）和X轴行程开关安装板（24）的安装。

根据提供的图7-5，完成工作台（19）的安装与调整，要求工作台（19）两端与X轴直线导轨（36、37）的等高度误差≤0.04mm。此项完成后，参赛选手应举手示意，经现场裁判确认后方可进行下一步操作。

根据提供的图7-5，安装X轴伺服电动机（45）和联轴器（5）。

根据提供的图7-5，安装X轴防护罩（18）和X轴行程开关安装板（24）。

任务2　电气设计与线路连接

在所提供的图样模板（图7-6）上手绘完成数控铣床主轴控制的主电路和控制电路的接线图，并根据设计的电气图样完成该部分线路的连接工作，保证连接正确可靠。

具体要求：

电气图样上连接线绘制整齐、位置排布合理、图面清晰，表示方法符合规范。

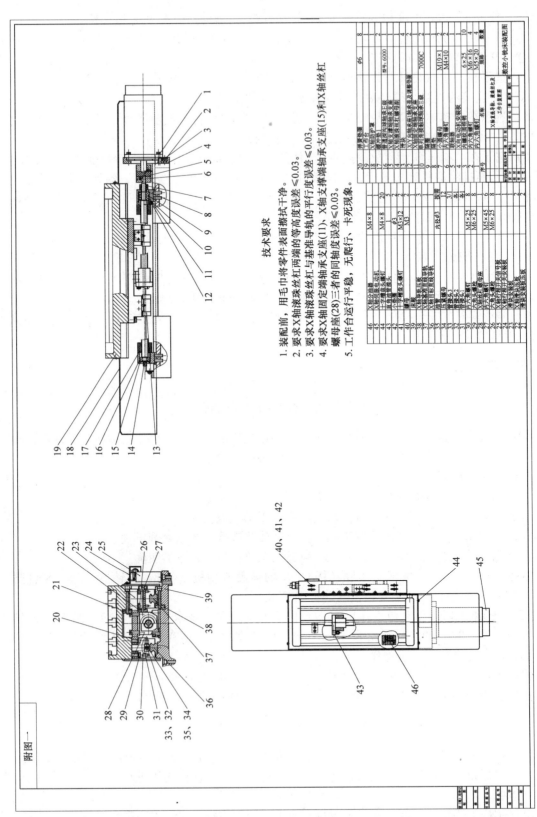

技术要求

1. 装配前，用毛巾将零件表面擦拭干净。
2. 要求X轴滚珠丝杠两端的等高度误差≤0.03。
3. 要求X轴滚珠丝杠与基准导轨的平行度误差≤0.03。
4. 要求X轴固定端轴承支座(11)、X轴支撑端轴承支座(15)和X轴丝杠螺母座(28)三者的同轴度误差≤0.03。
5. 工作台运行平稳，无爬行、卡死现象。

图 7-5　工作台装配图

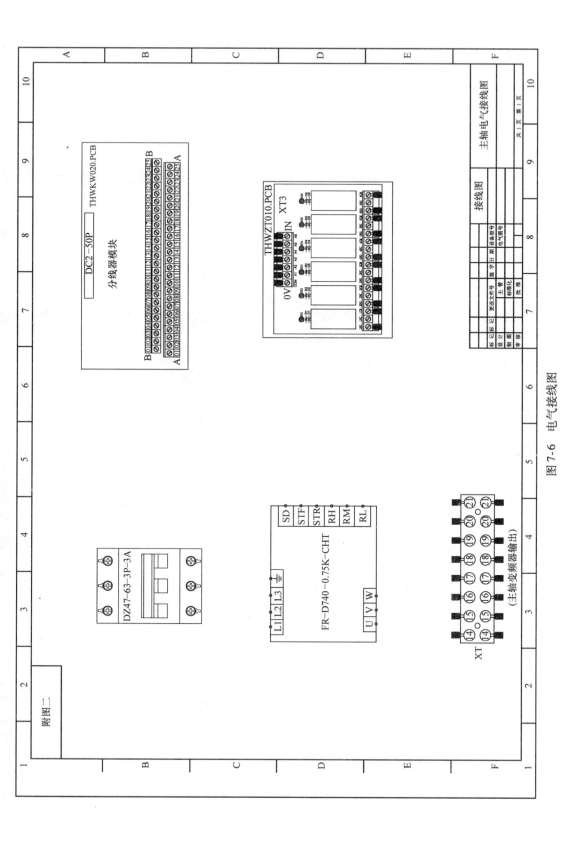

图 7-6 电气接线图

连接线上应有识别标记或标注。

变频器控制要求。通过变频器 STF/STR/SD 端子实现对变频器正、反转控制。

接线前的准备工作要充分，接线时工具使用正确。

接线符合工艺要求，凡是连接的导线，必须压接接线头；用线按照图样标注；套上赛场提供的号码管，实物编号和接线图编号要一致。

实训设备上的连接线必须放入线槽内，外露部分走线整齐，信号线与强电线应分开走线，防止干扰。

>> 操作提示　选手在设备上电前需先自行检查线路，完成上电前的检查工作，并经裁判或现场技术人员检查无误后方可通电运行。

任务3　机电联调与故障排除

1. 机床技术指标（表7-35、表7-36）

表7-35　机床相关部件技术指标

项目名称	数值	单位	项目名称	数值	单位
主轴电动机的额定功率	0.75	kW	X轴伺服电动机编码器线数	4096	
主轴电动机的最高转速	2800	r/min	X轴电动机与丝杠传动比	1:1	
主轴电动机的基本频率	50	Hz	X轴丝杠螺距	5	mm
主轴电动机的额定电压	3相380	V	X轴电动机额定转速	4000	r/min
主轴额定电流	1.82	A	Y轴伺服电动机编码器线数	4096	
主轴电动机额定转速	2800	r/min	Y轴电动机与丝杠传动比	1:1	
主轴电动机与主轴传动比	1:1		Y轴丝杠螺距	5	mm
主轴档位	1		Y轴电动机额定转速	4000	r/min
			Z轴伺服电动机编码器线数	4096	
			Z轴电动机与丝杠传动比	1:1	
			Z轴丝杠螺距	5	mm
			Z轴电动机额定转速	4000	r/min

表7-36　机床技术指标要求

序号	项目名称	要求			单位	备注
		X轴	Y轴	Z轴		
1	回参考点方向	正向	正向	正向		
2	参考点位置及偏差	0	0	0		
3	回参考点快移速度	1500	1500	1500	mm/min	
4	回参考点定位速度	500	500	500	mm/min	
5	最高快移速度	3000	3000	3000	mm/min	
6	最高加工速度	1500	1500	1500	mm/min	
7	正负软极限设置	根据机床实际情况进行设置			μm	正确设置
8	主轴速度范围	120~2800			r/min	
9	主轴控制方式	模拟量：0~10			V	
10	机床坐标显示（公制/英制）	公制				
11	外置存储设置类型	CF卡				

2. 参数设置

（1）赛场提供的技术资料（在计算机"D：\ 数控铣床装调与维修参考资料"文件夹下）

（2）完成数控系统相关参数设定，并将数值写入表7-39数控系统参数设置中

1）设定X轴的伺服轴号。

2）设定主轴为模拟主轴。

3）设定Y轴在半闭环控制时的速度反馈脉冲数。

4）设定每轴的参考计数器容量。

5）设定手轮为有效状态。

（3）根据图7-7所示螺距误差补偿曲线和相关技术参数，设置螺距误差补偿相关参数并填写表7-40

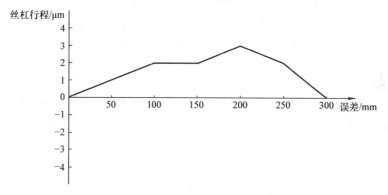

图7-7　螺距误差补偿曲线

要求：1）若此轴为X轴，行程为0～300mm，补偿方式为增量补偿、单向补偿。

　　　2）参考点的补偿号为1，补偿数据的单位与检测单位相同。

3. 数控铣床故障诊断与维修

（1）设备上电前检查

根据表7-41中的项目，检查设备的电气连接，并填写相关内容。

注意：上电前须有现场裁判的确认，方可进行下一步的操作。

（2）设备上电过程记录

根据表7-42中的项目，记录设备上电是否正常。如不正常，需填写原因及解决方法。

（3）故障诊断与排除

排除数控铣床开机上电后所出现的故障，使数控系统不产生报警、数控铣床能工作，并将故障现象、故障原因与处理方案填入表7-43中。

4. 数控铣床功能调试

根据赛场所提供的技术资料，对下面所述的功能进行验证。请完成不符合所述要求的功能的调试。

注：试题中，进给轴的移动速度以屏幕显示为准，不测量实际速度值。

（1）急停功能

在数控系统正常上电后，按下"急停"按钮，数控系统出现"EMG"（急停）报警，

各功能运行停止；松开"急停"按钮，急停解除。

（2）限位、参考点功能

1）在"JOG"方式下，按"-X"键，移动 X 轴到负限位开关和参考点开关之间。切换到"REF"方式，使 X 轴以 1500mm/min 的速度正向移动寻找参考点开关。检测到参考点开关后，该轴以 500mm/min 的速度检测零脉冲，实际坐标显示为 0，系统回参考点成功。

2）在"JOG"方式下，按"-Y"键，移动 Y 轴到负限位开关和参考点开关之间。切换到"REF"方式，使 Y 轴以 1500mm/min 的速度正向移动寻找参考点开关。检测到参考点开关后，该轴以 500mm/min 的速度检测零脉冲，实际坐标显示为 0，系统回参考点成功。

3）在"JOG"方式下，按"-Z"键，移动 Z 轴到负限位开关和参考点开关之间。切换到"REF"方式，使 Z 轴以 1500mm/min 的速度正向移动寻找参考点开关。检测到参考点开关后，该轴以 500mm/min 的速度检测零脉冲，实际坐标显示为 0，系统回参考点成功。

4）在"JOG"方式下，将 X 轴移动到正向超程的位置，机床应急停并提示正向超程；将 X 轴移动到负向超程的位置，机床应急停并提示负向超程。如机床超程后，按下"超程解除"键并保持，系统复位后，在手动方式下按住该轴与报警相反的方向键，将限位挡块移出限位开关内，解除超程。

5）在"JOG"方式下，将 Y 轴移动到正向超程的位置，机床应急停并提示正向超程；将 Y 轴移动到负向超程的位置，机床应急停并提示负向超程。如机床超程后，按下"超程解除"键并保持，系统复位后，在手动方式下，按住该轴与报警相反的方向键，将限位挡块移出限位开关内，解除超程。

6）在"JOG"方式下，将 Z 轴移动到正向超程的位置，机床应急停并提示正向超程；将 Z 轴移动到负向超程的位置，机床应急停并提示负向超程。如机床超程后，按下"超程解除"键并保持，系统复位后，在手动方式下，按住该轴与报警相反的方向键，将限位挡块移出限位开关内，解除超程。

7）设置机床的软限位参数并使其有效。机床软限位应在硬限位开关前约 5mm 处。

（3）进给轴功能

1）在"JOG"方式下，分别按"+X""-X""+Y""-Y""+Z"和"-Z"键，对应轴以 1500mm/min 的速度正向移动或负向移动。

2）在"JOG"方式下，进给轴倍率为"100%"时，任意按"+X""-X""+Y""-Y""+Z"和"-Z"键，进给轴以 1500mm/min 的速度移动。此时拨动进给轴倍率波段开关，机床移动速度按比例增大或减小。

3）在"JOG"方式下，同时按下"+X"和"快速进给"键或同时按下"-X"和"快速进给"键，X 轴按 3000mm/min 的速度向正方向或负方向快速移动。用同样的方法测试 Y、Z 轴，并保证各轴运行正常。

4）在"手轮"方式下，轴选依次选择 X、Y、Z 轴，倍率选择依次选择 ×1/ ×10/ ×100，顺时针或逆时针方向手摇手轮一格，所选轴往对应方向分别以 0.001mm/0.01mm/0.1mm 的增量移动。

5）在"MDI"方式下，输入"G00X-25. Y-25. Z-20. ;"，按下"循环启动"键后，机床将运行到 X-25、Y-25、Z-20 的位置。

6）在"MDI"方式下，输入"G01X-30. Y-30. Z10. F200. ;"，按下"循环启动"键后，工作台运行到 X-30、Y-30、Z10 的位置。

（4）主轴功能

1) 在 "MDI" 方式下，输入 "M03 S500;" 后，按下 "循环启动" 键，主轴以 500r/min的速度正转。

2) 在 "MDI" 方式下，输入 "M04 S500;" 后，按下 "循环启动" 键，主轴以 500r/min的速度反转。

3) 在 "MDI" 方式下，输入 "M05;" 后，按下 "循环启动" 键，主轴停止旋转。

4) 在 "JOG" 方式下，主轴倍率 "100%" 时，按 "主轴正转" 键，主轴以 500r/min 的速度正转；按 "主轴停止" 键，主轴停止旋转；按 "主轴反转" 键，主轴以 500r/min 的 速度反转。

（5）冷却功能

1) 在 "JOG" 方式下，按一下 "冷却" 键，信号 Y9.0 有输出，切削液开；再按下 "冷却" 键，信号 Y9.0 无输出，切削液关。

2) 在 "MDI" 方式下，输入 "M08;" 或 "M09;"，按一下 "循环启动" 键，切削液 开或切削液关。

5. PLC 程序的编写与功能验证（为数控铣床增加一个主轴倍率修调功能）

在提供的 PMC 程序基础上，增加 "主轴倍率修调" 功能，完成通过操作面板上的主轴 倍率波段开关改变主轴转速操作，主轴对应转速应与操作面板上的主轴倍率档位一致。

具体要求如下：

1) 程序编写应符合规范，应有相应注释。

2) 编写好的程序应存储在计算机 "D：/PLC" 的文件夹中。

3) 相关输入信号说明见表 7-37。

表 7-37 输入信号说明

输入信号	功能	备注
X0019.2	主轴倍率 A	
X0019.4	主轴倍率 B	
X0019.6	主轴倍率 F	

任务 4 机床精度检测

利用所提供的工具、量具、检具，检测数控铣床的几何精度，将检测的数据填入表 7-44中。

具体要求如下：

1) 工具、量具、检具选用合理，使用方法正确。

2) 每一项数据检测完成后，参赛选手应举手示意，经现场裁判确认后方可进行下一步 操作。

3) 检测垂向滑板垂直移动对工作台面的垂直度：a. 在横向平面内；b. 在纵向平面内。 并把检测数据和检测方法填写在表 7-44 中。

4) 检测主轴锥孔轴线的径向圆跳动：a. 在靠近主轴端；b. 距主轴端面 100mm 处。并 把检测数据和检测方法填写在表 7-44 中。

任务 5 试切件加工

利用现场所提供的刀具，编制图 7-8 所示零件的加工程序，并进行试切件加工。

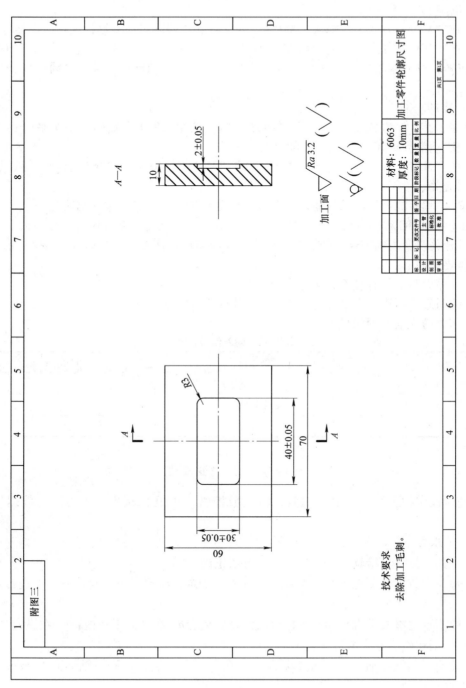

图 7-8 加工零件轮廓尺寸图

表 7-38　记录表

序号	项目	技术要求	完成情况 （自检记录）	裁判确认
1	工作台（19）两端与 X 轴导轨（36、37）的等高度 （检测应在工作台固定的状态下进行）	≤0.04mm		

注：每项任务完成后，须经现场裁判确认后，方可进行下一步检测。

表 7-39　数控系统参数设置

序号	参数名称	参数号	参数设定值
1	X 轴的伺服轴号		
2	主轴为模拟主轴		
3	Y 轴在半闭环控制时的速度反馈脉冲数		
4	每轴的参考计数器容量		X/Y/Z
5	手轮为有效状态		

表 7-40　螺距误差补偿参数及补偿表

参数表：

参数号	设置值	参数号	设置值
3605#0		3623	
3620		3624	
3621			
3622			

补偿表：

补偿号	补偿值	补偿号	补偿值
0		5	
1		6	
2		7	
3		8	
4		9	

表 7-41　上电前检查

序号	检查事项	是否正常	故障原因及解决方法	裁判确认
1	各电源的相电阻及对地电阻。若中间经过断路器、交流接触器、保险等器件，应手动令这些器件导通			
2	务必检查电源变压器的进出线顺序			
3	开关电源 24V 正负是否正确，之间是否有短路现象			
4	检查交流电源电路与直流电源电路应无短路现象			
5	检查变频器电源的输入和输出是否连接正确			

注：上电前需由现场裁判确认方可进行下一步操作。

表 7-42　上电过程记录

检查事项	技术指标检验标准	是否正常	故障原因及解决办法	备注
机床总电源	将所有断路器全部拉下，并将数控系统、驱动器、变频器、I/O Link 的电源线拆下，合上总电源开关，测量单相、三相电压是否正常，是否符合系统要求			
	根据电气图样，逐步合上断路器或保险，检查各电源电压是否正常。按从强到弱、从前到后的顺序进行检查			
数控系统电源	启动系统，测量系统电源插头 24V 电压是否正常，对应脚号的极性是否正确			
I/O Link 电源	测量 I/O Link 电源插头 24V 电压是否正常，对应脚号的极性是否正确			
驱动器电源	测量驱动器电源插头 24V 电压是否正常，对应脚号的极性是否正确			
	测量驱动器三相 220V 电源电压输入是否正确			
变频器电源	测量变频器电源的输入电压是否正确			
系统上电	断开总电源，将数控系统电源插头、I/O Link 电源插头、驱动器电源插头插入，接上变频器电源，启动系统			

表 7-43　故障现象与处理方案

序号	故障现象	处理方案		
1		原因		
		解决方法		
	已排除（　　）	未排除（　　）	申请排除（　　）	
2		原因		
		解决方法		
	已排除（　　）	未排除（　　）	申请排除（　　）	
3		原因		
		解决方法		
	已排除（　　）	未排除（　　）	申请排除（　　）	
4		原因		
		解决方法		
	已排除（　　）	未排除（　　）	申请排除（　　）	
5		原因		
		解决方法		
	已排除（　　）	未排除（　　）	申请排除（　　）	
6		原因		
		解决方法		
	已排除（　　）	未排除（　　）	申请排除（　　）	

注意：每个故障项下面的"已排除（　　）未排除（　　）申请排除（　　）"内容是现场裁判确认填写项，参赛选手不得填写。

表7-44　几何精度检查

序号	检验项目	允差	实测	检验工具	检验方法
1	垂向滑板垂直移动对工作台面的垂直度 a. 在横向平面内 b. 在纵向平面内	$a \leqslant 0.04/100$ $b \leqslant 0.02/100$			
2	主轴锥孔轴线的径向圆跳动 a. 在靠近主轴端 b. 距主轴端面100mm处	$a \leqslant 0.015mm$ $b \leqslant 0.025mm$			

注：每检测完一项需经现场裁判确认后，方可进行下一步检测。

任务六　职业素养与安全操作

略。

参 考 文 献

[1] 韩鸿鸾，吴海燕. 数控机床机械维修 [M]. 北京：中国电力出版社，2008.

[2] 韩鸿鸾. 数控机床电气控制系统及其故障诊断与维修 [M]. 北京：中国劳动社会保障出版社，2008.

[3] 冯荣军. 数控机床故障诊断与维修 [M]. 北京：中国劳动社会保障出版社，2007.

[4] 杨旭丽. 数控系统故障诊断与排除 [M]. 北京：中国劳动社会保障出版社，2009.

[5] 刘永久. 数控机床故障诊断与维修技术 [M]. 北京：机械工业出版社，2007.

[6] 李跃军. 数控机床与维修 [M]. 北京：化学工业出版社，2008.

[7] 潘海丽. 数控机床故障分析与维修 [M]. 西安：西安电子科技大学出版社，2008.

[8] 李河水. 数控机床故障诊断与维护 [M]. 北京：北京邮电大学出版社，2008.

[9] 王新宇. 数控机床故障诊断技能实训 [M]. 北京：电子工业出版社，2008.

[10] 杜增辉，等. 数控机床故障维修技术与实例 [M]. 北京：机械工业出版社，2009.

[11] 刘瑞已. 数控机床故障诊断与维护 [M]. 北京：化学工业出版社，2007.

[12] 龚仲华. 数控机床故障诊断与维修500例 [M]. 北京：机械工业出版社，2004.

[13] 沈兵. 数控机床数控系统维修技术与实例 [M]. 北京：机械工业出版社，2003.

[14] 曹健. 数控机床维修与实训 [M]. 北京；国防工业出版社，2008.

[15] 李梦群，等. 现代数控机床故障诊断及维修 [M]. 北京：国防工业出版社，2009.